Métodos Matemáticos II: ecuaciones en derivadas parciales

Métodos Matemáticos II:
ecuaciones en derivadas parciales

Pepe Aranda Iriarte

EDICIONES
COMPLUTENSE

Primera edición: marzo 2026

© 2026, Pepe Aranda Iriarte
© 2026, Ediciones Complutense
Pabellón de Gobierno
Isaac Peral s/n
28015 Madrid
913 941127
info.ediciones@ucm.es
http://www.ucm.es/ediciones-complutense

ISBN: 978-84-669-4012-2
Depósito Legal: M-3573-2026
DOI: https://dx.doi.org/10.5209/docm.005

Diseño de cubiertas de la colección: Koln Studio

Impresión
    Solana e Hijos Artes Gráficas
    San Alfonso, 26. Bº La Fortuna
    28917 Leganés (Madrid)

Ediciones Complutense garantiza un riguroso proceso de selección y evaluación de los trabajos que publica.

Printed in Spain

Índice

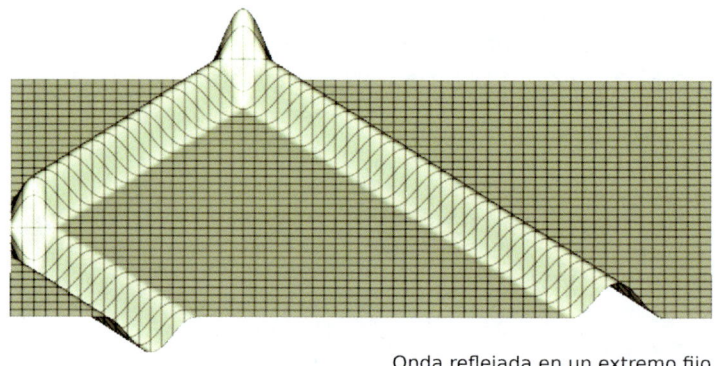

Onda reflejada en un extremo fijo

Resumen e historia de los apuntes [1]

Los *Apuntes de Métodos Matemáticos II (EDPs)* fueron seleccionados por la Junta de Facultad de Ciencias Físicas para ser editados como libro dentro de la colección de Manuales Complutenses. Aquí se ha cambiado el título inicial para dejar más claro su contenido.

Este manual recoge el material de teoría y problemas utilizado por el autor entre 2012 y 2025 en la asignatura de 2° curso del Grado en Física y en otras similares anteriores. Contiene un curso elemental de ecuaciones en derivadas parciales, abreviadas en todo el libro como EDPs. Se dirige a estudiantes de Física (u otras ciencias o ingenierías). Y puede ser útil para estudios de Matemáticas, pese a omitir bastantes demostraciones.

El texto es asequible con las matemáticas de primero de un grado en Física (o similar) y con conocimientos básicos de ecuaciones diferenciales ordinarias (EDOs). Hay un breve apéndice de repaso con ello al final. Incluye muchos ejemplos y problemas, utiliza un lenguaje matemático sencillo, no entra en conceptos abstractos de análisis funcional y estudia casi siempre las ecuaciones en dos variables lineales, evitando complicaciones técnicas. Claramente hay muchos buenos libros dedicados a las EDPs, pero la concisión de este y su corta longitud, lo pueden hacer de interés para muchos estudiantes.

Los temas se ajustan al programa de los Métodos II de Físicas y pueden ser explicados completos en un cuatrimestre de 4 horas semanales de clase (en unas 55 horas).

El libro incluye 4 temas de diferente duración. El primero, *Introducción a las EDPs*, recoge el estudio de las de primer orden, la clasificación de las de orden 2, la unicidad de las EDPs clásicas (ondas, calor y Laplace), el estudio de la cuerda vibrante y la transformada de Fourier (después en otros textos). Se resuelven las ecuaciones haciendo desaparecer una de las dos variables mediante cambios o a través de una transformada integral.

El capítulo 2, menos habitual en los libros de EDPs, describe cómo resolver ecuaciones diferenciales ordinarias mediante series de potencias. Entre ellas se resuelven las de Legendre y Bessel que surgirán en las ecuaciones de la física.

El 3, *Problemas de contorno para EDOs*, trata los autovalores y autofunciones que surgen al imponer datos de contorno, lo que no ocurría con los datos iniciales. Y se estudian los desarrollos en esas autofunciones (las series de Fourier), básicos en el último capítulo.

El largo capítulo 4, *Separación de variables*, resuelve las EDPs clásicas de la física y otras similares (homogéneas y no homogéneas, con variados datos iniciales y de contorno, en distintas coordenadas y en 2 o más variables) en recintos sencillos (y acotados en alguna variable). También se estudian, brevemente, las funciones de Green.

Pasemos a describir brevemente la historia de las asignaturas de EDPs en los planes de estudios de Físicas y la evolución de las *versiones* de estos apuntes ligada a ellos.

Mis primeras clases de ecuaciones diferenciales las impartí en el curso 1980-1981. Eran los Métodos Matemáticos II anuales de 3°, con 5 horas semanales. Incluían EDOs y EDPs y en 2° se habían estudiado variable compleja y espacios de Hilbert. Al año siguiente ya elaboré (para un 'grupo piloto') sus primeros apuntes (mecanografiados y con dibujos a mano). Evolucionaron con los años y la última versión de la parte de EDPs acabó siendo esta: *apuntes de ecuaciones en derivadas parciales* (del 2000, para el grupo residual).

Versión 2007. Primeros *apuntes de Ecuaciones Diferenciales II (EDPs)*, del nuevo plan. Ahora en 2°, de 4 horas y solo cursadas Álgebra, Cálculo y EDOs. Se recortaron temas y otros pasaron a título informativo. Con más detalle, se abrevió la unicidad, los problemas de contorno se centraron en las condiciones separadas, sin comparación de autovalores y con la δ en letra pequeña. En separación de variables se juntaron homogéneos y no homogéneos, viéndose primero calor y ondas, y luego Laplace (con armónicos esféricos).

---

[1] Al final del manual hay un listado de códigos QR enlazados con los apuntes citados y las soluciones de los problemas básicos.

https://dx.doi.org/10.5209/docm.005.00
Métodos Matemáticos II: ecuaciones en derivadas parciales. Pepe Aranda Iriarte. © Ediciones Complutense, 2026.

Pasaron al final las ondas en una, tres y dos dimensiones, con la $\mathcal{F}$ y el método de las imágenes. Los problemas se dividieron en "problemas" (los de clase) y "problemas adicionales", despareciendo varios de los viejos. Fue la primera versión hecha en LaTeX, eligiendo ese año, para distinguirse de las letras habituales, el tipo Palatino.

Versión 2008. Correcciones leves en 1.2 y 3.1. Los problemas incluyeron los de examen del 07, algunos pasaron a adicionales y otros fueron problemas a entregar en el piloto.

Versión 2009. Bastantes novedades. La letra pasó a ser Bitstream-Vera y se debió re-escribir gran parte del texto. Se modificó el tema 1. El 2 perdió una sección incluyendo nuevos ejemplos, lo mismo que de series de Fourier y de problemas no homogéneos. 3.1 incluyó más ejemplos del calor y 3.2 dos más en cartesianas y uno en polares. 3.3 cambió poco y como 3.4 aparecieron las funciones de Green para Laplace. En todo el 4 se modificaron ejemplos. En 4.1, uno de cuerda semi-infinita y otro de cuerda acotada, dos de ondas en 3 dimensiones en 4.2, y tres de la $\mathcal{F}$ de 4.3. Se creó un apéndice con repaso de EDOs, de convergencia uniforme y cálculo en varias variables. Los problemas cambiaron bastante (los grupos piloto exigen muchos problemas nuevos y se notó).

Versión 2011. Adaptación a otro grupo residual de otra licenciatura. Pasaron a "letra pequeña" temas no vistos en otros grupos (como las ondas en tres y dos dimensiones), bastantes problemas pasaron a adicionales y llegaron otros desde el piloto del 08/09.

Versión 2012. Primeros *apuntes de métodos matemáticos II* del grado incluyendo las soluciones por series (dejaron la asignatura de EDOs haciendo sitio a la variable compleja). Se debieron recortan contenidos de Ecuaciones II. Se limaron sutilezas de tangencias en 1.1. En 1.2 hay solo coeficientes constantes. La cuerda vibrante vuelve simplificada al tema 1 y casi no hay ondas en más dimensiones. El tema 2 recogió el tema 3 de los apuntes de EDOs, reduciendo ejemplos y problemas. Del anterior tema 2 (ahora 3) salen las funciones de Green para unirse a las de Laplace. En el de separación de variables pasan a tener sección propia las ondas (con más ejemplos y comparando con D'Alembert). Desaparecen las transformadas seno y coseno de Fourier. Cambios en el apéndice. Y la mayor reducción, como en el otro cambio de plan, se hizo en los problemas. Para separar los ejemplos se incluyeron (como en otros apuntes de ese curso) recuadros coloreados .

Versión 2013. El mayor cambio es el traslado de la $\mathcal{F}$ al final del capítulo 1, con nuevo nombre (y de las funciones de Green al final del 4). Bastantes retoques en teoría y ejemplos de separación de variables. Como cada curso, cambios en problemas.

Versión 2014. Bastantes retoques. En el 1, Δ pasa a llamarse T, se reordenan 1.2 y 1.3 y hay nuevos ejemplos. Cambios en 2.1, 2.2, 3.1 y 3.2. Más ejemplos en 4.1. Las reflexiones sobre separación de variables se retrasan. Y las novedades en problemas.

Versión 2017. Más ejemplos en 1.1, 1.4, 3.2 y 3.3, creciendo en páginas. Algún cambio en ejemplos de 4.1 y en las ideas sobre separación de variables. Problemas del 13-14.

Versión 2020. Leves cambios en teoría (en 2.3 y 3.2). Inclusión de problemas del 16-17. Reducción ligera de los márgenes del texto (lo que implicó muchos cambios estéticos).

Versión 2021. Escasas modificaciones en los apuntes, pero fueron creadas y actualizadas las versiones resumidas de sus secciones en formato horizontal para ser utilizados en tiempos de COVID-19 como transparencias en las clases desde casa o para estudiantes de DNI pares o impares.

Versiones 2022 y 2023. Retoques mínimos en teoría, pero se vuelven a actualizar los problemas a partir de los creados para los cursos pandémicos, y para el 21-22.

Versión 2024. Nueva portada, numeración y el índice tiene ahora enlaces a cada sección. Abundantes leves cambios en los apuntes, pero manteniendo las 90 páginas del 2023. Se conservaron las 6 páginas de problemas (y pasaron a 12 los de adicionales).

Versión 2025 (y final). Para ajustarlos al orden habitual de mis clases: Laplace simétrica en esfera se adelanta a 4.3. Retoques en introducción y menores. Y siempre nuevos problemas: siguen siendo 90 básicos (30+20+15+25) y los adicionales han crecido hasta 170 (58+32+29+51). Las soluciones de los 90 problemas básicos se pueden ver *aquí*. Las de los adicionales solo están a disposición de docentes que quieran utilizarlos.

Introducción

Este manual estudia principalmente las **ecuaciones en derivadas parciales** (EDPs), aunque también trata las soluciones por medio de series y los problemas de contorno de las ecuaciones diferenciales ordinarias (EDOs). Una EDP es una ecuación en la que aparecen derivadas parciales de una función incógnita de varias variables. Todas las EDPs que trataremos serán **lineales**. Más en concreto, salvo un breve estudio de las lineales de primer orden, de menor interés físico pero que nos servirán para entender las siguientes, veremos EDPs **lineales de segundo orden** (con derivadas de orden 2 o menor), del tipo:

$$[E] \quad L[u] \equiv \sum_{i,j=1}^{n} A_{ij} \frac{\partial^2 u}{\partial x_i \partial x_j} + \sum_{j=1}^{n} D_j \frac{\partial u}{\partial x_j} + Hu = F$$

con u, A_{ij}, D_j, H y F funciones de $(x_1, \ldots, x_n)$. Casi siempre trataremos el caso $n=2$ para entender mejor los problemas. En más dimensiones en esencia lo que se complican son los cálculos. Una **solución** de [E] será una función $u(x_1, \ldots, x_n)$ de clase C^2 en una región D de $\mathbf{R}^n$ que sustituida en la ecuación la convierte en una identidad.

Entre las EDPs lineales de segundo orden se encuentran muchas ecuaciones de la física. Entre ellas las tres EDPs clásicas:

ecuación de ondas	$u_{tt} - c^2 \Delta u = 0$
ecuación del calor	$u_t - k \Delta u = 0$
y **ecuación de Laplace**	$\Delta u = 0$,

ejemplos respectivos de los tres tipos en que se clasifican: **hiperbólicas**, **parabólicas** y **elípticas**. Las teorías avanzadas de las EDPs vienen a ser la generalización del estudio de estas tres ecuaciones. Sus propiedades son tan diferentes que no existe una teoría general como para las EDOs lineales.

En el **capítulo 1** se describirán las pocas veces que se puede hallar la solución de una EDP mediante integración (por eso, en el capítulo 4 utilizaremos series para resolverla). Veremos cómo calcular la solución general de algunas EDPs de **primer orden** en dos variables (y aparecerá una función arbitraria de las **características**, soluciones de una EDO ligada a la EDP) y de pocas de **segundo** (con dos funciones arbitrarias). Precisaremos qué condiciones adicionales (iniciales o de contorno) se imponen a las EDPs para que tengan **solución única**. De las clásicas, solo para la de **ondas** se podrá deducir su solución general y tendremos una fórmula (de **D'Alembert**) para la solución con el par de datos iniciales. Conseguiremos también con la **transformada de Fourier** resolver algunas EDPs de las anteriores en recintos no acotados y alguna otra nueva (como la del **calor** para la varilla infinita).

El **capítulo 2** describe cómo resolver EDOs lineales de segundo orden mediante **series de potencias** (único método posible en la mayoría de las ocasiones), en torno a los llamados puntos **regulares** y a los **singulares regulares**, incluido el llamado punto del infinito. Se aplica el método a tres ecuaciones particulares (Legendre, Hermite y Bessel) que aparecen al resolver EDPs de la física.

El **capítulo 4** resuelve con el método de **separación de variables** las tres EDPs clásicas (homogéneas y no homogéneas, en diferentes coordenadas y en 2 o más variables) en recintos sencillos (y acotados, al menos, en una variable). Se supone que la solución es producto de funciones de cada variable y esto nos lleva a resolver EDOs para cada una, alguna de ellas con condiciones de contorno. Las soluciones quedan expresadas en términos de **series de Fourier** (habitualmente series de senos o cosenos).

https://dx.doi.org/10.5209/docm.005.01
Métodos Matemáticos II: ecuaciones en derivadas parciales. Pepe Aranda Iriarte. © Ediciones Complutense, 2026.

La teoría (muy diferente de la de los de valores iniciales) de los **problemas de contorno para EDOs** (homogéneos y no homogéneos) y un estudio de dichas series se dará previamente en el **capítulo 3**. Y al final del 4 hablaremos brevemente de las **funciones de Green** para problemas de contorno de EDOs y para **Laplace**.

La parte teórica de los apuntes se acaba con un **apéndice** que repasa diferentes conocimientos matemáticos utilizados en las páginas anteriores: de EDOs de primer y segundo orden (estudiadas en el curso de Métodos I del cuatrimestre anterior) y de cálculo en varias variables y de la convergencia uniforme (en asignaturas de primero).

Un cuatrimestre habitual con unas 55 horas de clase se puede distribuir de esta forma aproximada (media de los últimos cursos): 14 horas para el tema 1, 7.5 para el 2, 8 para el 3, 20.5 para el 4, 2 de repaso y 3 para realizar un par de controles.

Para acabar esta introducción, describamos el significado físico de las tres ecuaciones clásicas. Las interpretamos únicamente en sus versiones más sencillas (que son las más tratadas en los apuntes): cuando la u es función de dos variables.

La ecuación de **ondas** unidimensional o ecuación de la **cuerda vibrante** describe las oscilaciones de una cuerda elástica, tensa y fija en sus extremos. Suponemos que sus oscilaciones son transversales y de pequeña amplitud. Si la $u(x, t)$ representa la altura del punto de abscisa x en el instante función t, esa $u(x, t)$ satisface la EDP:

$$u_{tt} - c^2 u_{xx} = F(x, t) \,,$$

donde $c^2 = T_o/\rho$, T_o fuerza de tensión en los extremos, ρ masa por unidad de longitud (densidad lineal) y $F(x, t)$ fuerza vertical externa por unidad de masa que actúa sobre el punto x en el instante t. Para determinar la evolución de una cuerda concreta, se deberá fijar la posición de la cuerda y la distribución de velocidades verticales en el instante inicial, es decir, $u(x, 0)$ y $u_t(x, 0)$. También se deberá de tener en cuenta que permanece fija en los extremos $x = 0$ y $x = L$, o sea, que debe cumplir las condiciones de contorno $u(0, t) = u(L, t) = 0$. No olvidemos que el modelo matemático de esta cuerda ideal es una simplificación de la realidad; lo mismo ocurre con las siguientes.

La distribución de temperaturas a lo largo del tiempo en una varilla delgada (que se puede suponer unidimensional) viene regida por la **ecuación del calor**:

$$u_t - k u_{xx} = 0 \,,$$

donde $u(x, t)$ es la temperatura del punto x en el instante t y $k > 0$ es una constante que mide la capacidad de conducir el calor de la varilla. Si hay fuentes de calor en el interior de la varilla se debe poner una $F(x, t)$ en el segundo miembro de la EDP. Aquí basta para determinar la solución, a diferencia de las ondas, dar solo la distribución inicial de temperaturas $u(x, 0)$ junto con los datos de contorno, que pueden ser de diferentes tipos: temperatura dada en el extremo, extremo aislado, radiación libre al medio...

Entre otras situaciones físicas, puede decribir la **ecuación de Laplace**

$$u_{xx} + u_{yy} = 0$$

la distribución estacionaria de temperaturas en una placa bidimensional. La existencia de fuentes de calor en el interior de la superficie aportaría una F en el segundo miembro (ecuación de Poisson). Frente a las dos EDPs anteriores que describían la evolución de un sistema a lo largo del tiempo, esta describe situaciones estacionarias y los problemas que se plantean para ella son siempre con condiciones de contorno.

1. Introducción a las EDPs

Para las EDOs se suelen plantear problemas de valores iniciales, casi siempre de solución única. Para resolverlos (cuando se puede) se suele hallar primero la solución general e imponer después uno o varios (dependiendo del orden) datos iniciales.

En este capítulo describiremos los problemas análogos para las EDPs y veremos los métodos que permiten hallar sus soluciones a través de integraciones. La variedad y complicación será mucho mayor que en las ordinarias. Por ejemplo, casi nunca se podrá hallar la solución general de una EDP.

Comenzamos en la sección 1.1 tratando las EDPs **lineales de primer orden en dos variables**, es decir, ecuaciones del tipo:

$$[1] \qquad A(x,y)\, u_y + B(x,y)\, u_x = H(x,y)\, u + F(x,y) \,,$$

con pocas aplicaciones físicas, pero que plantean de forma sencilla los problemas de las de segundo orden. Serán resolubles si es posible hallar las soluciones de una EDO de primer orden, llamadas curvas **características** de [1]. En la solución general de [1] aparece una función p arbitraria (como en el ejemplo $u_x = 0$, de solución $u(x,y) = p(y)$, para cualquier p). Para precisar esta p fijaremos el valor de la solución a lo largo de una curva G del plano xy (**problema de Cauchy**). Un caso particular será el **problema de valores iniciales**, si imponemos $u(x,0) = f(x)$. La solución quedará determinada si G no es tangente a las características.

En 1.2 abordamos las EDPs **lineales de segundo orden en dos variables**:

$$[2] \qquad L[u] \equiv A u_{yy} + B u_{xy} + C u_{xx} + D u_y + E u_x + H u = F(x,y)$$

Aunque no es mucho más complicada la teoría para coeficientes variables, nos limitaremos a considerar que $A, \dots, H$ son constantes. Para intentar resolver [2], se escribirá, mediante **cambios de variables**, en la forma más sencilla posible (**forma canónica**) en las nuevas variables ξ, η, lo que llevará a su clasificación en ecuaciones **hiperbólicas, parabólicas y elípticas**.

En pocos casos, a partir de la forma canónica, se podrá hallar la solución general, que dependerá de dos funciones p y q arbitrarias, que se pueden fijar con datos de Cauchy o iniciales análogos a los de [1]. La única de las EDPs clásicas resoluble por este camino es la **ecuación de ondas** $u_{tt} - c^2 u_{xx} = 0$, para la que serán:

$$u_{\xi\eta} = 0 \quad \text{[forma canónica]}$$

$$u(x,t) = p(x+ct) + q(x-ct) \quad \text{[solución general]}$$

Partiendo de esta solución general se deducirá la **fórmula de D'Alembert** que expresa su solución en términos de la posición y velocidad iniciales:

$$\begin{cases} u_{tt} - c^2 u_{xx} = 0, \; x, t \in \mathbf{R} \\ u(x,0) = f(x), \, u_t(x,0) = g(x) \end{cases} \rightarrow \quad u = \tfrac{1}{2}\big[f(x+ct) + f(x-ct)\big] + \tfrac{1}{2c} \int_{x-ct}^{x+ct} g(s)\, ds$$

Los datos iniciales puros solo se imponen a las ondas, pues no tienen sentido físico y plantean problemas matemáticos en las otras dos ecuaciones clásicas. Las condiciones iniciales y de contorno ligadas a un problema real son diferentes para cada uno. No hay teoría general de EDPs que abarque todas las posibilidades. En cada caso hay que comprobar que el problema está "**bien planteado**", es decir, que tiene **solución única que depende continuamente de los datos** (es fácil verlo para las EDOs). La sección 1.3 describe los diferentes problemas asociados a las EDPs clásicas, interpreta físicamente el significado de las diferentes condiciones adicionales y precisa su unicidad. Todos ellos tendrán solución única, excepto el llamado "problema de Neumann" para Laplace.

https://dx.doi.org/10.5209/docm.005.02
Métodos Matemáticos II: ecuaciones en derivadas parciales. Pepe Aranda Iriarte. © Ediciones Complutense, 2026.

En la sección 1.4 nos dedicaremos a sacarle jugo a la citada fórmula de D'Alembert que da la solución del problema puro de valores iniciales para la cuerda infinita. Veremos que la solución $u(x, t)$ resulta ser la suma de dos ondas que se mueven en sentido opuesto a velocidad c. Daremos también una fórmula para las soluciones de la **ecuación no homogénea** [con fuerzas externas $F(x, t)$]. Comprobaremos cómo, **extendiendo de forma adecuada los datos iniciales** a todo **R**, podemos abordar problemas con **condiciones de contorno**. Primero para la cuerda **semi-infinita** (a la que se pueden reducir las ondas en el espacio con simetría radial) y luego para la **acotada**. Al estar manejando funciones con expresiones distintas en diferentes intervalos, dar la solución explícitamente lleva, en general, a largas discusiones. Nos conformaremos muchas veces con hallar su expresión para valores de t o x fijos o con los dibujos de la solución.

En 1.5 definiremos la **transformada de Fourier** $\mathcal{F}$ de una función f:

$$\mathcal{F}[f](k) = \hat{f}(k) \equiv \tfrac{1}{\sqrt{2\pi}} \int_{-\infty}^{\infty} f(x)\, e^{ikx}\, dx$$

y veremos algunas de sus propiedades que permitirán resolver unas cuantas EDPs en **intervalos no acotados** (en ellos no se podrá utilizar la separación de variables del capítulo 4 por no aparecer problemas de Sturm-Liouville).

Las transformadas de Fourier de derivadas harán desaparecer las derivadas:

$$\mathcal{F}[f'] = -ik\mathcal{F}[f]\,, \quad \mathcal{F}[f''] = -k^2 \mathcal{F}[f]\,.$$

Por eso, aplicando $\mathcal{F}$ a un problema de EDPs en dos variables obtendremos otro para una EDO. Resuelto este segundo problema, para hallar la solución habrá que encontrar una transformada inversa. En particular (además de otros problemas que sabíamos resolver por otros caminos), la $\mathcal{F}$ nos permitirá dar la solución del problema para la **ecuación del calor en varillas no acotadas** (no resoluble con las técnicas de 1.2):

$$\begin{cases} u_t - u_{xx} = 0\,, \ x \in \mathbf{R},\ t > 0 \\ u(x, 0) = f(x),\ u \text{ acotada} \end{cases} \rightarrow u(x, t) = \tfrac{1}{2\sqrt{\pi t}} \int_{-\infty}^{\infty} f(s)\, e^{-(x-s)^2/4t}\, ds$$

De ella se deducirá que, según nuestra ecuación matemática, el calor (a diferencia de las ondas) se transmite a velocidad infinita y que las discontinuidades desaparecen aquí instantáneamente. También se verán problemas en los que aparece la "**delta de Dirac**" $\delta(x-a)$, que será introducida informalmente.

1.1. EDPs lineales de primer orden

Sea [E] $\boxed{A(x,y)\,u_y + B(x,y)\,u_x = H(x,y)\,u + F(x,y)}$, $u = u(x,y)$.

Para resolverla usaremos la EDO de primer orden [e] $\boxed{\dfrac{dy}{dx} = \dfrac{A(x,y)}{B(x,y)}}$ **ecuación característica**

Suponemos que A y B son de C^1 (con parciales continuas) y que no se anulan a la vez en una región del plano. Entonces [e] tendrá en ella unas curvas integrales:

$$\boxed{\xi(x,y) = K} \quad \textbf{curvas características} \text{ de [E]}$$

(que se podrán hallar explícitamente si [e] es separable, lineal, exacta...).

Haciendo el cambio de variable $\begin{cases} \xi = \xi(x,y) \\ \eta = y \end{cases}$ (o bien $\eta = x$) , [E] se convierte en:

$$\begin{cases} u_y = u_\xi\,\xi_y + u_\eta \\ u_x = u_\xi\,\xi_x \end{cases} \rightarrow Au_\eta + [A\xi_y + B\xi_x]u_\xi = Hu + F$$

Y como sobre las soluciones $y(x)$ definidas por $\xi(x,y) = K$ se tiene:

$$\xi(x,y(x)) = K \quad \rightarrow \quad \xi_x + \xi_y\frac{dy}{dx} = \tfrac{1}{B}[A\xi_y + B\xi_x] = 0 \ ,$$

[E] pasa a ser una ecuación en las variables (ξ,η) en la que no aparece u_ξ :

$$[E^*] \quad \boxed{A(\xi,\eta)\,u_\eta = H(\xi,\eta)\,u + F(\xi,\eta)} \ , \ u = u(\xi,\eta) \ .$$

Si en vez de $\eta = y$ hubiésemos escogido $\eta = x$ se llegaría a [E$_*$] $\boxed{Bu_\eta = Hu + F}$.

(Como vemos, tras el cambio **queda el término con la variable elegida**).

[E*] (o [E$_*$]) es una **EDO lineal de primer orden** en η si consideramos la ξ constante, resoluble con la fórmula de variación de las constantes, por ejemplo. En su solución hay una constante arbitraria para cada ξ, es decir, una función arbitraria de ξ :

$$[\bullet] \ \ u(\xi,\eta) = p(\xi)\,e^{\int\frac{H}{A}d\eta} + e^{\int\frac{H}{A}d\eta}\int \frac{F}{A}\,e^{-\int\frac{H}{A}d\eta}\,d\eta \ , \ \text{con } p \text{ función arbitraria de } C^1.$$

Deshaciendo el cambio queda resuelta [E] en función de x e y. En la solución, como se observa, **aparece una función arbitraria p de las características**.

¿Cómo determinar una **única solución** de [E]?, es decir, ¿cómo fijar esa p? Cada solución describe una superficie en el espacio. Definimos inspirándonos en el problema de valores iniciales para EDOs:

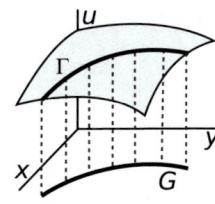

El **problema de Cauchy** para [E] consiste en hallar la solución $u(x,y)$ que tome unos valores dados sobre una curva G del plano xy, o de otra forma, que contenga una curva dada Γ del espacio.

En particular, cuando G es una recta x o $y = cte$ [por ejemplo, si se pide $u(x,0) = f(x)$], se tiene lo que se llama un **problema de valores iniciales**.

Pero un problema de Cauchy puede **no tener solución** o que **no sea única**.

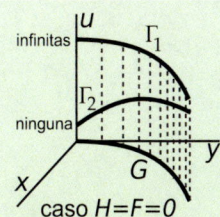

Analicemos lo que ocurre en un caso sencillo de la EDP [E]:

La solución general de (∘) $Au_y + Bu_x = 0$ pasa a ser $u(x,y) = p\big(\xi(x,y)\big)$.

Cada solución toma valor constante sobre cada característica $\xi(x,y) = K$.

Si la curva G donde se dan los datos es una de ellas se debe exigir que Γ esté en un plano horizontal $z = C$. Entonces habrá infinitas soluciones [una para cada función $p \in C^1$ con $p(K) = C$]. Pero si Γ no tiene z constante, no hay ninguna solución que contenga a Γ.

Observemos de paso que (∘) se puede leer como que es 0 la derivada de $u(x,y)$ según el vector (B,A), de pendiente B/A. Debe u ser constante en esa dirección y esto lo cumplen las soluciones de la ecuación característica (e), que aparece aquí de modo natural.

Ej. 1. $\boxed{(2x-y)u_y+xu_x=-yu}$ $\dfrac{dy}{dx}=-\dfrac{y}{x}+2$ es lineal $\to$ $y=\dfrac{C}{x}+\dfrac{1}{x}\int 2x\,dx=\dfrac{C}{x}+x$.

Las características son hipérbolas: $x(y-x)=C$.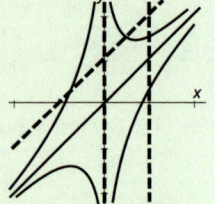

También exacta: $(y-2x)+x\dfrac{dy}{dx}=0$. $\begin{array}{l}U_x=y-2x,\,U=xy-x^2+p(y)\\U_y=x,\,U=xy+q(x)\end{array}$, $xy-x^2\overset{\uparrow}{=}C$.
$\underset{M_y\equiv 1\equiv N_x}{}$

O bien: $y=xz\to \int\dfrac{dz}{z-1}=-\int\dfrac{2\,dx}{x}+C$, $\ln(z-1)=C-2\ln x$, $z-1=\dfrac{y}{x}-1=\dfrac{C}{x^2}$.

$\begin{cases}\xi=xy-x^2\\\eta=x\end{cases}$, $u_\eta=-\dfrac{y}{x}u=-\left(1+\dfrac{\xi}{\eta^2}\right)u$, $u=p(\xi)\,e^{\frac{\xi}{\eta}-\eta}$, $u(x,y)=p(xy-x^2)\,e^{y-2x}$ (solución general).
$\underset{\text{lineal homogénea}}{}$

$\left[\text{Peor: }\begin{cases}\xi=xy-x^2\\\eta=y\end{cases},\ \eta^2-4\xi=(y-2x)^2\to u_\eta=\dfrac{y}{y-2x}u=\dfrac{\eta}{\sqrt{\eta^2-4\xi}}u\to u=p(\xi)\,e^{\sqrt{\eta^2-4\xi}}=p(xy-x^2)\,e^{y-2x}\right]$.

Impongamos ahora diferentes datos de Cauchy a esta EDP y veamos lo que nos sucede:

i) $\boxed{u(1,y)=e^y}$ $\to p(y-1)e^{y-2}=e^y$, $p(y-1)=e^2$. Es $p(v)=e^2\ \forall v$ y así $u(x,y)=e^{y-2x+2}$.

Estos cálculos han determinado una única solución del problema de valores iniciales.

ii) $\boxed{u(x,x-1)=1}$ $\to p(-x)=e^{x+1}\underset{\downarrow}{\to} p(v)=e^{1-v}$, $u(x,y)=e^{x^2-xy+y-2x+1}$, también única.

Aquí parece claro, pero para precisar la p despejaríamos en general (si se puede) la x en función de v y la sustituiríamos: $-x=v\to x=-v\ldots$

iii) $\boxed{u(0,y)=e^y}$ y iv) $\boxed{u(0,y)=1}$ darán problemas por estar dados sobre una característica.

[$x=0$ es clara curva integral, aunque no venga recogida por la primera solución general de arriba].

Para iii): $p(0)e^y=e^y\to p(0)=1$. $\forall p\in C^1$ que lo cumpla tenemos una solución. Hay infinitas.

Por ejemplo, tomando $p(v)\equiv 1$ es $u=e^{y-2x}$, con $p(v)=e^v$ es $u=e^{xy-x^2+y-2x}$, ...

Para iv): $p(0)e^y=1$, $p(0)=e^{-y}$ es imposible. No hay solución con ese dato.

Datos sobre características dan siempre 0 **o** ∞ **soluciones**
[pues se acaba en $p(\text{cte})=$algo, que puede ser constante o no].

Veamos la unicidad en general. Suponemos que se busca la solución que cumple el dato

[d] $\boxed{u\big(g(s),h(s)\big)=f(s)}$, g, h y f derivables [curva $G=(g,h)$ y dato son suaves].

Sustituyendo [d] en [•] y despejando p: $p\big(\xi(g(s),h(s))\big)=R(s)$, con R conocida. Como sugerimos arriba, llamemos $v=\xi\big(g(s),h(s)\big)$. Si se puede despejar s en función de v de forma única $s=s(v)$, la $p(v)=R(s(v))$ queda fijada y habrá una única solución de [E] satifaciendo ese dato.

Sabemos que esta función inversa existe seguro en un entorno de cada s_o para el que sea:

$$\dfrac{dv}{ds}\Big|_{s=s_o}=\dfrac{d}{ds}\big[\xi(g(s),h(s))\big]_{s=s_o}=\nabla\xi(g(s_o),h(s_o))\cdot\big(g'(s_o),h'(s_o)\big)\neq 0.$$

Como $\nabla\xi$ es perpendicular a las características y (g',h') es tangente a la curva G, deducimos:

Si G no es tangente en ningún punto a las características hay solución única del problema de Cauchy en un entorno de G.

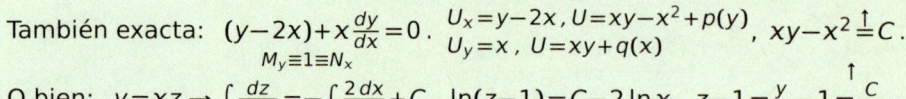

La tangencia se puede ver sin resolver la EDO [e], a partir de su campo de direcciones: el vector (B,A) es tangente a sus soluciones y $(A,-B)$ es perpendicular. Resumiendo todo:

Teor.

Sea $G=(g,h)$ y llamemos $T(s)\equiv g'(s)A\big(g(s),h(s)\big)-h'(s)B\big(g(s),h(s)\big)$. Si $T(s)\neq 0\ \forall s$ existe solución única de [E] cumpliendo [d]. G es tangente a alguna característica en un punto $\big(g(s_o),h(s_o)\big)$ si y solo si $T(s_o)=0$.

$\big[T(s)\equiv 0\ \forall s\Rightarrow G$ **es una característica**, puesto que es tangente en cada punto$\big]$.

Estudiemos de nuevo la unicidad del ejemplo 1, ahora que tenemos teoría general:

Para i) el dibujo ya mostraba que $x=1$ no era tangente a las características.
Exactamente lo mismo lo asegura $T(y)=0\cdot(2-y)-1\cdot 1\equiv -1\neq 0\ \forall y\Rightarrow$ unicidad.

Para ii) tampoco es tangente $y=x-1$ y además es $T(x)=1\cdot(x+1)-1\cdot x=1\neq 0$.

Para los otros: $T(y)=(-y)\cdot 0-0\cdot 1\equiv 0$, lo que confirma que G es característica.

Veamos más ejemplos. En los dos primeros no hay problemas de unicidad, y además la ecuación [E*] o [E$_*$] que aparece se limita a un simple integración.

Ej. 2. $\boxed{\begin{array}{l} u_t + cu_x = 0 \\ u(x,0)=f(x) \end{array}}$ $\frac{dy}{dx}=\frac{1}{c} \to x-ct=K$ (características) $\to u=p(x-ct)$ solución general.

$u(x,0)=p(x)=f(x) \to u(x,t)=f(x-ct)$, solución única del problema de valores iniciales.

Para dibujar la gráfica de u en función de x para cada $t=T$ fijo basta trasladar la de $f(x)$ una distancia cT (hacia la derecha si $c>0$). Se puede interpretar la solución como una onda que viaja a lo largo del tiempo.

[Situación similar se dará en la ecuación de ondas].

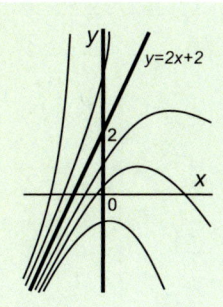

Ej. 3. $\boxed{\begin{array}{l} (y-2x)u_y+u_x=y \\ u(0,y) = y-2 \end{array}}$ $\frac{dy}{dx}=\frac{y-2x}{1}$, $y=Ce^x+2x+2 \to (y-2x-2)e^{-x}=C$

$\begin{cases} \xi=(y-2x-2)e^{-x} \\ \eta=x \text{ (parece mejor)} \end{cases} \to u_\eta=y=\xi e^\eta+2\eta+2 \to u=p(\xi)+\xi e^\eta+\eta^2+2\eta$,

$u=p([y-2x-2]e^{-x})+y+x^2-2$.

[Escogiendo $\eta=y$ no se podría despejar la x de $\xi=(\eta-2x-2)e^{-x}$].

$p(y-2)+y-2=y-2$, $p(y-2)=0 \to p(v)=0 \,\forall v$, $u=y+x^2-2$.

Solución única porque $x=0$ nunca es tangente a las características, o, lo que es lo mismo, porque $T(y)=0\cdot y-1\cdot 1=-1\neq 0\,\forall y$.

En los siguientes sí tenemos que resolver lineales en η y además imponemos unos datos con solución única y otros sin ella:

Ej. 4. $\boxed{3yu_y+xu_x=3u-3}$ $\frac{dy}{dx}=\frac{3y}{x} \xrightarrow{\text{lineal}} y=Cx^3$, $\frac{y}{x^3}=C$.

Haciendo $\begin{cases} \xi=yx^{-3} \\ \eta=y \end{cases} \to \begin{cases} u_y=x^{-3}u_\xi+u_\eta \\ u_x=-3yx^{-4}u_\xi \end{cases} \to 3yu_\eta=3u-3$, $u_\eta=\frac{u-1}{\eta}$.

Resolviendo la lineal (y separable): $u=p(\xi)\eta+1=p\left(\frac{y}{x^3}\right)y+1$.

$\underset{\text{a ojo}}{\nwarrow}$ (más largo $-\eta\int\eta^{-2}d\eta=1$)

O bien: $\begin{cases} \xi=yx^{-3} \\ \eta=x \end{cases} \to u_\eta=\frac{3u-3}{x}=\frac{3u-3}{\eta}$, $u=q(\xi)\eta^3+1=q\left(\frac{y}{x^3}\right)x^3+1$.

$\Big[$Las expresiones con p y q dan la misma solución, pues $q\left(\frac{y}{x^3}\right)\frac{y}{x^3}$ es otra p arbitraria de $\frac{y}{x^3}\Big]$.

Imponemos un primer dato 'bueno':

$\boxed{u(-1,y)=y} \to -p(-y)y+1=y$, $p(v)=1+\frac{1}{v} \to u(x,y)=y+x^3+1$ $\big[$o $q(v)=1+v\big]$.

Solución única pues $x=-1$ no es tangente a las características como se ve en el dibujo. O porque en el proceso de cálculo quedó $p(v)$ precisada de forma única $\forall v$. O porque $T=0\cdot 3y-1\cdot(-1)=1\neq 0$.

Ahora un 'mal' dato: $\boxed{u(x,x^3)=x} \to p(1)x^3+1=x$ $\big[$o $q(1)x^3+1=x\big]$.

Imposible. No existe ninguna solución de la EDP que cumpla ese dato de Cauchy.

Ej. 5. $\boxed{yu_y+xu_x=2u}$ $\frac{dy}{dx}=\frac{y}{x} \to y=Cx$. $\begin{cases} \xi=y/x \\ \eta=y \end{cases} \to \eta u_\eta=2u \to u=p(\xi)\eta^2$.

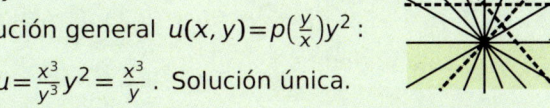

Imponemos tres datos distintos a la solución general $u(x,y)=p\left(\frac{y}{x}\right)y^2$:

$\boxed{u(x,1)=x^3} \to p\left(\frac{1}{x}\right)=x^3$, $p(v)=\frac{1}{v^3}$, $u=\frac{x^3}{y^3}y^2=\frac{x^3}{y}$. Solución única.

[Pero definida solo si $y>0$, la solución de un problema de Cauchy, en principio, solo es local].

$\boxed{u(x,1-x)=2x-1} \to p\left(\frac{1}{x}-1\right)=\frac{2x-1}{(1-x)^2}$, $v=\frac{1}{x}-1$, $x=\frac{1}{v+1}$, $p(v)=\frac{1}{v^2}-1$, $u=x^2-y^2$.

$\big[$De nuevo la solución es única por estar dados los datos sobre una recta no característica o porque $T(x)=1\cdot(1-x)-(-1)\cdot x\equiv 1\neq 0$. Y en este caso la solución es válida en todo $\mathbf{R}^2\big]$.

$\boxed{u(x,x)=0}$. Dato sobre característica que dará lugar a infinitas o ninguna solución.

[Nos confirma que es característica el hecho de que $T(x)=1\cdot x-1\cdot x\equiv 0$].

Imponiendo el dato: $p(1)x^2=0 \to p(1)=0$. Infinitas soluciones. Hay una para cada $p\in C^1$ que se anule en 1. [Por ejemplo son soluciones: $u\equiv 0$, la $u=x^2-y^2$ de antes...].

Las dificultades de la unicidad, en los problemas que se han visto hasta ahora, se han limitado a ver lo que sucedía al imponer datos sobre características. En los dos siguientes aparecen problemas de tangencia, que dan dificultades de análisis más sutiles y complicadas de precisar.

Ej. 6. $\boxed{2xu_y - u_x = 4xy}$ $\frac{dy}{dx} = -2x \to y + x^2 = K$ características.

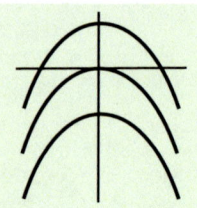

$\begin{cases} \xi = y + x^2 \\ \eta = y \end{cases} \to 2xu_\eta = 4xy \,;\, u_\eta = 2\eta \to u = p(\xi) + \eta^2 = p(y+x^2) + y^2 \,.$

$\begin{cases} \xi = y + x^2 \\ \eta = x \end{cases} \to -u_\eta = 4xy = 4\xi\eta - 4\eta^3 \to$

$\qquad\qquad\qquad u = q(\xi) + \eta^4 - 2\xi\eta^2 = q(y+x^2) - 2yx^2 - x^4 \,.$

Imponemos diferentes datos de Cauchy a la ecuación y analizamos la unicidad:

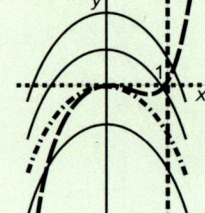

$\boxed{u(1,y) = 0} \to \begin{array}{l} p(y+1) + y^2 = 0,\, p(v) = -(v-1)^2 \\ q(y+1) - 2y - 1 = 0,\, q(v) = 2v - 1 \end{array} \to u = 2y - 2yx^2 - x^4 + 2x^2 - 1 \,.$

$\qquad\qquad$ [p o q fijadas $\forall v$; $x = 1$ no es tangente a las características].

$\qquad\qquad \boxed{u(x, -x^2) = 0} \to p(0) + x^4 = 0\,.$ Imposible, no hay solución.

$\qquad\qquad \boxed{u(x, -x^2) = x^4} \to p(0) = 0\,.$ Cada $p \in C^1$ con $p(0) = 0$ da una solución diferente, con lo que existen infinitas.

$\qquad\qquad \boxed{u(x, 0) = 0} \to p(x^2) = 0\,.$ Solo queda fijada $p(v) = 0$ para $v \geq 0$, pero no hay ninguna condición sobre p si $v < 0$.

Podemos elegir cualquier $p \in C^1$ que valga 0 para $v \geq 0$, con lo que existen infinitas soluciones en un entorno de $(0,0)$:

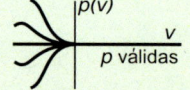

$\qquad u(x,y) = y^2$ si $y \geq -x^2$, pero está indeterminada si $y < -x^2$.

$\big[$En $(0,0)$ es $y = 0$ tangente a las características. Lo confirma $T = 1 \cdot 2x - 0 \cdot (-1)\big]$.

$\boxed{u(x, x^3 - x^2) = x^4 - 2x^5} \to p(x^3) = -x^6,\, p(v) = -v^2 \,\forall v \to u = -2x^2y - x^4 \,\forall(x,y)\,.$

Hay **solución única pese a ser la curva de datos tangente a una característica** en el punto $(0,0)$ $\big[$es $T = 1 \cdot 2x - (3x^2 - 2x) \cdot (-1) = -3x^2\big]$. A veces hay tangencia y existe solución única. La no tangencia es suficiente pero no necesaria.

Ej. 7. $\boxed{(y+1)u_y + xu_x = 0}$ $\frac{dy}{dx} = \frac{y+1}{x} \to y = Cx - 1 \to u = p\big(\frac{y+1}{x}\big)\,.$

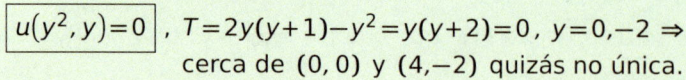

Dará solución única este dato inicial:

$\boxed{u(x,0) = f(x)} = p\big(\frac{1}{x}\big) \to u = f\big(\frac{x}{y+1}\big)$ $\begin{array}{l} [\,y = 0 \text{ no es tangente} \\ \text{a las características}]. \end{array}$

$\boxed{u(0,y) = 1}$ $\ x = 0$ característica $\big(T \equiv 0$, cumple $\frac{dx}{dy} = \frac{x}{y+1}\big)$.

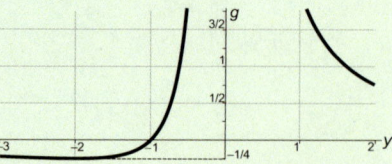

Sabemos que debe tener infinitas soluciones. Para precisarlas reescribimos $u = q\big(\frac{x}{y+1}\big),\, q(0) = 1$. $\big[u = 1,\, u = \cos\frac{x}{y+1},\, \ldots$ son soluciones con ese dato$\big]$.

$\boxed{u(y^2, y) = 0}$, $T = 2y(y+1) - y^2 = y(y+2) = 0$, $y = 0, -2 \Rightarrow$ cerca de $(0,0)$ y $(4,-2)$ quizás no única.

$u(y^2, y) = p\big(\frac{y+1}{y^2}\big) = 0$ solo precisa $p(v) \equiv 0$ para $v \geq -\frac{1}{4}$, pues la gráfica de $g(y) = \frac{y+1}{y^2}$ es la de la derecha.

Por tanto, solo podemos asegurar que es $u \equiv 0$ para $\frac{4y+x+4}{x} \geq 0$ (en la zona coloreada).

1.2. EDPs lineales de segundo orden. Clasificación

Consideremos [E] $L[u] \equiv \boxed{A\,u_{yy} + B\,u_{xy} + C\,u_{xx} + D\,u_y + E\,u_x + H\,u = F(x,y)}$.

Nos limitamos en estos apuntes al caso de que A, B, $\ldots$, H sean constantes (A, B y C no nulas a la vez). Como en las EDPs de primer orden, quizás un **cambio de variable** bien elegido elimine términos de [E] y aparezca una ecuación que sepamos resolver. Hagamos un cambio genérico y analicemos la expresión de [E] en las nuevas variables:

$$\begin{cases} \xi = px+qy \\ \eta = rx+sy \end{cases}, \text{ con } p,q,r,s \text{ constantes y jacobiano } J=ps-qr\neq 0. \text{ Entonces:}$$

$$\begin{array}{ll} u_y = qu_\xi + su_\eta & \quad u_{yy} = q^2 u_{\xi\xi} + 2qs u_{\xi\eta} + s^2 u_{\eta\eta} \\ & \quad u_{xy} = pq u_{\xi\xi} + (ps+qr)u_{\xi\eta} + rs u_{\eta\eta}, \\ u_x = pu_\xi + ru_\eta & \quad u_{xx} = p^2 u_{\xi\xi} + 2pr u_{\xi\eta} + r^2 u_{\eta\eta} \end{array}$$

$$[q^2A + pqB + p^2C]u_{\xi\xi} + [2qsA + (ps+qr)B + 2prC]u_{\xi\eta} + [s^2A + rsB + r^2C]u_{\eta\eta} + \cdots$$

$$= A^* u_{\xi\xi} + B^* u_{\xi\eta} + C^* u_{\eta\eta} + \cdots = F(\xi,\eta)$$

$$[\text{los puntos representan los términos en } u_\xi, u_\eta \text{ y } u].$$

Intentemos hacer $A^* = C^* = 0$. Para ello debe ser: $\begin{array}{l} q^2A + pqB + p^2C = 0 \\ s^2A + rsB + r^2C = 0 \end{array}$.

Si $B^2 - 4AC > 0$ y $A \neq 0$ podemos elegir $p=r=1$ y $q,s = \frac{1}{2A}[-B \mp \sqrt{B^2-4AC}]$.

$\left[\text{Si } A=0 \text{ y } C\neq 0 \text{ tomamos } q=1, p=0 \text{ y } s=1, r=-\frac{B}{C}; A=C=0 \text{ es caso trivial}\right]$.

Si $B^2 - 4AC = 0$, q y s coinciden y sería $J=0$. Y si es <0, q y s serían complejas.

Además, es fácil comprobar que $(B^*)^2 - 4A^*C^* = [B^2 - 4AC]J^2$ y, por tanto, el signo de $B^2 - 4AC$ no varía con los cambios de coordenadas. Todo lo anterior nos lleva a definir:

$$\boxed{\begin{array}{ll} \text{Si } B^2 - 4AC \begin{array}{l} >0 \\ =0 \\ <0 \end{array} \text{ se dice, respectivamente, que la EDP [E] es} & \begin{array}{l} \textbf{hiperbólica} \\ \textbf{parabólica} \\ \textbf{elíptica} \end{array} \end{array}}$$

Encontremos la forma más sencilla en que podemos escribir [E] (**forma canónica**) en cada caso. Si es **hiperbólica**, arriba hemos visto que se convierte con el cambio

$$\boxed{\begin{cases} \xi = x - \frac{B-\sqrt{B^2-4AC}}{2A}\,y \\ \eta = x - \frac{B+\sqrt{B^2-4AC}}{2A}\,y \end{cases}}$$ en $B^* u_{\xi\eta} + \cdots = F$. Como $(B^*)^2 > 0$, podemos escribir la **forma canónica** de las **hiperbólicas**: $\boxed{u_{\xi\eta} + \cdots = F^*(\xi,\eta)}$.

A las dos familias de rectas $\xi=K$, $\eta=K$ se les llama **rectas características** de [E].

Si [E] es **parabólica**, solo tenemos $\xi = x - \frac{B}{2A}\,y$ [**una** familia de rectas características].

Con esta ξ conseguimos que $A^* = 0$, y como $(B^*)^2 - 4A^*C^* = 0$ también es $B^* = 0$. Para η podemos tomar cualquier r y s tales que $J \neq 0$. Se suele tomar $\eta=y$. Así haciendo

$$\boxed{\begin{cases} \xi = x - \frac{B}{2A}\,y \\ \eta = y \end{cases}}$$ y dividiendo por C^* se obtiene la **forma canónica** de las **parabólicas**: $\boxed{u_{\eta\eta} + \cdots = F^*(\xi,\eta)}$.

Si es **elíptica**, las ξ, η son rectas complejas conjugadas: $\frac{2Ax-By}{2A} \pm i\frac{\sqrt{4AC-B^2}}{2A}\,y$ (no hay, pues, características reales). Y no es difícil comprobar que el cambio:

$$\boxed{\begin{cases} \xi = \frac{2Ax-By}{\sqrt{4AC-B^2}} \\ \eta = y \end{cases}}$$ lleva [E] a la **forma canónica** de las **elípticas**: $\boxed{u_{\xi\xi} + u_{\eta\eta} + \cdots = F^*(\xi,\eta)}$.

[Para A, B, C no constantes, si es $B(x,y)^2 - 4A(x,y)C(x,y) > 0$, $=0$ o <0 en cada $(x,y)\in\Omega\subset\mathbf{R}^2$, se dice, respectivamente, que [E] es **hiperbólica**, **parabólica** o **elíptica** en Ω. Las características en este caso general son curvas integrales de EDOs de primer orden (quizás no resolubles)].

Ej. 1. $\boxed{u_{yy} - 4u_{xy} + 5u_{xx} + u = 0}$ $\rightarrow B^2 - 4AC = -4 < 0$, elíptica.

Copiando el último cambio de la página anterior:

$$\begin{cases} \xi = x+2y \\ \eta = y \end{cases} \rightarrow \begin{array}{l} u_y = 2u_\xi + u_\eta \\ u_x = u_\xi \end{array} \rightarrow \begin{array}{l} u_{yy} = 4u_{\xi\xi} + 4u_{\xi\eta} + u_{\eta\eta} \\ u_{xy} = 2u_{\xi\xi} + u_{\xi\eta} \\ u_{xx} = u_{\xi\xi} \end{array}$$

Llevándolo a la ecuación se llega a la forma canónica de la EDP: $\boxed{u_{\xi\xi} + u_{\eta\eta} + u = 0}$.

Ej. 2. $\boxed{4u_{yy} - 4u_{xy} + u_{xx} = 0}$ $\rightarrow B^2 - 4AC = 0 \rightarrow$ parabólica en todo $\mathbf{R}^2$.

El cambio en este caso sería $\xi = x + \frac{y}{2}$, o quizás mejor (son las mismas características):

$$\begin{cases} \xi = 2x+y \\ \eta = y \end{cases} \rightarrow \begin{array}{l} u_y = u_\xi + u_\eta \\ u_x = 2u_\xi \end{array} \rightarrow \begin{array}{l} u_{yy} = u_{\xi\xi} + 2u_{\xi\eta} + u_{\eta\eta} \\ u_{xy} = 2u_{\xi\xi} + 2u_{\xi\eta} \\ u_{xx} = 4u_{\xi\xi} \end{array} \rightarrow 4u_{\eta\eta} = 0, \boxed{u_{\eta\eta} = 0}.$$

Esta forma canónica que se resuelve fácilmente: $u_\eta = p(\xi) \rightarrow u = \eta\, p(\xi) + q(\xi)$.

Por tanto, la **solución general** de la ecuación es:

$$\boxed{u(x,y) = y\, p(2x+y) + q(2x+y)}, \text{ con } p \text{ y } q \text{ funciones } C^2 \text{ arbitrarias.}$$

Como en este caso, a veces es posible hallar elementalmente la **solución general** de [E] tras ponerla en forma canónica (en la mayoría, como en el ejemplo 1, será imposible). Identifiquemos las **formas canónicas resolubles**:

Si solo hay derivadas respecto a una variable: $\boxed{u_{\eta\eta} + D^* u_\eta + H^* u = F^*}$.

Esta lineal de orden 2 con coeficientes constantes, ordinaria si la vemos como función de η, se integra viendo la ξ como un parámetro (análogo a las de primer orden). Un par de constantes para cada ξ dan lugar a dos funciones arbitrarias de ξ en la solución. La ecuación, como vemos, debe ser parabólica.

Si solo aparecen $u_{\xi\eta}$ y una de las derivadas primeras: $\boxed{\begin{array}{l} u_{\xi\eta} + E^* u_\xi = F^* \\ u_{\xi\eta} + D^* u_\eta = F^* \end{array}}$.

Haciendo en la primera $u_\xi = v$ se obtiene la EDP lineal de primer orden $v_\eta + E^* v = F^*$, resoluble viendo ξ como parámetro. La v contendrá una función arbitraria de ξ. Al integrarla para hallar la u aparece otra función arbitraria (de η). Todo es análogo si solo aparece u_η. Y más sencillo aún si no está ninguna de las dos. La ecuación es hiperbólica.

[En las EDOs de segundo orden aparecen dos constantes arbitrarias; aquí hay, en los dos casos, dos funciones arbitrarias (evaluadas en las características como ocurría en las EDPs de primer orden). Se ve que ninguna ecuación elíptica, ni la del calor $u_t - u_{xx}$ son resolubles por este camino].

[Otras pocas ecuaciones más pueden llevarse a estas formas resolubles con cambios de variable adicionales del tipo $u = e^{py} e^{qx} w$ que hacen desaparecer alguna derivada de menor orden o el término con la u].

Ej. 3. $\boxed{u_{yy} + 5u_{xy} + 4u_{xx} + 3u_y + 3u_x = 9}$ $\rightarrow B^2 - 4AC = 9$, hiperbólica.

$$\frac{B \mp \sqrt{B^2-4AC}}{2A} = \frac{1}{4} \rightarrow \begin{cases} \xi = x-y \\ \eta = x-4y \end{cases} \rightarrow \begin{array}{l} u_y = -u_\xi - 4u_\eta \\ u_x = u_\xi + u_\eta \end{array} \rightarrow \begin{array}{l} u_{yy} = u_{\xi\xi} + 8u_{\xi\eta} + 16u_{\eta\eta} \\ u_{xy} = -u_{\xi\xi} - 5u_{\xi\eta} - 4u_{\eta\eta} \\ u_{xx} = u_{\xi\xi} + 2u_{\xi\eta} + u_{\eta\eta} \end{array}$$

Entonces: $u_{\xi\eta} + u_\eta = -1$, del segundo de los tipos citados. Para resolverla:

$$u_\eta = v \rightarrow v_\xi = -v - 1 \rightarrow v = p^*(\eta) e^{-\xi} - 1 \rightarrow u(\xi, \eta) = p(\eta) e^{-\xi} + q(\xi) - \eta.$$

La solución general es: $\boxed{u(x,y) = p(x-4y) e^{y-x} + q(x-y) + 4y - x}$, p, q arbitrarias.

[La ecuación similar $u_{yy} + 5u_{xy} + 4u_{xx} + 3u_x = 9 \rightarrow u_{\xi\eta} - \frac{1}{3}u_\eta - \frac{1}{3}u_\xi = -1$, no es resoluble].

¿Qué datos adicionales proporcionan problemas bien planteados para una EDP de segundo orden en dos variables lineal [E] $L[u] = F$? En primer lugar, ¿cómo aislar una única solución? Para una EDO de segundo orden se fijaba el valor de la solución y de su derivada en el instante inicial para tenerla. En una EDP de primer orden dábamos los valores de u en toda una curva G (no tangente a las características). Hemos visto que en los pocos casos en que [E] era resoluble aparecían dos funciones arbitrarias en la solución. Todo ello lleva a plantear el **problema de Cauchy** para [E]:

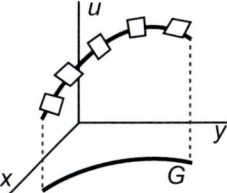

> Hallar la solución que tome unos valores dados de u y de la derivada $u_\mathbf{n}$ a lo largo de una curva dada G del plano xy.

[Geométricamente: hallar la superficie solución que contenga una curva dada y tenga a lo largo de ella una familia de planos tangentes también dados. La derivada normal $u_\mathbf{n}$ será habitualmente u_x o u_y].

En particular, al tomar como G el eje x se tiene el **problema de valores iniciales** que consiste en hallar la solución de [E] que cumple $u(x,0)=f(x)$, $u_y(x,0)=g(x)$.

Como ocurría en las de primer orden se puede probar que:

> Si los datos son suaves y G no es tangente a las características en ningún punto, el problema de Cauchy tiene solución única en las proximidades de G.

Ej. 4. Sea $[P] \begin{cases} u_{yy}+2u_{xy}+u_{xx}-u_y-u_x=0 \\ u(x,0)=x,\ u_y(x,0)=0 \end{cases}$ $\quad B^2-4AC\equiv0$ parabólica, $\quad x-\frac{B}{2A}y=x-y=K$ características.

Como $y=0$ no es tangente a ellas, el problema [P] tiene solución única.

La ecuación resulta ser resoluble y podemos comprobarlo:

$$\begin{cases} \xi=x-y \\ \eta=y \end{cases} \rightarrow u_{\eta\eta}-u_\eta=0 \rightarrow u=p(\xi)+q(\xi)\,e^\eta = p(x-y)+q(x-y)\,e^y.$$

Imponiendo los dos datos iniciales $\left[u_y = -p' + (q-q')\,e^y \right]$:

$$\begin{array}{l} u(x,0) = p(x)+q(x) = x \\ u_y(x,0) = -p'(x)-q'(x)+q(x) = 0 \end{array} \Bigg\} \rightarrow \begin{array}{l} p'(x)+q'(x) = 1 \\ p'(x)+q'(x) = q(x) \end{array} \Bigg\}$$

[p' y q' representan la misma derivada ordinaria en ambas ecuaciones]

$$\rightarrow q(x)=1\ \forall x \rightarrow p(x)=x-1\ \forall x \rightarrow \boxed{u=x-y-1+e^y},$$

solución determinada de forma única por los cálculos anteriores.

[Imponiendo datos de Cauchy sobre una característica, por ejemplo $u(x,x)=f(x)$, $u_y(x,x)=g(x)$, nunca tendríamos solución única o tendríamos infintas, pues solo aparecerían $p(0)$ y $q(0)$].

¿Será el problema de Cauchy adecuado a todas las EDPs de segundo orden? No, no lo es. En los problemas reales aparecen condiciones mucho más variadas: en unos casos condiciones iniciales y de contorno a la vez, en otros solo de contorno...

Por otra parte, unos datos de Cauchy pueden dar lugar a problemas mal planteados para las EDPs no hiperbólicas. Además de la unicidad, debe haber **dependencia continua**: variando poco los datos, deben variar poco las soluciones. Se pueden dar ejemplos de problemas de Cauchy para Laplace (de solución única, pues sin características reales no puede haber tangencia con la curva de datos), para los que no se tiene la citada dependencia continua.

En la próxima sección describiremos los principales problemas asociados a las tres **EDPs clásicas** en dos variables [solo el primero para ondas será de Cauchy]. Para cada uno de ellos habría que probar que 'está bien planteado'. Demostraremos solo parte de las afirmaciones. Para más variables las cosas son análogas y poco más complicadas.

1.3. Los problemas clásicos. Unicidad

Ondas. Tiene solución única dependiente continuamente de los datos el

problema puro de valores iniciales: $(P_1) \begin{cases} u_{tt} - c^2 u_{xx} = F(x, t), \ x, t \in \mathbf{R} \\ u(x, 0) = f(x), u_t(x, 0) = g(x) \end{cases}$

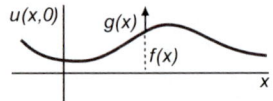

para la **cuerda infinita** (de sentido real cuando t es pequeño y estamos lejos de los extremos). Hallemos su solución (es la única ecuación clásica resoluble por este camino) para $F \equiv 0$:

$$\begin{cases} u_{tt} - c^2 u_{xx} = 0 \\ u(x, 0) = f(x), u_t(x, 0) = g(x) \end{cases} \quad B^2 - 4AC = 4c^2, \text{ hiperbólica.}$$

A partir de las expresiones halladas en la página 19: $\begin{cases} \xi = x + ct \\ \eta = x - ct \end{cases} \rightarrow \begin{cases} u_{xx} = u_{\xi\xi} + 2u_{\xi\eta} + u_{\eta\eta} \\ u_{tt} = c^2 [u_{\xi\xi} - 2u_{\xi\eta} + u_{\eta\eta}] \end{cases}$

$$\rightarrow -4c^2 u_{\xi\eta} = 0 \rightarrow \boxed{u_{\xi\eta} = 0} \begin{array}{l} \text{forma} \\ \text{canónica} \end{array} \rightarrow u_\xi = p^*(\xi) \rightarrow u = p(\xi) + q(\eta).$$

Luego la **solución general de la ecuación de ondas homogénea** es:

$$\boxed{u(x, t) = p(x + ct) + q(x - ct)} \ , \ p \text{ y } q \text{ funciones arbitrarias de } C^2.$$

Imponemos los datos para aislar la solución del problema de valores iniciales:

$$\begin{cases} p(x) + q(x) = f(x) \\ cp'(x) - cq'(x) = g(x) \end{cases} \rightarrow \begin{cases} p'(x) + q'(x) = f'(x) \\ p'(x) - q'(x) = \frac{1}{c}g(x) \end{cases} \rightarrow 2p'(x) = f'(x) + \frac{1}{c}g(x)$$

$$\rightarrow p(x) = \tfrac{1}{2}f(x) + \tfrac{1}{2c}\int_0^x g(s)\,ds + k \rightarrow q(x) = \tfrac{1}{2}f(x) - \tfrac{1}{2c}\int_0^x g(s)\,ds - k \rightarrow$$

fórmula de D'Alembert $\boxed{u(x, t) = \tfrac{1}{2}[f(x+ct) + f(x-ct)] + \tfrac{1}{2c}\int_{x-ct}^{x+ct} g(s)\,ds}$ $\begin{array}{l} \text{[Para que } u \text{ sea } C^2, \\ \text{debe } f \in C^2 \text{ y } g \in C^1]. \end{array}$

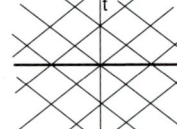

La unicidad del problema de Cauchy (P_1) la asegura el hecho de que imponemos los datos sobre la recta $t = 0$ no característica.

Probemos, si $F \equiv 0$, la dependencia continua. Las soluciones $u(x, t)$ y $u^*(x, t)$ para datos iniciales próximos son cercanas en intervalos de tiempo finitos:

Si $|f(x) - f^*(x)| < \delta$ y $|g(x) - g^*(x)| < \delta \ \forall x$, para $t \in [0, T]$ se tiene:

$$|u - u^*| \leq \tfrac{1}{2}|f(x+ct) - f^*(x+ct)| + \tfrac{1}{2}|f(x-ct) - f^*(x-ct)| + \tfrac{1}{2c}\int_{x-ct}^{x+ct} |g(s) - g^*(s)|\,ds$$

$$< \delta + \tfrac{\delta}{2c}\int_{x-cT}^{x+cT} ds = \delta(1 + T) < \epsilon \ \forall x \text{ y } \forall t \in [0, T] \ , \text{ si } \delta < \tfrac{\epsilon}{1+T} .$$

Otro problema bien planteado es el de la **cuerda acotada** cuyos extremos se mueven verticalmente según $h_0(t)$ y $h_L(t)$ dadas (que estén fijos es un caso particular). Hay entonces dos **condiciones de contorno** adicionales:

$$(P_2) \begin{cases} u_{tt} - c^2 u_{xx} = F(x, t), \ x \in [0, L], \ t \in \mathbf{R} \\ u(x, 0) = f(x), \ u_t(x, 0) = g(x) \\ u(0, t) = h_0(t), \ u(L, t) = h_L(t) \end{cases}$$

Demostremos su **unicidad** (veremos que la solución existe, como en otros casos, hallándola explícitamente [en la sección 1.4 mediante extensiones o en 4.2 por separación de variables]; no probamos la dependencia continua). Sean u_1 y u_2 soluciones de (P_2) y sea $u = u_1 - u_2$.

Entonces u cumple: $(P_0) \begin{cases} u_{tt} - c^2 u_{xx} = 0, \ x \in [0, L], \ t \in \mathbf{R} \\ u(x, 0) = u_t(x, 0) = u(0, t) = u(L, t) = 0 \end{cases}$

Probemos que $u \equiv 0$. Integremos la identidad $u_t[u_{tt} - c^2 u_{xx}] = \tfrac{1}{2}\tfrac{\partial}{\partial t}[u_t^2 + c^2 u_x^2] - c^2 \tfrac{\partial}{\partial x}[u_t u_x]$

para x entre 0 y L y t entre 0 y T cualquiera, suponiendo u solución de (P_o):

$$\tfrac{1}{2}\int_0^L [u_t^2 + c^2 u_x^2]_{(x,0)}^{(x,T)}dx - c^2 \int_0^T [u_t u_x]_{(0,t)}^{(L,t)}dt = \tfrac{1}{2}\int_0^L [u_t(x, T)^2 + c^2 u_x(x, T)^2]dx = 0$$

pues $u_{tt} - c^2 u_{xx} = u_t(x, 0) = u_x(x, 0) = u_t(0, t) = u_t(L, t) = 0$.

El último corchete es ≥ 0 y es función continua de x. Para que la integral se anule debe ser $u_t(x, T) = u_x(x, T) = 0$ si $0 \leq x \leq L$ y para cualquier T. Por tanto $u(x, t)$ es constante y como $u(x, 0) = 0$ debe ser $u = u_1 - u_2 \equiv 0$. Hay unicidad.

Calor. Para la **varilla infinita** se prueba que está bien planteado:

$$(P_3) \begin{cases} u_t - ku_{xx} = F(x, t), \ x \in \mathbf{R}, \ t > 0 \\ u(x, 0) = f(x), \ u \text{ acotada} \end{cases}$$

Basta un solo dato, la distribución inicial de temperaturas, para fijar las posteriores.

[No podemos dar arbitrariamente la $u_t(x, 0)$ pues debe ser $u_t(x, 0) = kf''(x) + F(x, 0)$ si u es solución ($t = 0$ es característica y (P_3) no es buen problema de valores iniciales)].

Para la **varilla acotada** hay condiciones de contorno, que pueden ser de varios tipos, con diferentes significados físicos cada uno. Si los extremos toman a lo largo del tiempo las **temperaturas dadas** $h_0(t)$ y $h_L(t)$ se tiene:

$$(P_4) \begin{cases} u_t - ku_{xx} = F(x, t), \ x \in (0, L), \ t > 0 \\ u(x, 0) = f(x) \\ u(0, t) = h_0(t), \ u(L, t) = h_L(t) \end{cases}$$

Si lo que fijamos es el **flujo de calor** en los extremos obtenemos:

$$(P_5) \begin{cases} u_t - ku_{xx} = F(x, t), \ x \in (0, L), \ t > 0 \\ u(x, 0) = f(x) \\ u_x(0, t) = h_0(t), \ u_x(L, t) = h_L(t) \end{cases}$$

[En particular, si $h_0(t) = h_L(t) = 0$, los extremos están **aislados**].

Un tercer tipo de condiciones de contorno combina u y u_x:

$$u(0, t) - au_x(0, t) = h_0(t) \text{ o } u(L, t) + bu_x(L, t) = h_L(t), \text{ con } a, b > 0$$

Expresan la **radiación libre** de calor hacia un medio a temperatura dada (si el extremo $x = L$ está más (menos) caliente que h_L entonces se irradia (chupa) calor puesto que $u_x = (h_L - u)/b < 0$ (> 0) y el flujo de calor es siempre en sentido opuesto al gradiente de las temperaturas; lo mismo sucede con el otro extremo).

(P_4) o (P_5) (o cualquiera de los otros 7 problemas que aparecen combinando los 3 tipos de condiciones descritos) son todos problemas bien planteados.

Probemos que todos tienen solución única. Sean u_1 y u_2 soluciones. Entonces $u = u_1 - u_2$ satisface el problema con $F = f = h_0 = h_L = 0$. Nuestro objetivo es deducir que $u \equiv 0$.

Multiplicando la ecuación por u e integrando respecto a x entre 0 y L se tiene:

$$\int_0^L uu_t dx - k\int_0^L uu_{xx} dx = \tfrac{1}{2}\tfrac{d}{dt}\int_0^L u^2 dx - k[uu_x]_{(0,t)}^{(L,t)} + k\int_0^L u_x^2 dx = 0 \ \Rightarrow \ \tfrac{d}{dt}\int_0^L [u(x,t)]^2 dx \le 0$$

[si $u = 0$ o $u_x = 0$ en los extremos la última implicación es clara, ya que $k > 0$; es también fácil verlo si $u - au_x = 0$, $a > 0$ o si $u + bu_x = 0$, $b > 0$; no se puede dar ese paso ni probar la unicidad para $a < 0$ o $b < 0$ (físicamente inadmisible)].

La última integral es una función $U(t)$ no creciente ($U' \le 0$), que cumple $U(0) = 0$ (pues $u(x, 0) = 0$) y es $U(t) \ge 0$ (integrando positivo). De las tres afirmaciones se deduce que $U(t) \equiv 0 \Rightarrow u \equiv 0$. Unicidad.

Una forma alternativa de probar la unicidad de algunos problemas (que además permite atacar la dependencia continua) es utilizar un **principio del máximo** que se ajuste a ese problema. Por ejemplo, es cierto este principio que no demostramos:

Si u es continua en $[0, T] \times [0, L]$ y satisface $u_t - ku_{xx} = 0$ en $(0, T) \times (0, L)$, los valores máximo y mínimo de u se alcanzan o bien en $t = 0$, o bien en $x = 0$, o bien en $x = L$.

[Si la temperatura inicial en la varilla y la de sus extremos no superan un valor M, no se puede dar en su interior una temperatura mayor que M (sin fuentes externas). La prueba a partir de esto de la unicidad y la dependencia continua de (P_4) sería similar a la que veremos para Laplace y no la hacemos. Si quisiéramos demostrar la unicidad para los otros problemas de la ecuación del calor, necesitaríamos otros principios del máximo diferentes].

Laplace. Los problemas son de contorno. Los dos más importantes son:

Problema de Dirichlet: $(P_D) \begin{cases} \Delta u = F \text{ en } D \\ u = f \text{ en } \partial D \end{cases}$ **Problema de Neumann:** $(P_N) \begin{cases} \Delta u = F \text{ en } D \\ u_{\mathbf{n}} = f \text{ en } \partial D \end{cases}$

Donde D es un abierto conexo acotado de $\mathbf{R}^2$, ∂D es su frontera y $u_{\mathbf{n}}$ es la derivada en la dirección del vector normal unitario exterior $\mathbf{n}$.

Si vemos la ecuación describiendo una distribución estacionaria de temperaturas en una placa, en (P_D) imponemos las temperaturas en el borde y en (P_N) fijamos el flujo de calor en dirección normal al borde.

Si F, f y ∂D son regulares, el (P_D) es un problema bien planteado. Lo resolveremos en recintos sencillos en el capítulo 4. Probemos ahora su unicidad por dos caminos.

Mediante la **fórmula de Green** (generaliza la integración por partes a $\mathbf{R}^2$):

$$\text{Sea } u \in C^2(D) \cap C^1(\overline{D}). \text{ Entonces } \iint_D u\,\Delta u\,dxdy = \oint_{\partial D} u\,u_{\mathbf{n}}\,ds - \iint_D \|\nabla u\|^2\,dxdy$$

$\left[\text{Identidad } u\Delta u = \text{div}[u\nabla u] - \|\nabla u\|^2 \text{ y teorema de la divergencia } \iint_D \text{div}\,\mathbf{f}\,dxdy = \oint_{\partial D} \mathbf{f} \cdot \mathbf{n}\,ds\right]$.

Si u_1 y u_2 son soluciones de (P_D), $u = u_1 - u_2$ verifica el problema con $F = f = 0$. La fórmula de Green dice entonces que:

$$\iint_D \|\nabla u\|^2\,dxdy = 0 \;\Rightarrow\; \nabla u = \mathbf{0} \;\Rightarrow\; u = cte \;\Rightarrow\; u \equiv 0 \text{ (pues } u = 0 \text{ en } \partial D).$$

Probamos de otra forma la unicidad de (P_D), y también la dependencia continua, con el siguiente **principio del máximo** para Laplace (intuitivamente claro: la temperatura de una placa no supera la máxima de su borde) que no demostramos:

Si u satisface $\Delta u = 0$ en un dominio acotado D y es continua en $\overline{D}$ entonces u alcanza su máximo y su mínimo en la ∂D.

Como $u = u_1 - u_2$, con u_1, u_2 soluciones, verifica $\begin{cases} \Delta u = 0 \text{ en } D \\ u = 0 \text{ en } \partial D \end{cases}$, se tiene:

$$0 = \min_{\partial D} u \leq \min_D u \leq \max_D u \leq \max_{\partial D} u = 0 \;\Rightarrow\; u \equiv 0$$

Sea u^* solución de (P_D) con $u = f^*$ en ∂D y sea $|f - f^*| < \epsilon$ en ∂D. Entonces:

$$v = u - u^* \rightarrow \begin{cases} \Delta v = 0 \text{ en } D \\ v = f - f^* \text{ en } \partial D \end{cases} \Rightarrow -\epsilon < \min_{\partial D} v \leq v \leq \max_{\partial D} v < \epsilon \Rightarrow |u - u^*| < \epsilon \text{ en } D.$$

Si la diferencia entre datos es pequeña, lo es la diferencia entre soluciones.

Para el (P_N) la situación se complica. En primer lugar, **para que (P_N) pueda tener solución es necesario que F y f satisfagan la relación**:

$$\iint_D F\,dxdy = \oint_{\partial D} f\,ds$$ [basta aplicar el teorema de la divergencia a ∇u para verlo].

Además, si (P_N) tiene solución, esta contiene una constante arbitraria [lo que podíamos esperar, ya que ecuación y condición de contorno solo contienen derivadas]. También se ve que si queremos repetir la prueba de la unicidad con la fórmula de Green, se pueden dar todos los pasos excepto la última implicación. Se dice que el **problema de Neumann** (P_N) **tiene unicidad salvo constante**.

[Además se imponen a Laplace condiciones de contorno del tipo $u + au_{\mathbf{n}} = f$, $a > 0$, y también tienen interés los problemas en que en parte de ∂D hay condiciones tipo Dirichlet, en otra tipo Neumann... (todos son problemas bien planteados). También se tratarán en 4.4 problemas en D no acotados. Para tener unicidad, además de los datos en ∂D, habrá que exigir un 'adecuado comportamiento' en el infinito].

Ej. 4. $\begin{cases} u_{tt} - u_{xx} = 0, \; x \geq 0, \; t \in \mathbf{R} \\ u(x,0) = \begin{cases} \mathrm{sen}^2 \pi x, \; x \in [2,3] \\ 0, \; x \in [0,2] \cup [3,\infty) \end{cases}, \; u_t(x,0) = u(0,t) = 0 \end{cases}$

a) Hallar $u(\frac{7}{6}, 4)$.

b) Dibujar $u(x,2)$ y $u(x,4)$.

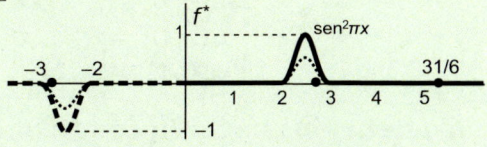

La solución es $u(x,t) = \frac{1}{2}[f^*(x+t) + f^*(x-t)]$,
con f^* extensión impar respecto del origen.

[f^* es función C^1. Sería $-\mathrm{sen}^2 \pi x$ en $[-3,-2]$,
pero no lo necesitamos para lo que se pide].

a) $u(\frac{7}{6}, 4) = \frac{1}{2}[f^*(\frac{31}{6}) + f^*(-\frac{17}{6})]$

$\underset{f^* \, \mathrm{impar}}{=} \frac{1}{2}[f(\frac{31}{6}) - f(\frac{17}{6})] = -\frac{1}{2}\mathrm{sen}^2(\frac{17\pi}{6}) = -\frac{1}{8}$.

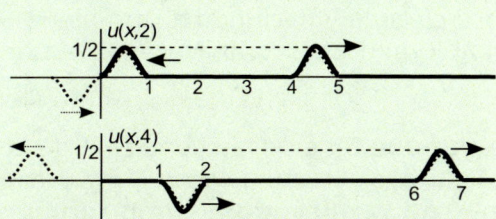

b) Para hacer los dibujos basta llevar rígidamente
la gráfica de $\frac{1}{2}f^*$ hacia la izquierda y derecha 2
unidades en un caso y 4 en el otro y sumarlas.

[dibujo 3d en la portada de los apuntes]

En $t=2$, la onda que se mueve hacia la izquierda está llegando al origen; en $t=4$ se ha reflejado e invertido y ahora viaja hacia la derecha.

[Esta reflexión e inversión siempre se dará en los extremos con la condición $u=0$, lo que permite predecir fácilmente la evolución de estas perturbaciones localizadas en la f. Si la f fuese no nula, por ejemplo, en todo $[0,\infty)$ o si la perturbación fuese en la g, las cosas, gráficamente, se pueden complicar mucho].

Ej. 5. $\begin{cases} u_{tt} - u_{xx} = 0, \; x \geq 0, \; t \in \mathbf{R} \\ u(x,0) = 0, \; u_t(x,0) = \begin{cases} (x-2)(x-4), \; x \in [2,4] \\ 0, \; \mathrm{resto \; de} \; [0,\infty) \end{cases} \\ u(0,t) = 0 \end{cases}$

a) Hallar el valor de $u(3,6)$.

b) Hallar $u(3,t)$ para $t \geq 7$ y para $1 \leq t \leq 5$.

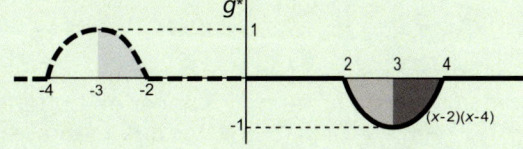

Para aplicar D'Alembert extendemos g a
una g^* impar definida en todo $\mathbf{R}$:

Entonces $u(x,t) = \frac{1}{2}\int_{x-t}^{x+t} g^*(s)\,ds$ será la
solución del problema para todo x, t.

a) $u(3,6) = \frac{1}{2}\int_{-3}^{9} g^* \underset{\mathrm{impar}}{=} \frac{1}{2}\int_{3}^{4}(s^2 - 6s + 8)\,ds = [\frac{1}{6}s^3 - \frac{3}{2}s^2]_3^4 + 4 = -\frac{13}{3} + 4 = -\frac{1}{3}$.

b) Para $t \geq 7$ es $3 - t \geq -4$ y $3 + t \geq 10$.

Por tanto, $u(3,t) = \frac{1}{2}\int_{3-t}^{3+t} g^* = 0$, pues las áreas se cancelan.

Para $1 \leq t \leq 5$ es $-2 \leq 3 - t \leq 2$ y $3 + t \geq 4$, y así g^* solo es no nula en $[2,4]$:

$u(3,t) = \frac{1}{2}\int_{2}^{4}(s^2 - 6s + 8)\,ds = -\frac{2}{3}$ [el doble de la de arriba].

Gracias a la imparidad no se ha necesitado, para hacer los cálculos anteriores, conocer la expresión de g^* para $x \leq 0$, pero esta es fácil de escribir:

Para $x \in [-4,-2]$ será $g^*(x) = -(x+2)(x+4)$ y claramente es 0 en el resto.
(cambiando x por $-x$ y el signo)

Con esta expresión se obtendrían (trabajando más) los mismos resultados, por ejemplo:

a) $u(3,6) = \frac{1}{2}\int_{-3}^{9} g^* = -\frac{1}{2}\int_{-3}^{-2}(s^2 + 6s + 8)\,ds + \frac{1}{2}\int_{2}^{4}(s^2 - 6s + 8)\,ds = \frac{1}{3} - \frac{2}{3} = -\frac{1}{3}$.

Veamos cómo se debe extender si la condición de contorno $u(0,t) = 0$ de (P₃) se sustituye por la

$\boxed{u_x(0,t) = 0}$ (describe el hecho de dejar al extremo de la cuerda subir y bajar libremente).

$u_x(0,t) = \frac{1}{2}[f^{*\prime}(ct) + f^{*\prime}(-ct)] + \frac{1}{2c}[g^*(-ct) - g^*(ct)] = 0$, $f^{*\prime}$ impar y g^* par $\Rightarrow$

se deben extender f y g **de forma par** respecto a 0. Observemos, por ejemplo, que en este caso las ondas siguen reflejándose en los extremos con $u_x = 0$, pero que no se da la inversión (pues las ondas que se encuentran en el extremo tienen el mismo signo).

[Anticipándonos a lo que veremos: también se extendería par respecto a x una $F(x,t) \neq 0$, y en la cuerda finita se extendería par también respecto a $x = L$ si fuese ahí $u_x = 0$].

Siguiendo con la cuerda semi-infinita, veamos cómo se resuelve el problema más general con fuerzas externas y extremo móvil:

$$(P_4) \begin{cases} u_{tt}-c^2u_{xx} = F(x,t),\ x\geq 0,\ t\in\mathbf{R} \\ u(x,0)=f(x),\ u_t(x,0)=g(x) \\ u(0,t)=h_0(t) \end{cases}$$ [debe ahora ser $f(0)=h_0(0)$].

Primero **debemos hacer la condición de contorno homogénea**, encontrando una v que la cumpla y haciendo el cambio $w=u-v$, ya que entonces será $w(0,t)=0$, aunque probablemente se complicarán la ecuación y el resto de condiciones.

La v más clara (no siempre la mejor) es: $v(t)=h_0(t)$.

Una vez que tenemos la condición de contorno homogénea, la solución del problema en w la da [2] si sustituimos sus f, g y F por f^*, g^* y F^*, siendo esta última la **extensión impar de F mirándola como función de x**:

$$w(x,t)=\tfrac{1}{2}[f^*(x+ct)+f^*(x-ct)] + \tfrac{1}{2c}\int_{x-ct}^{x+ct} g^*(s)\,ds + \tfrac{1}{2c}\int_0^t\int_{x-c[t-\tau]}^{x+c[t-\tau]} F^*(s,\tau)\,ds\,d\tau.$$

Ej. 6. $\begin{cases} u_{tt}-u_{xx}=0,\ x\geq 0,\ t\in\mathbf{R} \\ u(x,0)=u_t(x,0)=0 \\ u(0,t)=t^2 \end{cases}$ Hallemos primero la solución para un x y t fijos: $u(1,2)$.

Para anular la condición de contorno podemos usar la v citada:

$$w=u-t^2 \rightarrow \begin{cases} w_{tt}-w_{xx}=-2 \\ w(x,0)=w_t(x,0)=0 \\ w(0,t)=0 \end{cases} \rightarrow \begin{cases} w_{tt}-w_{xx}=\begin{cases} 2,\ x<0 \\ -2,\ x>0 \end{cases} \\ w(x,0)=w_t(x,0)=0 \end{cases} \rightarrow$$

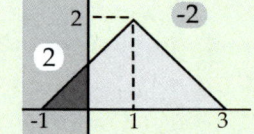

$$w(1,2)=\tfrac{1}{2}\iint_\triangle F^* = \tfrac{1}{2}\Big[(2)\,\text{área}\,\blacktriangle + (-2)\,\text{área}\,\triangle\Big]=-3\ \rightarrow\ u(1,2)=-3+4=1.$$

[Por ser constantes las F a integrar, nos hemos ahorrado el cálculo de integrales dobles. Pero como esto no se podrá hacer en general, vamos a perder un poco el tiempo en hallar $w(1,2)$ sin este atajo. El valor que estamos calculando es:

$$w(1,2) = \tfrac{1}{2}\iint_\triangle F^* = \tfrac{1}{2}\int_0^2\int_{\tau-1}^{3-\tau} F^*(s,\tau)\,ds\,d\tau$$

Sobre el triángulo pequeño la integral viene dada por:

$$\tfrac{1}{2}\int_0^1\int_{\tau-1}^0 2\,ds\,d\tau = \int_0^1 (1-\tau)\,d\tau = \tfrac{1}{2}.$$

Para el otro cuadrilátero hay que dividir en dos el recinto de integración:

$$\tfrac{1}{2}\int_0^1\int_0^{3-\tau}(-2)\,ds\,d\tau + \tfrac{1}{2}\int_1^2\int_{\tau-1}^{3-\tau}(-2)\,ds\,d\tau = \int_0^1 (\tau-3)\,d\tau + \int_1^2 (2\tau-4)\,d\tau = -\tfrac{7}{2}.$$

Sumando ambos resultados obtenemos $w(1,2)=-3$ como antes].

También podríamos conseguir un problema sin F, haciendo el cambio con una v mejor. Tanteando un poco se ve que $v=x^2+t^2$ cumple la condición y también la ecuación:

$$w=u-v \rightarrow \begin{cases} w_{tt}-w_{xx}=0 \\ w(x,0)=-x^2,\ w_t(x,0)=0 \\ w(0,t)=0 \end{cases} \rightarrow \begin{cases} w_{tt}-w_{xx}=0,\ x,t\in\mathbf{R} \\ w(x,0)=f^*(x) \\ w_t(x,0)=0 \end{cases}$$

$$\rightarrow w(1,2)=\tfrac{1}{2}[f^*(3)+f^*(-1)]=-4 \rightarrow u(1,2)=5-4=1.$$

Con este segundo cambio no es difícil dar la $u(x,t)$ para todo $x,t\geq 0$ (con el primero nos costaría muchísimo más). Está claro que hay que considerar **dos posibilidades**, pues, aunque $x+t$ es siempre positivo, $x-t$ puede ser también negativo, y la f^* tiene expresiones distintas para valores positivos y negativos:

$$w=\tfrac{1}{2}[f^*(x+t)+f^*(x-t)]=\begin{cases} -\tfrac{1}{2}(x+t)^2+\tfrac{1}{2}(x-t)^2=-2tx,\ x\leq t \\ -\tfrac{1}{2}(x+t)^2-\tfrac{1}{2}(x-t)^2=-x^2-t^2,\ x\geq t \end{cases} \rightarrow u(x,t)=\begin{cases} (x-t)^2,\ x\leq t \\ 0,\ x\geq t \end{cases}$$

[Como las ondas viajan a velocidad $c=1$, los puntos a distancia $\geq t$ debían estar parados en el instante t].

Estudiemos la **cuerda acotada** y fija en los extremos [la volveremos a ver en 4.2]:

$$(P_5) \begin{cases} u_{tt}-c^2 u_{xx}=0, \; x\in[0,L], \; t\in\mathbf{R} \\ u(x,0)=f(x), \; u_t(x,0)=g(x) \\ u(0,t)=u(L,t)=0 \end{cases}$$

$\big[$debe ser
$f(0)=f(L)=0\,\big]$.

Para hallar su solución única con la fórmula de D'Alembert **extendemos** f **y** g **a** $[-L,L]$ **de forma impar respecto a** 0 **y luego de forma** $2L$**-periódica a todo R**, es decir, llamando f^* y g^* a estas extensiones:

$$f^*(-x)=-f^*(x)\,,\, f^*(x+2L)=f^*(x) \;\;;\;\; g^*(-x)=-g^*(x)\,,\, g^*(x+2L)=g^*(x)\,.$$

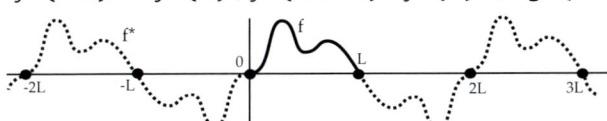

(entonces f^* y g^* también
serán impares respecto a L).

Como para (P_3), la solución de (P_5) se obtiene aplicando [3] al siguiente problema (por la imparidad de los datos se cumplen también las condiciones de contorno):

$$\begin{cases} u_{tt}-c^2 u_{xx}=0, \; x,t\in\mathbf{R} \\ u(x,0)=f^*(x), \; u_t(x,0)=g^*(x) \end{cases}$$

Para que la u dada por [3] sea C^2 (regular) deben $f\in C^2[0,L]$ y $g\in C^1[0,L]$ y además:
$f(0)=f(L)=f''(0)=f''(L)=g(0)=g(L)=0$ [f' y g' existen en 0 y L por la imparidad].

Ej. 7.
$$\begin{cases} u_{tt}-u_{xx}=0, \; x\in[0,1], \; t\in\mathbf{R} \\ u(x,0)=\begin{cases} x, \; 0\le x\le 1/2 \\ 1-x, \; 1/2\le x\le 1 \end{cases} \\ u_t(x,0)=u(0,t)=u(L,t)=0 \end{cases}$$

(Puede representar la pulsación
de la cuerda de una guitarra).

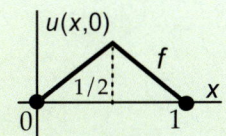

Es complicado hallar explícitamente $u(x,t)$ $\forall x,t$ pues f^* tiene muchas expresiones:

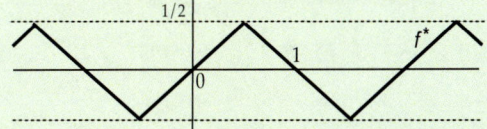

$$f^*(x)=\begin{cases} \cdots \\ -1-x, \; -3/2\le x\le -1/2 \\ x, \; -1/2\le x\le 1/2 \\ 1-x, \; 1/2\le x\le 3/2 \\ x-2, \; 3/2\le x\le 5/2 \\ \cdots \end{cases}$$

Hallar $u(x,t)=\frac{1}{2}\big[f^*(x+t)+f^*(x-t)\big]$ exigiría discutir en qué intervalos se mueven $x+t$ y $x-t$, lo que sería muy largo (para hacer estas discusiones conviene dibujar los dominios de dependencia). Algo más fácil es hallar la solución para un t o x fijos. Por ejemplo:

$$u\big(x,\tfrac{1}{4}\big)=\tfrac{1}{2}\big[f^*(x+\tfrac{1}{4})+f^*(x-\tfrac{1}{4})\big]$$
$$=\begin{cases} \frac{x}{2}+\frac{1}{8}+\frac{x}{2}-\frac{1}{8}=x, \; 0\le x\le\frac{1}{4} \\ \frac{3}{8}-\frac{x}{2}+\frac{x}{2}-\frac{1}{8}=\frac{1}{4}, \; \frac{1}{4}\le x\le\frac{3}{4} \\ \frac{3}{8}-\frac{x}{2}+\frac{5}{8}-\frac{x}{2}=1-x, \; \frac{3}{4}\le x\le 1 \end{cases}$$

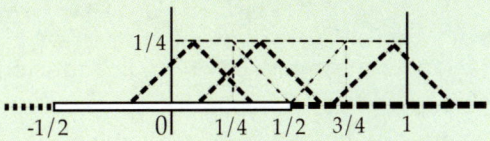

Sí es muy fácil hallar u para un (x,t) dado. No se necesita siquiera la expresión de f^*.
Por ejemplo: $u\big(\tfrac{1}{4},3\big)=\tfrac{1}{2}\big[f^*(\tfrac{13}{4})+f^*(-\tfrac{11}{4})\big]\underset{\uparrow}{=}\tfrac{1}{2}\big[f^*(-\tfrac{3}{4})+f^*(-\tfrac{3}{4})\big]\underset{\uparrow}{=}-f(\tfrac{3}{4})=-\tfrac{1}{4}$.

f^* es 2-periódica $\qquad$ f^* es impar

Tampoco se precisa la expresión de f^* para hacer dibujos: basta trasladar ondas y sumar.

Dibujemos: $u\big(\tfrac{1}{2},t\big)=\tfrac{1}{2}\big[f^*(\tfrac{1}{2}+t)+f^*(\tfrac{1}{2}-t)\big]=\tfrac{1}{2}\big[f^*(\tfrac{1}{2}+t)-f^*(t-\tfrac{1}{2})\big]$

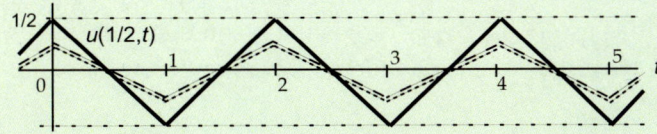

La gráfica tiene periodo 2. Esto es general: por las propiedades de f^* y g^* la u dada por [3] **es** $\frac{2L}{c}$**-periódica**. [Lo que será evidente en la serie solución de 4.2].

Si queremos resolver el problema más general:

$$(P_6) \begin{cases} u_{tt} - c^2 u_{xx} = F(x, t), \ x \in [0, L], \ t \in \mathbf{R} \\ u(x, 0) = f(x), \ u_t(x, 0) = g(x) \\ u(0, t) = h_0(t), \ u(L, t) = h_L(t) \end{cases}$$ **(hay fuerzas externas y movemos los extremos)**

primero, como en (P_4) y otros problemas que veremos, hay que hacer las condiciones de contorno homogéneas, hallando una v que las cumpla y haciendo $w = u - v$. Tanteando con funciones $v = a(t)x + b(t)$ se ve fácilmente que una posible v es:

$$v(x, t) = \left[1 - \tfrac{x}{L}\right] h_0(t) + \tfrac{x}{L} h_L(t)$$ [a veces será mejor buscar otra].

La solución del problema en w la da de nuevo [2], poniendo en vez de f, g y F, las extensiones impares y 2L-periódicas f^*, g^* y F^* (vista F como función de x).

Ej. 8. $\begin{cases} u_{tt} - u_{xx} = 0, \ x \in [0, 2], \ t \in \mathbf{R} \\ u(x, 0) = u_t(x, 0) = 0 \\ u(0, t) = t, \ u(2, t) = 0 \end{cases}$ Estudiemos la evolución de la cuerda para $t \in [0, 2]$.

Primero usamos la v de arriba $v = t(1 - \tfrac{x}{2}) \xrightarrow{u = w + v}$

$\begin{cases} w_{tt} - w_{xx} = 0, \ x \in [0, 2] \\ w(x, 0) = 0, \ w_t(x, 0) = \tfrac{x}{2} - 1 \\ w(0, t) = w(2, t) = 0 \end{cases} \rightarrow \begin{cases} w_{tt} - w_{xx} = 0, \ x \in \mathbf{R} \\ w(x, 0) = 0 \\ w_t(x, 0) = g^*(x) \end{cases}$

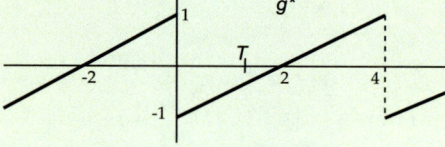

La solución del último problema es $w(x, t) = \tfrac{1}{2} \int_{x-t}^{x+t} g^*$.

Sea $T \in [0, 2]$ fijo. Como $[x - T, x + T]$ no contiene valores negativos a partir de $x = T$:

$$w(x, T) = \begin{cases} \tfrac{1}{2} \int_{x-T}^{0} (\tfrac{s}{2} + 1) ds + \tfrac{1}{2} \int_0^{x+T} (\tfrac{s}{2} - 1) ds = x(\tfrac{T}{2} - 1), \ x \in [0, T] \\ \tfrac{1}{2} \int_{x-T}^{x+T} (\tfrac{s}{2} - 1) ds = T(\tfrac{x}{2} - 1), \ x \in [T, 2] \end{cases}$$

$$\rightarrow u(x, T) = \begin{cases} T - x, \ x \in [0, T] \\ 0, \ x \in [T, 2] \end{cases}$$

La perturbación viaja a velocidad 1. La cuerda debía estar en reposo para $x \geq T$.

Acabemos la sección viendo que las **ondas** $u_{tt} - c^2 \Delta u = 0$ **en el espacio con simetría radial** se reducen a cuerdas semi-infinitas. Pasando el laplaciano a esféricas (en 4.4 está su expresión) y quitando los términos con derivadas respecto a θ y ϕ se llega a:

$$(P_r) \begin{cases} u_{tt} - c^2 \left[u_{rr} + \tfrac{2}{r} u_r\right] = 0, \ r \geq 0, \ t \in \mathbf{R} \\ u(r, 0) = f(r), \ u_t(r, 0) = g(r) \end{cases}$$

Haciendo el cambio $\boxed{v = ur}$, la ecuación pasa a ser la de la cuerda: $v_{tt} - c^2 v_{rr} = 0$.
Y como u debe ser acotada, aparece la condición de contorno: $v(0, t) = 0 \cdot u(0, t) = 0$.
Así pues, el problema en v es del tipo (P_3) que vimos antes:

$$\begin{cases} v_{tt} - c^2 v_{rr} = 0, \ r \geq 0, \ t \in \mathbf{R} \\ v(r, 0) = rf(r) \equiv F(r), \ v_t(r, 0) = rg(r) \equiv G(r), \ v(0, t) = 0 \end{cases}$$

Si F^* y G^* son las extensiones impares de $F(r)$ y $G(r)$ la solución de (P_r) será:

$$u(r, t) = \tfrac{1}{2r} [F^*(r + ct) + F^*(r - ct)] + \tfrac{1}{2cr} \int_{r-ct}^{r+ct} G^*(s) \, ds,$$

que podemos escribir en la forma $u(r, t) = \tfrac{1}{r} p(r + ct) + \tfrac{1}{r} q(r - ct)$ e interpretar como la suma de dos ondas esféricas, cuyos radios decrecen o aumentan a velocidad c.
La magnitud de la perturbación propagada es inversamente proporcional al radio.

1.5. Transformadas de Fourier

> Sea $f(x)$ definida en **R** y absolutamente integrable $\left[\ \int_{-\infty}^{\infty}|f|<\infty\right]$.
>
> La **transformada de Fourier** de f es la función: $\hat{f}(k)=\frac{1}{\sqrt{2\pi}}\int_{-\infty}^{\infty}f(x)\,e^{ikx}\,dx$.

Si f es además C^1 se puede recuperar a partir de $\hat{f}$ usando la fórmula de inversión:

Teor. 1 | $f\in C^1(\mathbf{R})$ y absolutamente integrable $\Rightarrow f(x)=\frac{1}{\sqrt{2\pi}}\int_{-\infty}^{\infty}\hat{f}(k)\,e^{-ikx}dk\ \ \forall x\in\mathbf{R}$.

$\big[$Algunos libros no ponen la constante $\frac{1}{\sqrt{2\pi}}$ en la definición de $\hat{f}$ y ponen $\frac{1}{2\pi}$ en la fórmula de inversión; también se puede ver en la primera fórmula e^{-ikx} y en la segunda $e^{ikx}\big]$. [Como otros resultados (algunos se probarán en problemas) no la demostramos].

> Se llama a f **transformada inversa** de Fourier de $\hat{f}$. Vamos a denotar también $\mathcal{F}[f]=\hat{f}$ y $\mathcal{F}^{-1}[\hat{f}]=f$. Es evidente que $\mathcal{F}$ y $\mathcal{F}^{-1}$ son lineales.

Veamos otras propiedades. La $\mathcal{F}$ hace desaparecer derivadas:

Teor. 2 | $f, f', f''\in C(\mathbf{R})$ y absolutamente integrables $\Rightarrow$ $\begin{array}{l}\mathcal{F}[f']=-ik\mathcal{F}[f]\\ \mathcal{F}[f'']=-k^2\mathcal{F}[f]\end{array}$

$\mathcal{F}[f'(x)]=\frac{1}{\sqrt{2\pi}}\int_{-\infty}^{\infty}f'(x)\,e^{ikx}dx=\frac{1}{\sqrt{2\pi}}f(x)\,e^{ikx}\big]_{-\infty}^{\infty}-\frac{ik}{\sqrt{2\pi}}\int_{-\infty}^{\infty}f(x)\,e^{ikx}dx=-ik\,\mathcal{F}[f(x)]$, pues $f\xrightarrow[x\to\infty]{}0$ si $\int_{-\infty}^{\infty}|f|$ converge. $\mathcal{F}[f''(x)]=-ik\,\mathcal{F}[f'(x)]=-k^2\mathcal{F}[f(x)]$.

Estas transformadas nos aparecerán resolviendo EDPs (probamos las 2 primeras):

Teor. 3 | $\mathcal{F}^{-1}\big[\hat{f}(k)\,e^{ika}\big]=f(x-a)$. Si $h(x)=\begin{cases}1, & x\in[a,b]\\0 & \text{en el resto}\end{cases}$, $\mathcal{F}[h]=\frac{1}{\sqrt{2\pi}}\dfrac{e^{ikb}-e^{ika}}{ik}$.
$\mathcal{F}(e^{-ax^2})=\frac{1}{\sqrt{2a}}e^{-k^2/4a}$, $\mathcal{F}^{-1}(e^{-ak^2})=\frac{1}{\sqrt{2a}}e^{-x^2/4a}$, $a>0$.

$\mathcal{F}^{-1}(\hat{f}e^{ika})=\frac{1}{\sqrt{2\pi}}\int_{-\infty}^{\infty}\hat{f}(k)\,e^{-ik(x-a)}dk=f(x-a)$. $\mathcal{F}(h)=\frac{1}{\sqrt{2\pi}}\int_{a}^{b}e^{ikx}dx=\frac{1}{\sqrt{2\pi}}\dfrac{e^{ikb}-e^{ika}}{ik}$.

Teor. 4 | La **convolución** de f y g es la función: $(f*g)(x)=\frac{1}{\sqrt{2\pi}}\int_{-\infty}^{\infty}f(x-s)\,g(s)\,ds$.
Se tiene $f*g=g*f$, y $\mathcal{F}(f*g)=\mathcal{F}(f)\mathcal{F}(g)$, si las transformadas existen.

Hallemos la transformada de la 'función' **delta de Dirac**, cuya definición seria exige la llamada 'teoría de las distribuciones', pero que es fácil de manejar formalmente. La $\delta(x-a)$ se puede 'definir' intuitivamente como el 'límite' cuando $n\to\infty$ de

$$f_n(x)=\begin{cases}n & \text{si } x\in[a-\frac{1}{2n},a+\frac{1}{2n}]\\0 & \text{en el resto}\end{cases}$$

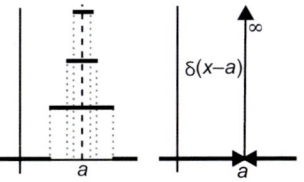

Esta $\delta(x-a)$ tiene las siguientes propiedades (que nos bastarán a nosotros para trabajar con ella):

$\delta(x-a)=0$ si $x\neq a$; $\int_{b}^{c}f(x)\delta(x-a)\,dx=\begin{cases}f(a) & \text{si } a\in[b,c]\\0 & \text{si } a\notin[b,c]\end{cases}$, f continua; $\int_{-\infty}^{\infty}\delta(x-a)\,dx=1$.

$\delta(x-a)=\frac{d}{dx}u_a(x)$, donde u_a es la **función paso** $u_a(x)=\begin{cases}0 & \text{si } x<a\\1 & \text{si } x\geq a\end{cases}$.

La transformada de la delta es muy fácil de hallar:

$$\boxed{\mathcal{F}[\delta(x-a)]}=\frac{1}{\sqrt{2\pi}}\int_{-\infty}^{\infty}\delta(x-a)\,e^{ikx}\,dx=\boxed{\frac{1}{\sqrt{2\pi}}e^{ika}}.$$

[Obsérvese que formalmente esta función de k (que no tiende a 0 en $\pm\infty$) no tiene transformada inversa, pero con la $\mathcal{F}$ se suele ser riguroso justificando los resultados al final].

Aplicando a una EDP en dos variables la $\mathcal{F}$ en una de ellas aparece una EDO (en la otra variable) para la $\hat{u}$. Resolviendo la EDO se halla $\hat{u}$. Identificando la u de la que proviene o con el teorema 1 se puede a veces dar explícitamente la solución, pero en muchos casos hay que dejar u en términos de integrales no calculables.

EDP en x,t $\xrightarrow[t\,\text{constante}]{x\xrightarrow{\mathcal{F}}k}$ EDO en t

k cte $\downarrow$

solución $u(x,t)$ $\xleftarrow[t\,\text{constante}]{x\xleftarrow{\mathcal{F}^{-1}}k}$ $\hat{u}(k,t)$

En cada uno de los pasos anteriores, se debe tener claro cuáles son las variables y cuales las constantes. En lo que sigue, haremos lo esquematizado a la izquierda, ya que nuestras ecuaciones serán en (x,t) y siempre haremos la transformada en la x.

Ej. 1. $\begin{cases} u_t+u_x=g(x) \\ u(x,0)=f(x) \end{cases}$ Aplicamos la $\mathcal{F}$ en la variable x (se supone que u, g y f son 'buenas', de modo que se pueden usar los teoremas).

Utilizando la linealidad, el teorema 2 y el hecho de que $\mathcal{F}[u_t]=\hat{u}_t$:

$$\mathcal{F}[u_t]=\tfrac{1}{\sqrt{2\pi}}\int_{-\infty}^{\infty}\tfrac{\partial u(x,t)}{\partial t}\,e^{ikx}dx=\tfrac{\partial}{\partial t}\tfrac{1}{\sqrt{2\pi}}\int_{-\infty}^{\infty}u(x,t)\,e^{ikx}dx=\hat{u}_t \;\rightarrow\; \begin{cases} \hat{u}_t-ik\hat{u}=\hat{g}(k) \\ \hat{u}(k,0)=\hat{f}(k) \end{cases}.$$

Esta lineal de primer orden en t tendrá solución con una constante distinta para cada k:

$$\hat{u}(k,t)=p(k)\,e^{ikt}-\tfrac{\hat{g}(k)}{ik}, \text{ con } p \text{ arbitraria} \overset{\text{d.i.}}{\rightarrow} \hat{u}=\hat{f}(k)\,e^{ikt}+\hat{g}(k)\left[\tfrac{e^{ikt}-1}{ik}\right].$$

Por tanto, a la vista de las dos primeras transformadas del teorema 3, y el 4:

$$u(x,t)=f(x-t)+\sqrt{2\pi}\,g(x)*h(x) \quad \text{siendo} \quad h(x)=\begin{cases} 1 & \text{si } x\in[0,t] \\ 0 & \text{en el resto} \end{cases}$$

Como $\int_0^t g(x-u)\,du=-\int_x^{x-t}g(s)\,ds$, concluimos que $\boxed{u(x,t)=f(x-t)+\int_{x-t}^x g(s)\,ds}$.

Obsérvese que la expresión anterior nos da la solución del problema si $f\in C^1$ y g continua, aunque no sean absolutamente integrables, que era necesario para aplicar la transformada. Esta situación es típica utilizando la $\mathcal{F}$.

[La solución la podemos calcular también con las técnicas de la sección 1.1:

$$\tfrac{dt}{dx}=1 \;\rightarrow\; \begin{cases} \xi=x-t \\ \eta=x \end{cases} \rightarrow\; u_\eta=g(\eta) \;\rightarrow\; u=p(x-t)+\int_0^x g(s)\,ds \;\rightarrow$$

$$p(x)+\int_0^x g(s)\,ds=f(x) \;\rightarrow\; u=f(x-t)-\int_0^{x-t}g(s)\,ds+\int_0^x g(s)\,ds \quad \text{como antes}].$$

Ej. 2. $\begin{cases} u_{tt}+u_{tx}-2u_{xx}=0 \\ u(x,0)=f(x),\,u_t(x,0)=0 \end{cases}$ Aplicando $\mathcal{F}$: $\begin{cases} \hat{u}_{tt}-ik\hat{u}_t+2k^2\hat{u}=0 \\ \hat{u}(k,0)=\hat{f}(k),\,\hat{u}_t(k,0)=0 \end{cases}$.

Las EDOs lineales de orden 2 con coeficientes constantes de coeficientes complejos se resuelven igual que las de coeficientes reales. A través del polinomio característico:

$$\mu^2-ik\mu+2k^2=0 \;\rightarrow\; \mu=2ik,-ik \;\rightarrow\; \hat{u}(k,t)=p(k)\,e^{2ikt}+q(k)\,e^{-ikt}$$

Imponiendo los datos iniciales: $\begin{array}{l} p(k)=\tfrac{1}{3}\hat{f}(k) \\ q(k)=\tfrac{2}{3}\hat{f}(k) \end{array} \rightarrow\; \hat{u}(k,t)=\tfrac{2}{3}\hat{f}(k)\,e^{-ikt}+\tfrac{1}{3}\hat{f}(k)\,e^{2ikt}$.

Y como $\mathcal{F}^{-1}[\hat{f}(k)\,e^{ika}]=f(x-a)$, concluimos que $\boxed{u(x,t)=\tfrac{2}{3}f(x+t)+\tfrac{1}{3}f(x-2t)}$.

[Solución válida $\forall f\in C^2$, tenga o no transformada].

De nuevo el ejemplo es resoluble también por otros caminos. Los descritos en 1.2:

$$B^2-4AC=9 \overset{\substack{\text{hiperbólica de}\\ \text{coeficientes}\\ \text{constantes}}}{\rightarrow} \begin{cases} \xi=x+t \\ \eta=x-2t \end{cases} \rightarrow \begin{cases} u_{xx}=u_{\xi\xi}+2u_{\xi\eta}+u_{\eta\eta} \\ u_{xt}=u_{\xi\xi}-u_{\xi\eta}-2u_{\eta\eta} \\ u_{tt}=u_{\xi\xi}-4u_{\xi\eta}+4u_{\eta\eta} \end{cases} \rightarrow\; u_{\xi\eta}=0$$

$\rightarrow\; u(\xi,\eta)=p(\xi)+q(\eta)$, $u(x,t)=p(x+t)+q(x-2t)$, solución general.

$$\begin{cases} u(x,0)=p(x)+q(x)=f(x) \\ u_t(x,0)=p'(x)-2q'(x)=0,\,p(x)=2q(x)+C \end{cases} \begin{array}{l} q(x)=\tfrac{1}{3}f(x)-\tfrac{C}{3} \\ \downarrow \\ p(x)=\tfrac{2}{3}f(x)+\tfrac{C}{3} \end{array} \rightarrow$$

$$\boxed{u(x,t)=\tfrac{2}{3}f(x+t)+\tfrac{1}{3}f(x-2t)}.$$

[Hay similitudes entre las formas de trabajar con la $\mathcal{F}$ y las características. En ambos casos se 'matan' derivadas, se resuelven EDOs en una variable mirando la otra como constante y aparecen entonces funciones arbitrarias].

Más interés que los ejemplos anteriores, ya que no conocemos ningún otro método para resolverlo, tiene el problema para el **calor en una varilla infinita**:

$$(P) \begin{cases} u_t - u_{xx} = 0 \,,\ x \in \mathbf{R},\ t > 0 \\ u(x,0) = f(x),\ u \text{ acotada} \end{cases}$$

Supongamos que u y f son suficientemente regulares y que tienden a 0 en $\pm\infty$ lo suficientemente rápido como para poder utilizar los teoremas anteriores. Aplicando la $\mathcal{F}$ en la variable x a la ecuación y al dato inicial se tiene el problema:

$$\begin{cases} \hat{u}_t + k^2 \hat{u} = 0 \\ \hat{u}(k,0) = \hat{f}(k) \end{cases} \quad \text{cuya solución es} \quad \hat{u}(k,t) = \hat{f}(k)\,e^{-k^2 t}.$$

La solución será la convolución de las transformadas inversas de cada uno de los factores (la del segundo la tenemos en el teorema 3):

$$u(x,t) = \frac{1}{2\sqrt{\pi t}} \int_{-\infty}^{\infty} f(s)\, e^{-(x-s)^2/4t}\, ds \equiv \int_{-\infty}^{\infty} G(x,s,t) f(s)\, ds \quad [1]$$

$G(x,s,t) = \frac{1}{2\sqrt{\pi t}}\, e^{-(x-s)^2/4t}$ es la llamada **solución fundamental** de la ecuación del calor

$\big[$es la temperatura del punto x en el tiempo t debida a una f inicial de la forma $\delta(x-s)\,\big]$.

Una vez deducida [1], en vez de justificar los pasos que llevaron a ella, se prueba que proporciona realmente la solución de (P) con hipótesis más amplias de las que permiten aplicar la $\mathcal{F}$. En concreto, para cualquier f acotada y continua a trozos, [1] nos da la solución única acotada de (P) que es continua para $t \geq 0$ a excepción de los puntos de $t=0$ en que f es discontinua.

De [1] se deduce también que, según este modelo matemático, el calor (a diferencia de las ondas) se transmite a **velocidad infinita**: si $f > 0$ en un entorno de un x_o y es nula en el resto, es claro que $u(x,t) > 0$ por pequeño que sea t y grande que sea $|x-x_o|$.

También se comprueba que $u(x,t)$ es C^∞ para $t > 0$ aunque f sea discontinua (¡aunque sea $f(x) = \delta(x-s)$!). En las ondas se conservaban los picos iniciales.

Ej. 3. Apliquemos [1] para resolver un par de problemas particulares.

Sea primero $\boxed{f(x) = u_0(x) = \begin{cases} 0,\ x < 0 \\ 1,\ x \geq 0 \end{cases}} \ \rightarrow\ u(x,t) = \frac{1}{2\sqrt{\pi t}} \int_0^{\infty} e^{-(x-s)^2/4t}\, ds.$

Haciendo $v = \frac{s-x}{2\sqrt{t}}$ en la integral será: $u(x,t) = \frac{1}{\sqrt{\pi}} \int_{-x/2\sqrt{t}}^{\infty} e^{-v^2}\, dv$, que podemos escribir:

$u(x,t) = \frac{1}{\sqrt{\pi}} \int_0^{x/2\sqrt{t}} e^{-v^2}\, dv + \frac{1}{\sqrt{\pi}} \int_0^{\infty} e^{-v^2}\, dv = \frac{1}{2}\Big[1 + \phi\big(\frac{x}{2\sqrt{t}}\big)\Big]$, donde $\phi(s) = \frac{2}{\sqrt{\pi}} \int_0^s e^{-v^2}\, dv$

es la 'función error' que aparece a menudo en la teoría de las probabilidades y hemos usado la conocida integral:

$$\int_0^{\infty} e^{-v^2}\, dv = \frac{\sqrt{\pi}}{2}\,, \quad \int_{-\infty}^{\infty} e^{-v^2}\, dv = \sqrt{\pi}.$$

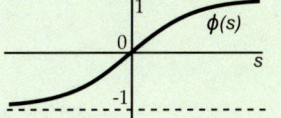

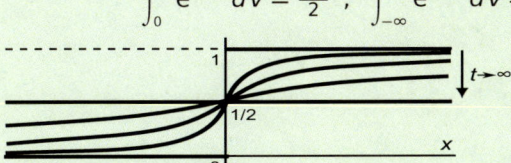

Como se observa, la solución, suave si $t > 0$, tiende hacia $\frac{1}{2}$ para todo x cuando $t \to \infty$.

Sea ahora $\boxed{f(x) = e^{-x^2}}$. Completamos cuadrados y hacemos un cambio de variable:

$$u = \frac{1}{2\sqrt{\pi t}} \int_{-\infty}^{\infty} e^{-s^2} e^{-\frac{(x-s)^2}{4t}}\, ds = \frac{1}{2\sqrt{\pi t}}\, e^{-\frac{x^2}{4t+1}} \int_{-\infty}^{\infty} e^{-(\bullet)^2}\, ds \quad \text{con} \quad \bullet = \frac{s\sqrt{4t+1} - \frac{x}{\sqrt{4t+1}}}{2\sqrt{t}}$$

Haciendo $z = \bullet$ se obtiene: $u(x,t) = \frac{1}{2\sqrt{\pi t}} \frac{2\sqrt{t}}{\sqrt{4t+1}}\, e^{-\frac{x^2}{4t+1}} \int_{-\infty}^{\infty} e^{-z^2}\, dz = \frac{1}{\sqrt{1+4t}}\, e^{-\frac{x^2}{1+4t}}.$

Pero se llega a la solución mucho más rápidamente aplicando directamente la $\mathcal{F}$:

$$\begin{cases} \hat{u}_t = -k^2 \hat{u} \\ \hat{u}(k,0) = \frac{1}{\sqrt{2}}\, e^{-k^2/4} \end{cases} \rightarrow \hat{u} = \frac{1}{\sqrt{2}}\, e^{-\frac{k^2(1+4t)}{4}} \rightarrow u = \frac{1}{\sqrt{1+4t}}\, e^{-\frac{x^2}{1+4t}}.$$

Ej. 4. $\begin{cases} u_t - u_{xx} + 2tu = 0,\ x\in\mathbf{R},\ t>0 \\ u(x,0)=f(x),\ u\ \text{acotada} \end{cases}$ Hallamos la solución para una $f(x)$ general y de ella deducimos la solución para $f(x)\equiv 1$.

[Como $\mathcal{F}(1)$ no existe, no se puede resolver directamente el problema con $u(x,0)=1$].

$\begin{cases} \hat{u}_t+(k^2+2t)\hat{u}=0 \\ \hat{u}(k,0)=\hat{f}(k) \end{cases} \rightarrow u(\hat{k},t)=p(k)\,e^{-k^2 t-t^2} \overset{d.i.}{\rightarrow} u(\hat{k},t)=\hat{f}(k)\,e^{-t^2}e^{-k^2 t} \rightarrow$

$$u(x,t)=e^{-t^2}f(x)*\mathcal{F}^{-1}(e^{-k^2 t})=\frac{e^{-t^2}}{2\sqrt{\pi t}}\int_{-\infty}^{\infty}f(s)\,e^{-(x-s)^2/4t}\,ds.$$

En particular, si $f(x)\equiv 1$, $u=\dfrac{e^{-t^2}}{2\sqrt{\pi t}}\displaystyle\int_{-\infty}^{\infty}e^{-(x-s)^2/4t}ds \underset{\substack{\uparrow \\ (s-x)/(2\sqrt{t})=u}}{=}\dfrac{e^{-t^2}}{\sqrt{\pi}}\displaystyle\int_{-\infty}^{\infty}e^{-u^2}\,du=e^{-t^2}.$

[Parece que sería adecuado hacer un cambio de la forma $u=w\,e^{-t^2} \rightarrow \begin{cases} w_t-w_{xx}=0 \\ w(x,0)=f(x) \end{cases}$;

[1] nos da nuestra fórmula y $w\equiv 1$ es solución clara para $f(x)\equiv 1$ (la varilla sigue a 1°)].

En los ejemplos anteriores podíamos dar la transformada inversa (lo que no es habitual). Hacemos uno, primero con la **delta** de Dirac δ, para él solo sabremos hallar la solución para $x=0$:

Ej. 5. $\begin{cases} u_t - u_{xx}=\delta(x),\ x\in\mathbf{R},\ t>0 \\ u(x,0)=0 \end{cases}$ $\begin{cases} \hat{u}_t+k^2\hat{u}=\frac{1}{\sqrt{2\pi}} \\ \hat{u}(k,0)=0 \end{cases}$, $\hat{u}(k,t)=\dfrac{1-e^{-k^2 t}}{k^2\sqrt{2\pi}}$ [que no es identificable con la transformada de ninguna función conocida].

Acudimos al teorema 1: $u(x,t)=\dfrac{1}{2\pi}\displaystyle\int_{-\infty}^{\infty}\dfrac{1-e^{-k^2 t}}{k^2}e^{-ikx}dk$, difícil en general, pero no si $x=0$.

$u(0,t)=[\text{partes}]=-\dfrac{1-e^{-k^2 t}}{2\pi k}\Big]_{-\infty}^{\infty}+\dfrac{t}{\pi}\displaystyle\int_{-\infty}^{\infty}e^{-k^2 t}dk=\dfrac{\sqrt{t}}{\pi}\displaystyle\int_{-\infty}^{\infty}e^{-s^2}ds=\boxed{\sqrt{\dfrac{t}{\pi}}}$.

Podríamos evitar la δ utilizando esta $v=\frac{1}{2}|x|$ que satisface $v''=\delta(x)$:

Haciendo $w=u+\dfrac{|x|}{2} \rightarrow \begin{cases} w_t-w_{xx}=0 \\ w(x,0)=|x|/2 \end{cases} \rightarrow w(x,t)=\dfrac{1}{4\sqrt{\pi t}}\displaystyle\int_{-\infty}^{\infty}|s|\,e^{-(x-s)^2/4t}ds.$

$w(0,t)=\dfrac{1}{4\sqrt{\pi t}}\displaystyle\int_{-\infty}^{\infty}|s|\,e^{-s^2/4t}ds=\dfrac{1}{2\sqrt{\pi t}}\displaystyle\int_0^{\infty}s\,e^{-s^2/4t}ds=-\sqrt{\dfrac{t}{\pi}}\,e^{-s^2/4t}\Big]_0^{\infty}=\sqrt{\dfrac{t}{\pi}}$.

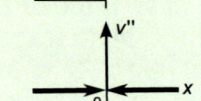

Resolvamos para acabar un problema (algo largo) para la cuerda infinita con una $F=\delta$ (empujamos hacia arriba en el punto central de la cuerda):

Ej. 6. $\begin{cases} u_{tt} - u_{xx}=\delta(x),\ x\in\mathbf{R},\ t\geq 0 \\ u(x,0)=u_t(x,0)=0 \end{cases}$. Aplicando la $\mathcal{F}$: $\begin{cases} \hat{u}_{tt}+k^2\hat{u}=\frac{1}{\sqrt{2\pi}} \\ \hat{u}(k,0)=\hat{u}_t(k,0)=0 \end{cases}$.

La solución general ($\lambda=\pm ki$ y u_p a simple vista) es:

$$\hat{u}(k,t)=p(k)\cos kt+q(k)\,\text{sen}\,kt+\frac{1}{\sqrt{2\pi}k^2} \overset{d.i.}{\longrightarrow} \hat{u}(k,t)=\frac{1-\cos kt}{\sqrt{2\pi}k^2}=\frac{2}{\sqrt{2\pi}}\Big[\frac{\text{sen}\frac{k}{2}t}{k}\Big]^2.$$

En la h del teorema 3, cuando $a=-b$ se tiene como caso particular:

Si $h(x)=\begin{cases} 1,\ x\in[-b,b] \\ 0\ \text{en el resto} \end{cases}$, $\mathcal{F}(h)=\dfrac{1}{\sqrt{2\pi}}\dfrac{e^{ikb}-e^{-ikb}}{ik}=\dfrac{\sqrt{2}}{\sqrt{\pi}}\dfrac{\text{sen}\,bk}{k}$.

La u será, por tanto, la convolución de una h de este tipo consigo misma. En concreto:

$$u=\frac{1}{2}\int_{\infty}^{\infty}h(x-s)\,h(s)\,ds,\ \text{donde}\ h(x)=\begin{cases} 1,\ x\in[-t/2,t/2] \\ 0\ \text{en el resto} \end{cases}.$$

Discutiendo en qué intervalos el integrando es 1 o 0 según los valores de x se concluye:

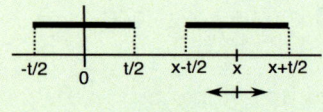

Si $x\leq -t$ o si $x\geq t$ es $u=0$

Si $x\in[-t,0]$, $u=\frac{1}{2}\big[x+\frac{t}{2}-(-\frac{t}{2})\big]=\frac{1}{2}[x+t]$

Si $x\in[0,t]$, $u=\frac{1}{2}\big[\frac{t}{2}-(x-\frac{t}{2})\big]=\frac{1}{2}[t-x]$

Es decir, $u(x,t)=\begin{cases} 0,\ \text{si}\ |x|\geq t \\ \frac{1}{2}[t-|x|],\ \text{si}\ |x|\leq t \end{cases}$.

Para hacerlo sin transformadas, mejor utilizamos la $v=\frac{1}{2}|x|$ del ejemplo anterior:

Con $w=u+v$ se obtiene: $\begin{cases} w_{tt}-w_{xx}=0 \\ w(x,0)=|x|/2,\ w_t(x,0)=0 \end{cases} \rightarrow u(x,t)=\frac{1}{4}\big[|x+t|+|x-t|\big]-\frac{1}{2}|x|$.

Discutiendo los valores absolutos se llega a la solución de arriba.

2. Soluciones de EDOs en forma de serie

En el estudio de las EDOs lineales se comprueba que hay escasas formas de resolver elementalmente la ecuación con coeficientes variables

$$[\text{e}] \quad \boxed{y'' + a(x)y' + b(x)y = 0}$$

Este capítulo trata una forma general de atacarla: **suponer la solución desarrollada en serie de potencias e introducir esta serie en la ecuación para determinar sus coeficientes**.

En la sección 2.1 recordaremos la definición de función **analítica** (aquella que se puede escribir como una serie de potencias convergente) y las manipulaciones matemáticas que se pueden hacer con ellas. **Si a y b son analíticas en** $x = x_o$ (punto **regular**) siempre se podrán encontrar dos soluciones linealmente independientes de [e] en forma de serie de potencias por el siguiente camino: llevando la serie a la ecuación se podrá expresar sus coeficientes c_k en función de los dos primeros c_0 y c_1, que serán las dos constantes arbitrarias que deben aparecer en la solución de cualquier EDO de orden dos (algunas veces podremos dar la expresión general del c_k, pero otras nos limitaremos a ir calculando coeficiente a coeficiente). Un teorema, que aceptaremos sin demostración, asegurará que las series solución convergen al menos en el intervalo en que las series de a y b lo hacían. Imponer datos iniciales en x_o será inmediato, pues tendremos que $y(x_o) = c_0$ y $y'(x_o) = c_1$.

Empezaremos la 2.2 resolviendo elementalmente (con el cambio $x = \text{e}^s$ se convierte en una de coeficientes constantes) la ecuación de Euler:

$$[\text{u}] \quad \boxed{x^2 y'' + axy' + by = h(x), \ a, b \in \mathbf{R}}$$

Pasaremos luego a resolver utilizando series la ecuación homogénea más general:

$$[\text{e}^*] \quad \boxed{x^2 y'' + x\, a^*(x)\, y' + b^*(x)\, y = 0}$$

Si a^* y b^* son analíticas en $x = 0$ diremos que este punto es **singular regular** (otros puntos x_o se llevan al origen haciendo $s = x - x_o$). La forma de resolver [e*] es solo algo más complicada (es el **método de Frobenius**). Calcularemos primero una solución y_1 que será siempre de la forma $x^r \sum$ (siendo r la mayor de las raíces del llamado **polinomio indicial**) y a continuación otra y_2, linealmente independiente de la anterior, que unas veces (según sea la diferencia entre las raíces) será del mismo tipo y otras contendrá además un término incluyendo el $\ln x$, que ya aparecía en las de Euler. Un teorema no probado garantizará la convergencia de las series que vayamos hallando.

El cálculo de los coeficientes de las series es sencillo (aunque algo pesado). El problema básico es la dificultad de obtener información sobre las soluciones que se encuentran (muchas veces ni tendremos su término general). Pero ecuaciones del tipo [e] o [e*] aparecen resolviendo EDPs y las series son el único instrumento para abordarlas. Por eso hay libros enteros (los de funciones especiales de la física) dedicados a estudiar las propiedades de las series solución de algunas de estas ecuaciones (las de Legendre, Hermite, Bessel, Laguerre, Tchebycheff...). Una pequeña muestra de tales estudios son las propiedades de las soluciones de las ecuaciones de **Legendre, Hermite** y **Bessel** citadas en la sección 2.3.

Las series solución en torno a cualquier punto (salvo que se puedan identificar con una función elemental) no dan ninguna información sobre el comportamiento cuando $x \to \infty$ de las soluciones. En la sección 2.4, para estudiar la ecuación para grandes valores de x, introduciremos el llamado **punto del infinito**, punto $s = 0$ de la ecuación que se obtiene haciendo $x = 1/s$ en la inicial.

https://dx.doi.org/10.5209/docm.005.03
Métodos Matemáticos II: ecuaciones en derivadas parciales. Pepe Aranda Iriarte. © Ediciones Complutense, 2026.

2.1. Funciones analíticas y puntos regulares

Recordemos que una función real $f(x)$ es **analítica** en $x=x_o$ si viene dada por una **serie de potencias** cerca de x_o:

$$f(x)=\sum_{k=0}^{\infty} c_k(x-x_o)^k = c_0+c_1(x-x_o)+c_2(x-x_o)^2+\cdots$$

A partir de ahora, $x=0$ (si no, con $x-x_o=s$ estaríamos en ese caso): $f(x)=\sum_{k=0}^{\infty} c_k x^k$.

A cada serie de potencias está asociado un **radio de convergencia** R tal que:

Si $R=0$, la serie solo converge en $x=0$. Si $R=\infty$, converge para todo x.

Si $0<R<\infty$, converge si $|x|<R$ y diverge si $|x|>R$ (en $x=\pm R$ no sabemos).

Además, si $0<x_o<R$, la serie converge uniformemente en $[-x_o,x_o]$.

El R se puede calcular en muchas ocasiones aplicando el **criterio del cociente**:

Sea $\sum_{k=0}^{\infty} a_k$ y $p=\lim_{k\to\infty}\frac{|a_{k+1}|}{|a_k|}$. Entonces si $p<1$ la $\sum$ converge, y si $p>1$ diverge.

Propiedad básica de las series de potencias es que, para $|x|<R$ (si $R>0$), **se pueden derivar e integrar término a término** (infinitas veces):

$$f'(x)=\sum_{k=1}^{\infty} k c_k x^{k-1}=c_1+2c_2x+\cdots,$$

$$f''(x)=\sum_{k=2}^{\infty} k(k-1)c_k x^{k-2}=2c_2+6c_3x+\cdots, \quad \ldots \qquad \left(\Rightarrow f^{(k)}(0)=k!\,c_k\right)$$

$$\int\sum_{k=0}^{\infty} c_k x^k = C+\sum_{k=0}^{\infty} \frac{c_k}{k+1} x^{k+1} = C + c_0 x+\frac{c_1}{2}x^2+\cdots \ \text{ si } |x|<R.$$

También pueden sumarse, multiplicarse,... estas series como si fuesen polinomios:

$$f(x)=\sum_{k=0}^{\infty} a_k x^k \text{ si } |x|<R_f \text{ y } g(x)=\sum_{k=0}^{\infty} b_k x^k \text{ si } |x|<R_g \Rightarrow \text{ Si } |x|<\text{mín}\{R_f,R_g\},$$

$$f(x)+g(x)=\sum_{k=0}^{\infty}[a_k+b_k]x^k, \ \ f(x)g(x)=a_0b_0+(a_0b_1+a_1b_0)x+(a_0b_2+a_1b_1+a_2b_0)x^2+\cdots$$

$\big[$También f/g es analítica si $g(0)\neq 0$, o si anulándose tiene el cociente límite en $x=0$ $\big($así lo son $\frac{\text{sen}\,x}{\cos x}$, $\frac{\text{sen}\,x}{x}$, ... $\big)$; en el primer ejemplo ya haremos desarrollos de cocientes$\big]$.

Caso particular importante de las series de potencias son las de **Taylor**:

$$\sum_{k=0}^{\infty} \frac{f^{(k)}(0)}{k!} x^k, \text{ para una } f \text{ con infinitas derivadas en } 0.$$

La siguientes funciones elementales coinciden con su serie de Taylor (y por tanto son analíticas) en todo el intervalo de convergencia de la serie. Por ejemplo $\forall x\in \mathbf{R}$ son:

$$e^x=\sum_{k=0}^{\infty}\frac{x^k}{k!}, \ \ \text{sen}\,x=\sum_{k=0}^{\infty}\frac{(-1)^k x^{2k+1}}{(2k+1)!}, \ \ \cos x=\sum_{k=0}^{\infty}\frac{(-1)^k x^{2k}}{(2k)!}, \ \ \text{sh}\,x=\sum_{k=0}^{\infty}\frac{x^{2k+1}}{(2k+1)!}, \ \ \text{ch}\,x=\sum_{k=0}^{\infty}\frac{(x^{2k}}{(2k)!}.$$

Y para $|x|<R=1$: $\qquad \frac{1}{1-x}=\sum_{k=0}^{\infty}x^k, \ \ [1+x]^\alpha=1+\alpha x+\frac{\alpha(\alpha-1)}{2!}x^2+\cdots,$

$$\ln(1+x)=\sum_{k=0}^{\infty}\frac{(-1)^k x^{k+1}}{k+1}, \ \ \arctan x=\sum_{k=0}^{\infty}\frac{(-1)^k x^{2k+1}}{2k+1}.$$

$\big[\ln x$ y x^α $(\alpha\notin\mathbf{N})$ no son analíticas en $x=0$ (discontinuas o no C^∞), aunque sí en cualquier otro punto x_o, como también lo son, por ejemplo, e^x o $\arctan x\big]$.

Aunque f sea $C^\infty(\mathbf{R})$ y su serie de Taylor converja $\forall x$ puede que ambas no coincidan, como le ocurre a $f(x)=e^{-1/x^2}$, $f(0)=0$ (que cumple $f^{(k)}(0)=0 \ \forall k$, con lo que su serie de Taylor es $\sum 0\cdot x^k=0$ y, por tanto, f no es analítica). Para que una f lo sea, debe al menos tener infinitas derivadas en el punto, pero esto no es suficiente.

$\big[$Entender los comportamientos extraños de las series de potencias reales exige pensar en el mundo complejo: $f(z)=e^{-1/z^2}$ en el eje imaginario es la discontinua $f(iy)=e^{1/y^2}\big]$.

Ej. 1. Hallemos de varias formas (algunas nada naturales) el desarrollo de $f(x)=\frac{1}{(1+x)^2}$.

$$f(x)=-\frac{d}{dx}\frac{1}{1+x} \to \frac{1}{(1+x)^2}=-\frac{d}{dx}\sum_{k=0}^{\infty}(-x)^k=-\sum_{k=1}^{\infty}(-1)^k k x^{k-1}=\sum_{k=0}^{\infty}(-1)^k(k+1)x^k \text{ si } |x|<1.$$

Otra forma:
$$(1+x)^{-2}=1-2x+\frac{-2(-2-1)}{2!}x^2+\frac{-2(-2-1)(-2-2)}{3!}x^3+\cdots=1-2x+3x^2-4x^3+\cdots, \ |x|<1.$$

Multiplicando: $f(x)=[1-x+x^2-\cdots][1-x+x^2-\cdots]$
$$=[1+(-1-1)x+(1+1+1)x^2+\cdots]=1-2x+3x^2-\cdots \text{ si } |x|<1.$$

También podemos 'dividir': buscar una serie $\sum c_k x^k$ tal que
$$[c_0+c_1 x+c_2 x^2+c_3 x^3+\cdots][x^2+2x+1]=1 \Rightarrow$$
$$c_0=1 \ ; \ 2c_0+c_1=0 \to c_1=-2c_0=-2 \ ; \ c_0+2c_1+c_2=0 \to c_2=-c_0-2c_1=3 \ ; \ \ldots$$

[El radio R del desarrollo de un cociente P/Q, con P y Q polinomios, simplificados los factores comunes, y siendo $Q(0)\neq 0$, es la distancia al origen de la raíz (real o compleja) de Q más próxima].

Y con un caso sencillo de 'composición' de series:
$$\frac{1}{1+(2x+x^2)}=1-(2x+x^2)+(2x+x^2)^2-(2x+x^2)^3+\cdots=1-2x+(-1+4)x^2+\cdots$$

Pasemos ya a resolver ecuaciones diferenciales ordinarias por medio de series. En esta sección nos dedicaremos a los **puntos regulares**. Sea la ecuación:

$$[e] \quad \boxed{y''+a(x)y'+b(x)y=0}$$

$\boxed{\text{Se dice que } x=x_o \text{ es un punto regular de } [e] \text{ si } a \text{ y } b \text{ son analíticas en } x=x_o. \text{ En caso contrario se dice que } x=x_o \text{ es punto singular de } [e].}$

Supongamos que $x=0$ es regular. Se podrán, pues, escribir a y b como series de potencias para $|x|<R$ (mínimo de los radios de a y b). Y es esperable que las soluciones de [e] también se puedan escribir como una serie de potencias para $|x|<R$. Empecemos con un ejemplo:

Ej. 2. $\boxed{(1+x^2)y''+2xy'-2y=0}$, es decir, $y''+\frac{2x}{1+x^2}y'-\frac{2}{1+x^2}y=0$,

$a(x)$ y $b(x)$ son analíticas en $x=0$ (regular) con $R=1$ ($x=\pm i$ ceros del denominador).

Sustituyamos una solución en forma de serie arbitraria y sus derivadas en la ecuación inicial (mejor que en la otra, pues deberíamos desarrollar a y b) y hallemos sus coeficientes:

$$y=\sum_{k=0}^{\infty}c_k x^k, \ \ y'=\sum_{k=1}^{\infty}kc_k x^{k-1}, \ \ y''=\sum_{k=2}^{\infty}k(k-1)c_k x^{k-2} \to$$

$$\sum_{k=2}^{\infty}[k(k-1)c_k x^{k-2}+k(k-1)c_k x^k]+\sum_{k=1}^{\infty}2kc_k x^k-\sum_{k=0}^{\infty}2c_k x^k=0$$

[Se podría poner $k=0$ en las tres series, pues se anularía el primer término en la de $k=1$ y los dos primeros en la de $k=2$, pero así es clara la potencia con la que empieza cada una].

La solución de esta lineal de segundo orden deberá tener dos constantes arbitrarias. Vamos a **intentar escribir los c_k en función de los dos primeros** c_0 y c_1. Como han de ser 0 los coeficientes de cada potencia de x, deducimos:

$$x^0: \ 2\cdot1\cdot c_2-2\cdot c_0=0 \to c_2=c_0$$
$$x^1: \ 3\cdot2\cdot c_3+[2-2]c_1=0 \to c_3=0$$
$$\cdots\cdots\cdots\cdots\cdots\cdots\cdots$$
$$x^k: \ (k+2)(k+1)c_{k+2}+[k(k-1)+2k-2]c_k=0$$

[Hemos escrito aparte los primeros términos porque cada serie empieza a aportar términos para distintos k; como potencia general hemos tomado x^k porque era la más repetida, pero también podríamos haber escogido x^{k-2}].

De la última igualdad deducimos la **regla de recurrencia** que expresa un coeficiente en función de los anteriores ya conocidos (en este ejemplo, queda c_{k+2} en función solo de c_k, pero en otros pueden aparecer varios); para facilitar los cálculos, **factorizamos los polinomios que aparecen** calculando sus raíces:

$$c_{k+2}=-\frac{(k+2)(k-1)}{(k+2)(k+1)}c_k=-\frac{k-1}{k+1}c_k, \ \ k=0,1,\ldots$$

Si preferimos tener el c_k en términos de los anteriores, basta cambiar k por $k-2$:

$$c_k = -\frac{k-3}{k-1}\, c_{k-2}\ ,\quad k=2,3,\dots$$

A partir de la regla de recurrencia escribimos algunos c_k más (siempre en función de c_0 o c_1) con el objetivo de encontrar la expresión del **término general** de la serie (en muchos ejemplos esto no será posible, pero aquí sí):

$$c_4 = -\tfrac{1}{3}c_2 = -\tfrac{1}{3}c_0\ ,\quad c_6 = -\tfrac{3}{5}c_4 = \tfrac{1}{5}c_0\ ,\quad c_8 = -\tfrac{5}{7}c_6 = -\tfrac{1}{7}c_0\ ,\dots$$

$c_5 = 0$ por estar en función de c_3 que se anulaba. Análogamente $c_7 = c_9 = \cdots = 0$.

Por si no está todavía clara la expresión de los c_{2k}, usamos la recurrencia 'desde arriba':

$$c_k = -\tfrac{k-3}{k-1}c_{k-2} = \tfrac{k-3}{k-1}\tfrac{k-5}{k-3}c_{k-4} = \tfrac{k-5}{k-1}c_{k-4} = -\tfrac{k-7}{k-1}c_{k-6} = \cdots$$

El numerador de c_{2k} es 1, el denominador es $2k-1$ y el signo va alternando, así que:

$$c_{2k} = (-1)^{k+1}\tfrac{1}{2k-1}c_0\ ,\quad k=2,3,\dots$$

Agrupamos los términos que acompañan a c_0 y c_1 (que quedan indeterminados) y obtenemos por fin:

$$y = c_0\big[1+x^2-\tfrac{1}{3}x^4+\tfrac{1}{5}x^6+\cdots\big] + c_1 x = c_0\big[1+\sum_{k=0}^{\infty}(-1)^{k+1}\tfrac{x^{2k}}{2k-1}\big] + c_1 x = c_0 y_1 + c_1 y_2$$

Expresión con la estructura clásica de las soluciones de las lineales de segundo orden. Pero para que lo sea de verdad, las series deben converger en un entorno de $x=0$, y además y_1 y y_2 han de ser linealmente independientes. Esto es lo que sucede. La serie de y_1 (lo prueba el criterio del cociente) converge si $|x|<1$ y la 'serie' de y_2 (truncada a partir de su segundo término) converge $\forall x$. Y además el wronskiano de ambas soluciones en $x=0$ es 1 (pues $y_1(0)=1$, $y_1'(0)=0$, $y_2(0)=0$, $y_2'(0)=1$).

Si, en vez de la solución general, buscamos la que cumple los **datos iniciales** $y(0)=y_o$, $y'(0)=y_o'$ (que existirá y será única por ser a y b analíticas en $x=0$), dada la forma de las series de y_1 e y_2, es inmediato que debe tomarse $c_0=y_o$, $c_1=y_o'$.

La ecuación se podía haber resuelto sin series. Bastaba advertir que $y_2=x$ era una solución y hallar la y_1 mediante la fórmula citada en el apéndice:

$$y_1 = y_2\int y_2^{-2}\, e^{-\int a}\, dx = x\int x^{-2}\, e^{-\int \frac{2x}{1+x^2}}\, dx = x\int \frac{dx}{x^2(1+x^2)} = -1 - x\arctan x.$$

[Su desarrollo, salvo el signo, coincide con el obtenido anteriormente para y_1].

Gran parte de lo visto en este ejemplo ocurre en general, como asegura el siguiente teorema que no demostraremos.

Teor.

Si $x=0$ regular y R es el menor de los radios de convergencia de las series de a y b, la solución general de [e] $y''+a(x)y'+b(x)y=0$ es

$$y = c_0 y_1 + c_1 y_2 = c_0\big[1+\textstyle\sum\big] + c_1\big[x+\textstyle\sum\big]\,,$$

con c_0, c_1 arbitrarios, y las series, que contienen potencias x^k con $k\geq 2$, convergen, al menos, si $|x|<R$. Los coeficientes las series se determinan de forma única probando una serie de potencias arbitraria en la ecuación (con las funciones $a(x)$ y $b(x)$ desarrolladas) y expresando sus coeficientes c_k, para $k\geq 2$, en función de c_0 y c_1. La solución única de [e] con $y(0)=y_o$, $y'(0)=y_o'$ se obtiene simplemente tomando $c_0=y_o$, $c_1=y_o'$.

[El desarrollo de a y b, desde luego, será innecesario si esas funciones son polinomios, y esto sucede en la mayoría de las ecuaciones que se resuelven por series en la física].

Para dar las soluciones de [e] cerca de otro x_o regular, el **cambio de variable** $s=x-x_o$ (que no afecta a las derivadas por ser $ds/dx=1$) lleva a una ecuación en la variable s para la que $s=0$ es regular. Probaríamos entonces para hallar su solución la serie:

$$y = \sum_{k=0}^{\infty} c_k s^k \quad \big[\text{es decir, } y = \sum_{k=0}^{\infty} c_k (x-x_o)^k\,\big].$$

Ej. 3. $\boxed{y'' + (x-2)y = 0 \, , \; y(0)=2 \, , \; y'(0)=1}$ $x=0$ es regular puesto que $a(x)=0$ y $b(x)=x-2$ son analíticas en todo **R**.

El ejemplo 2 era demasiado sencillo. En general, y como en este, las cosas se complican. Llevamos de nuevo una serie arbitraria y sus derivadas a la ecuación e igualamos a 0 los coeficientes de cada x^k :

$$y = \sum_{k=0}^{\infty} c_k x^k \;\rightarrow\; \sum_{k=2}^{\infty} k(k-1)c_k x^{k-2} + \sum_{k=0}^{\infty}\left[c_k x^{k+1} - 2c_k x^k\right] = 0 \;\rightarrow$$

$$x^0:\; 2{\cdot}1{\cdot}c_2 - 2{\cdot}c_0 = 0 \rightarrow c_2 = c_0 \; ; \;\; x^1:\; 3{\cdot}2{\cdot}c_3 + c_0 - 2{\cdot}c_1 = 0 \rightarrow c_3 = -c_0 + c_1 \; ; \dots$$

$$x^{k-2}:\; k(k-1)c_k + c_{k-3} - 2c_{k-2} = 0 \;\rightarrow\; c_k = -\frac{1}{k(k-1)}c_{k-3} + \frac{2}{k(k-1)}c_{k-2} \, , \; k = 3, 4, \dots$$

(regla de recurrencia de 3 términos que suele traer muchos más problemas que las de 2). Escribimos un par de términos más en función de c_0 y c_1 :

$$c_4 = -\tfrac{1}{12}c_1 + \tfrac{2}{12}c_2 = \tfrac{1}{6}c_0 - \tfrac{1}{12}c_1 \, , \;\; c_5 = -\tfrac{1}{20}c_2 + \tfrac{2}{20}c_3 = -\tfrac{1}{15}c_0 + \tfrac{1}{30}c_1 \, .$$

No hay forma de encontrar la expresión del término general, aunque paso a paso podemos ir calculando el número de términos que queramos.

La solución general es entonces:

$$y = c_0\left[1 + x^2 - \tfrac{1}{6}x^3 + \tfrac{1}{6}x^4 - \tfrac{1}{15}x^5 + \cdots\right] + c_1\left[x + \tfrac{1}{3}x^3 - \tfrac{1}{12}x^4 + \tfrac{1}{30}x^5 + \cdots\right].$$

Y la particular pedida: $y = 2 + x + 2x^2 + \tfrac{1}{4}x^4 - \tfrac{1}{10}x^5 + \cdots$ (converge $\forall x$ según el teorema).

Para calcular unos pocos términos (pero no para hallar muchos o buscar la expresión del término general) de una serie solución cerca de un punto regular (en los singulares regulares no se podrá hacer) se puede seguir el siguiente camino:

Haciendo $x=0$ en la ecuación: $y''(0) + (0-2)y(0) = 0 \rightarrow y''(0) = 4$

Derivando la ecuación y volviendo a hacer $x=0$:

$$y''' + (x-2)y' + y = 0 \;\rightarrow\; y'''(0) = 2y'(0) - y(0) = 0$$

Derivando otra vez: $y'''' + (x-2)y'' + 2y' = 0 \;\rightarrow\; y''''(0) = 2y''(0) - 2y'(0) = 6 \, , \dots\dots$

Y de estas derivadas deducimos la expresión de la serie solución:

$$y(x) = y(0) + y'(0)x + \frac{y''(0)}{2}x^2 + \frac{y'''(0)}{6}x^3 + \cdots = 2 + x + \tfrac{4}{2}x^2 + \tfrac{0}{6}x^3 + \tfrac{6}{24}x^4 + \cdots$$

Si los datos iniciales fueran $\boxed{y(2)=6 \, , \; y'(2)=0}$, la solución general de antes, dada por series en $x=0$, no sirve para imponer los datos. Se debe resolver en torno a este punto:

$$s = x - 2 \;\rightarrow\; \boxed{y'' + sy = 0} \;\;\; \text{(esta derivada es respecto a } s \text{, pero la seguimos llamando igual)}.$$

$$s=0 \text{ regular} \rightarrow y = \sum_{k=0}^{\infty} c_k s^k \;\rightarrow\; \sum_{k=2}^{\infty} k(k-1)c_k s^{k-2} + \sum_{k=0}^{\infty} c_k s^{k+1} = 0 \;\rightarrow$$

$$\rightarrow\; s^0:\; 2c_2 = 0 \; ; \;\; s^1:\; 6c_3 + c_0 = 0 , \; c_3 = -c_0 \; ; \; \dots \; ;$$

$$s^{k-2}:\; k(k-1)c_k + c_{k-3} = 0 \;\rightarrow\; c_k = -\frac{1}{k(k-1)}c_{k-3} \; ; \;\; k = 3, 4, \dots \;\rightarrow$$

$$c_5 = c_8 = \cdots = 0 \; ; \; c_4 = -\tfrac{1}{4\cdot3}c_1 \; ; \; c_6 = -\tfrac{1}{6\cdot5}c_3 = \tfrac{1}{6\cdot5\cdot3\cdot2}c_0 \; ; \; c_7 = -\tfrac{1}{7\cdot6}c_4 = \tfrac{1}{7\cdot6\cdot4\cdot3}c_1 \;\rightarrow$$

$$y = c_0\left[1 - \tfrac{1}{6}s^3 + \tfrac{1}{180}s^6 + \cdots\right] + c_1\left[s - \tfrac{1}{12}s^4 + \tfrac{1}{504}s^7 + \cdots\right] \xrightarrow{\text{datos}}$$

$$y = 6 - s^3 + \tfrac{1}{30}s^6 + \cdots = 6 - (x-2)^3 + \tfrac{1}{30}(x-2)^6 + \cdots$$

$\Big($Aquí sí podemos dar su término general, menos compacto que en el ejemplo 2:

$$y = c_0\left[1 + \sum_{k=1}^{\infty} \frac{(-1)^k(x-2)^{3k}}{2\cdot5\cdots(3k-1)\cdot3\cdot6\cdots(3k)}\right] + c_1\left[x + \sum_{k=1}^{\infty} \frac{(-1)^k(x-2)^{3k+1}}{3\cdot6\cdots(3k)\cdot4\cdot7\cdots(3k+1)}\right]\Big).$$

2.2. Ecuación de Euler y puntos singulares regulares

Empecemos la sección tratando una EDO lineal de segundo orden con **coeficientes variables**, resoluble de forma elemental, que dará ideas para el trabajo con series.

Ecuaciones de Euler: [u] $\boxed{x^2 y'' + axy' + by = h(x)}$, $x > 0$.

Haciendo el cambio de variable independiente $x = e^s$ ($s = \ln x$), [u] se convierte en una ecuación lineal con coeficientes constantes:

$$\frac{dy}{dx} = \frac{1}{x}\frac{dy}{ds} \;,\; \frac{d^2y}{dx^2} = \frac{1}{x^2}\Big[\frac{d^2y}{ds^2} - \frac{dy}{ds}\Big] \;\rightarrow\; \boxed{\frac{d^2y}{ds^2} + (a-1)\frac{dy}{ds} + by = h(e^s)} \;,$$

de ecuación característica $\boxed{Q(\mu) \equiv \mu(\mu-1) + a\mu + b = 0}$.

Conocemos las soluciones de la homogénea para la segunda ecuación. Deshaciendo el cambio , obtenemos que la solución general de una ecuación de Euler **homogénea** es:

> Si $\mu_1 \neq \mu_2$ reales, $y = c_1 x^{\mu_1} + c_2 x^{\mu_2}$.
>
> Si μ doble (real), $y = (c_1 + c_2 \ln x) x^\mu$.
>
> Si $\mu = p \pm qi$, $y = \big[c_1 \cos(q\ln x) + c_2 \sin(q\ln x)\big] x^p$.

(Observemos que la 'ecuación característica' de una ecuación de Euler sería la que obtendríamos probando en la homogénea soluciones de la forma x^μ).

Ej. 1. $\boxed{xy'' + ay' = 0}$, es decir, $x^2 y'' + axy' = 0$ de 'ecuación característica' $\mu(\mu-1) + a\mu = 0$.

Como $\mu = 1-a, 0$, su solución general será: $\begin{array}{l} y = c_1 + c_2 x^{1-a} \text{ si } a \neq 1, \\ y = c_1 + c_2 \ln x \text{ si } a = 1. \end{array}$

Expresiones, en general, con sentido cuando $x > 0$ (aunque para algunos a valgan $\forall x$).

Podemos con facilidad dar unas soluciones válidas también si $x < 0$ escribiendo:
$$y = c_1 + c_2 |x|^{1-a} \;,\quad y = c_1 + c_2 \ln|x| \;.$$

$\Big[$También se podría resolver esta ecuación haciendo $y' = v$: $\; v' = -\frac{av}{x} \rightarrow v = Cx^{-a}$.

Integrando se llega a las soluciones de antes (con otro nombre de las constantes):
$$y = Cx^{1-a} + K, \; a \neq 1, \qquad y = C\ln|x| + K, \; a = 1 \;\Big].$$

Para la solución particular de la ecuación no homogénea siempre se tiene la **fórmula de variación de las constantes con** $f(x) = h(x)/x^2$, y para la de coeficientes constantes en s , el método de los **coeficientes indeterminados** si $h(e^s)$ es del tipo adecuado.

[Aunque todas las ecuaciones a resolver con series en este capítulo serán homogéneas, volverán a aparecer las de Euler en la separación de variables del capítulo 4 para la ecuación de Laplace en polares y allí se deberán resolver también las no homogéneas].

Ej. 2. Resolvamos ahora la ecuación de Euler no homogénea $\boxed{x^2 y'' + xy' - y = 2x}$.

La homogénea es siempre muy fácil: $\mu(\mu-1) + \mu - 1 = 0$, $\mu = \pm 1 \rightarrow x_h = c_1 x + c_2 x^{-1}$.

(válida en este caso $\forall x \neq 0$).

Con la fórmula de variación de las constantes:

$$|W|(x) = \begin{vmatrix} x & x^{-1} \\ 1 & -x^{-2} \end{vmatrix} = -2x^{-1}, \; f(x) = \frac{2}{x} \;\rightarrow\; y_p = x^{-1}\int\frac{x\,2x^{-1}dx}{-2x^{-1}} - x\int\frac{x^{-1}\,2x^{-1}dx}{-2x^{-1}} = x\ln x - \frac{x}{2} \;.$$

Luego la solución general de la no homogénea es $y = c_1 x + \frac{c_2}{x} + x\ln x$ (regalando el $-\frac{1}{2}$ a c_1).

La y_p se puede hallar utilizando coeficientes indeterminados en la ecuación $y'' - y = 2e^s$ a la que conduce el cambio $x = e^s$. La y_p que debemos probar en la ecuación en s sería $y_p = Ase^s$, o lo que es lo mismo, podemos probar $y_p = Ax\ln x$ en la de Euler inicial:

$$y_p' = A[\ln x + 1], \; y_p'' = \frac{A}{x} \;\rightarrow\; Ax + Ax = 2x \;\rightarrow\; A = 1, \; y_p = x\ln x \text{ como antes.}$$

Volvamos a las soluciones por medio de series. Supondremos en esta sección que para
[e] $y''+a(x)y'+b(x)y=0$ es $x=x_o$ un **punto singular**, es decir, que a o b o ambas
no son analíticas en $x=x_o$, con lo que no es aplicable el método de la sección anterior.

Interesa precisamente a menudo conocer la forma de las soluciones de [e] cerca de sus
puntos singulares. Solo sabremos decir algo sobre ellas para un tipo particular de puntos
solo débilmente singulares: los **singulares regulares** que pasamos a definir.

Suponemos a partir de ahora que $x=0$ es el punto singular. Para tratar las soluciones
cerca de otro $x_o\neq0$ singular, el cambio $s=x-x_o$ traslada el problema al estudio de las
soluciones cerca de 0 de la ecuación en s. Empecemos escribiendo [e] de otro modo.

Multiplicando por x^2 y llamando $a^*(x)=xa(x)$, $b^*(x)=x^2b(x)$ se obtiene:

$$[e^*]\quad \boxed{x^2y'' + x\,a^*(x)\,y' + b^*(x)\,y = 0}$$

$$\boxed{x=0 \text{ es punto } \textbf{singular regular} \text{ de [e]-[e*] si } a^* \text{ y } b^* \text{ son analíticas en } x=0.}$$

Ej. 3. $\boxed{x(x-1)^2y''-xy'+(x-1)y=0}$, es decir, $y''-\frac{1}{(x-1)^2}y'+\frac{1}{x(x-1)}y=0$.

$x=0$ y $x=1$ son puntos singulares de la ecuación (todos los demás serían regulares).

Para [e*] $x^2y''-x\frac{x}{(x-1)^2}y'+\frac{x}{x-1}y=0$ son $a^*=-\frac{x}{(x-1)^2}$ y $b^*=\frac{x}{x-1}$ analíticas en $x=0\Rightarrow$
este punto es singular regular.

Con $x-1=s$ obtenemos: $s^2(s+1)y''-(s+1)y'+sy=0$, es decir, $s^2y''-s\frac{1}{s}y'+\frac{s}{s+1}y=0$

Como $-\frac{1}{s}$ no es analítica en 0 (aunque $\frac{s}{s+1}$ lo sea), $x=1$ ($s=0$) es singular no regular.

[En torno a $x=1$ no sabremos resolver la ecuación por series (la teoría es complicada)].

Queremos resolver [e*] cerca de $x=0$ suponiendo a^* y b^* analíticas en él, es decir, que
admiten desarrollo en serie válido en $|x|<R$ (mínimo de los radios de convergencia):

$$\boxed{a^*(x)=\sum_{k=0}^{\infty}a_k^*x^k=a_0^*+a_1^*x+\cdots,\quad b^*(x)=\sum_{k=0}^{\infty}b_k^*x^k=b_0^*+b_1^*x+\cdots},\ |x|<R.$$

[Normalmente será $a_0^*=a^*(0)$ y $b_0^*=b^*(0)$ salvo para funciones como $\frac{\text{sen}\,x}{x}$].

[e*] se resolverá con el **teorema de Frobenius** de la siguiente página. No lo probaremos, pero
intentemos intuir sus hipótesis y conclusiones. La ecuación más sencilla del tipo [e*] es la de Euler
(en ella $a^*(x)$ y $b^*(x)$ son 'series' que se reducen a su primer término). Viendo sus soluciones
está claro que no hay, en general, soluciones analíticas de [e*]. Pero ya que las tiene del tipo x^r
se podría pensar que [e*] posee soluciones en forma de serie que comiencen por términos x^r.

Probemos por tanto en [e*] la solución $y=x^r\sum_{k=0}^{\infty}c_kx^k=c_0x^r+c_1x^{r+1}+c_2x^{r+2}+\cdots\rightarrow$

$$\sum_{k=0}^{\infty}(k+r)(k+r-1)c_kx^{k+r}+\Big(\sum_{k=0}^{\infty}a_k^*x^k\Big)\Big(\sum_{k=0}^{\infty}(k+r)c_kx^{k+r}\Big)+\Big(\sum_{k=0}^{\infty}b_k^*x^k\Big)\Big(\sum_{k=0}^{\infty}c_kx^{k+r}\Big)=0$$

El coeficiente de la potencia de menor orden (x^r) debe anularse: $\big[r(r-1)+a_0^*r+b_0^*\big]c_0=0$.

Si la serie ha de empezar por términos x^r, debe ser $c_0\neq0$. Por tanto, los únicos r para los que
pueden existir soluciones no triviales de la forma $x^r\sum$ son las raíces del polinomio:

$$Q(r)\equiv r(r-1)+a_0^*r+b_0^*,\quad \text{llamado } \textbf{polinomio indicial} \text{ de [e*].}$$

Es coherente con lo obtenido para Euler. Para ella, si $Q(r)$ tenía dos raíces distintas r_1 y r_2, dos
soluciones independientes suyas eran x^{r_1} y x^{r_2}. Si la raíz era doble solo había una solución de
esa forma, y la segunda era la primera multiplicada por el $\ln x$. Luego también es de esperar que
en la solución general de [e*] aparezcan logaritmos.

Pero al resolver por series [e*] aparecen problemas que no se daban en el caso particular de Euler.
Igualando a 0 el coeficiente que acompaña a x^{r+k} tenemos:

$$\big[(r+k)(r+k-1)+(r+k)a_0^*+b_0^*\big]c_k+\big[(r+k-1)a_1^*+b_1^*\big]c_{k-1}+\cdots=0$$

donde los puntos son términos con c_{k-2}, c_{k-3}, ... Podemos despejar c_k en función de los anteriores ya hallados cuando no se anule el corchete que le precede, que es $Q(r+k)$. Si r_1 es la mayor de
las dos raíces $Q(r_1+k)\neq0\ \forall k$. Pero si r_2 es la menor, y $r_1-r_2=n$ entero positivo, es $Q(r_2+n)=0$.
Y salvo que los demás sumandos también se anulen (entonces quedaría indeterminado c_n), no
hay forma de anular el coeficiente de x^{r_2+n} y no puede haber soluciones $x^{r_2}\sum$.

Enunciamos ya el teorema de **Frobenius** (aunque se podrían considerar raíces complejas de Q, nos limitamos, por sencillez, a las reales, que son las que nos aparecerán):

Teor.

> Supongamos que el polinomio indicial $Q(r)=r(r-1)+a_0^*r+b_0^*$ tiene raíces reales r_1, r_2 con $r_1 \geq r_2$. Entonces:
>
> Siempre hay una solución de [e*] de la forma $y_1 = x^{r_1} \sum_{k=0}^{\infty} c_k x^k$, $c_0 \neq 0$.
>
> La otra solución y_2 linealmente independiente es, según los casos:
>
> **a]** Si r_1-r_2 no es cero ni entero positivo: $y_2 = x^{r_2} \sum_{k=0}^{\infty} b_k x^k$, $b_0 \neq 0$.
>
> **b]** Si $r_1=r_2$, $y_2 = x^{r_1+1} \sum_{k=0}^{\infty} b_k x^k + y_1 \ln x$.
>
> **c]** Si $r_1-r_2=1,2,3,\dots$, $y_2 = x^{r_2} \sum_{k=0}^{\infty} b_k x^k + d y_1 \ln x$, $b_0 \neq 0$, $d \in \mathbf{R}$.
>
> Todas las soluciones están definidas al menos si $0 < x < R$ y los coeficientes c_k, b_k y la constante d se pueden determinar sustituyendo cada una de las soluciones en la ecuación.

En el caso **a]** se pueden calcular las soluciones en el orden que se quiera, pero en los otros dos debe hallarse primero la y_1, pues aparece en la expresión de la y_2.

En el **c]** la constante d puede ser perfectamente 0 (como ocurre en las ecuaciones de Euler), con lo que, a pesar de todo, hay dos soluciones independientes del tipo $x^r \sum$.

Se prueba sin dificultad que obtenemos otras soluciones válidas en $-R < x < 0$ a partir de las anteriores sin más que sustituir $\ln x$ por $\ln|x|$ y las expresiones de la forma x^r que preceden a las series por $|x|^r$.

Ej. 4. $\boxed{2xy'' + y' + xy = 0}$, o sea, $x^2y'' + x\frac{1}{2}y' + \frac{x^2}{2}y = 0 \rightarrow a^*(x)=\frac{1}{2}$, $b^*(x)=\frac{x^2}{2}$.

$a^*(x)$ y $b^*(x)$ analíticas ($R=\infty$) $\Rightarrow$ $x=0$ singular regular. Como $a_0^*=\frac{1}{2}$ y $b_0^*=0$,

el polinomio indicial es $r(r-1)+\frac{1}{2}r+0=r(r-\frac{1}{2}) \rightarrow r_1=\frac{1}{2}$, $r_2=0$, con $r_1-r_2 \notin \mathbf{N}$.

Las dos series solución linealmente independientes (una analítica y la otra no) son, pues:

$$y_1 = \sum_{k=0}^{\infty} c_k x^{k+1/2}, c_0 \neq 0, \quad y_2 = \sum_{k=0}^{\infty} b_k x^k, b_0 \neq 0 \quad \text{(convergen } \forall x \in \mathbf{R}, \text{ según el teorema).}$$

Llevando y_1 a la ecuación (estas series se derivan como las de potencias habituales):

$$\sum_{k=0}^{\infty} 2(k+\tfrac{1}{2})(k-\tfrac{1}{2})c_k x^{k-1/2} + \sum_{k=0}^{\infty} (k+\tfrac{1}{2})c_k x^{k-1/2} + \sum_{k=0}^{\infty} c_k x^{k+3/2} = 0$$

(ahora las 3 empiezan en $k=0$ pues no se van los primeros términos al derivar).

Igualando a 0 los coeficientes de las diferentes potencias de x:

$x^{-1/2}$: $[2(\frac{1}{2})(-\frac{1}{2})+\frac{1}{2}]c_0 = 0 \cdot c_0 = 0$ y c_0 queda indeterminado como debía.

$x^{1/2}$: $[2(\frac{3}{2})(\frac{1}{2})+\frac{3}{2}]c_1 = 0 \rightarrow c_1 = 0$,

$x^{k-1/2}$: $[2(k+\frac{1}{2})(k-\frac{1}{2})+(k+\frac{1}{2})]c_k + c_{k-2} = 0 \rightarrow c_k = -\frac{1}{k(2k+1)}c_{k-2}$, $k=2,3,\dots$

Por tanto: $c_3=c_5=\dots=0$, $c_2=-\frac{1}{2\cdot5}c_0$, $c_4=-\frac{1}{4\cdot9}c_2=\frac{1}{2\cdot4\cdot5\cdot9}c_0$, $\dots \rightarrow$

$$y_1 = x^{1/2}-\tfrac{1}{10}x^{5/2}+\dots = x^{1/2}\left[1 + \sum_{m=1}^{\infty} \frac{(-1)^m}{2\cdot4\cdots2m\cdot5\cdot9\cdots(4m+1)} x^{2m}\right] \quad \begin{matrix}\text{(eligiendo } c_0=1,\\ \text{por ejemplo).}\end{matrix}$$

Para la otra raíz del $Q(r)$: $\sum_{k=0}^{\infty} 2k(k-1)b_k x^{k-1} + \sum_{k=0}^{\infty} kb_k x^{k-1} + \sum_{k=0}^{\infty} b_k x^{k+1} = 0 \rightarrow$

x^0: $b_1=0$, x^1: $[4+2]b_2 + b_0 = 0 \rightarrow b_2 = -\frac{1}{6}b_0$.

x^{k-1}: $[2k(k-1)+k]b_k + b_{k-2} = 0 \rightarrow b_k = -\frac{1}{k(2k-1)}b_{k-2}$, $k=2,3,\dots \rightarrow b_3=b_5=\dots=0$.

$b_4=-\frac{1}{4\cdot7}b_2=\frac{1}{2\cdot4\cdot3\cdot7}b_0, \dots \rightarrow y_2 = 1-\frac{1}{6}x^2+\dots = 1 + \sum_{m=1}^{\infty} \frac{(-1)^m}{2\cdot4\cdots2m\cdot3\cdot7\cdots(4m-1)} x^{2m}$.

El criterio del cociente dice que, como debían, las series convergen $\forall x$. La y_2 vale $\forall x$, pero y_1 solo para $x > 0$ (en $x=0$ es y_1 una función acotada, pero no es ni derivable). Una y_1 válida $\forall x \neq 0$ es $y_1 = |x|^{1/2}[1+\sum]$, que es ya una función continua en $x=0$.

Ej. 5. $\boxed{x^2 y'' + (\tfrac{1}{4} - 4x^2) y = 0}$ Hallemos algunos términos de sus series solución.

$a^*(x) = 0$, $b^*(x) = \tfrac{1}{4} - 4x^2$ son analíticas con $R = \infty$. Es $x=0$ singular regular con

$$r^2 - r + \tfrac{1}{4} = 0,\ r = \tfrac{1}{2}\ \text{doble} \to y_1 = \sum_{k=0}^{\infty} c_k x^{k+1/2} \to \sum_{k=0}^{\infty}\big[k^2 c_k x^{k+1/2} - 4 c_k x^{k+5/2}\big] = 0 \to$$

$$x^{1/2}:\ 0 \cdot c_0 = 0,\ c_0\ \text{cualquiera};\quad x^{3/2}:\ c_1 = 0;$$

$$x^{k+1/2}:\ k^2 c_k - 4 c_{k-2} = 0;\ c_k = \tfrac{4}{k^2} c_{k-2}\ \text{regla de recurrencia}$$

$$\to c_3 = c_5 = \cdots = 0,\ c_2 = c_0,\ c_4 = \tfrac{4}{16} c_2 = \tfrac{1}{4} c_0,\ c_6 = \tfrac{1}{9} c_4 = \tfrac{1}{36} c_0, \ldots,$$

$$y_1 = x^{1/2}\big[1 + x^2 + \tfrac{1}{4} x^4 + \tfrac{1}{36} x^6 + \cdots \big] \to y_1' = \tfrac{1}{2} x^{-1/2} + \tfrac{5}{2} x^{3/2} + \tfrac{9}{8} x^{7/2} + \cdots$$

Como es raíz doble, seguro que la otra solución contiene un logaritmo:

$$y_2 = x^{3/2} \sum_{k=0}^{\infty} b_k x^k + y_1 \ln x \to y_2' = \sum_{k=0}^{\infty} (k + \tfrac{3}{2}) b_k x^{k+1/2} + \tfrac{1}{x} y_1 + y_1' \ln x,$$

$$y_2'' = \sum_{k=0}^{\infty} (k + \tfrac{3}{2})(k + \tfrac{1}{2}) b_k x^{k-1/2} - \tfrac{1}{x^2} y_1 + \tfrac{2}{x} y_1' + y_1'' \ln x \to$$

$$\sum_{k=0}^{\infty}\big[(k+1)^2 b_k x^{k+3/2} - 4 b_k x^{k+7/2}\big] - y_1 + 2x y_1' + \ln x\big[x^2 y_1'' + (\tfrac{1}{4} - 4x^2) y_1\big] = 0.$$

El último $[\cdots] = 0$ por ser y_1 solución (**lo que acompaña a** $\ln x$ **siempre se anula**). Operamos como siempre, utilizando los desarrollos de y_1 e y_1' dados arriba:

$$\to x^{3/2}:\ b_0 = 0;\quad x^{5/2}:\ 4 b_1 + 4 = 0,\ b_1 = -1;\quad x^{7/2}:\ 9 b_2 - 4 b_0 = 0,\ b_2 = 0;$$

$$x^{9/2}:\ 16 b_3 - 4 b_1 + 2 = 0,\ b_3 = -\tfrac{3}{8};\ \ldots \to y_2 = -x^{5/2} - \tfrac{3}{8} x^{9/2} + \cdots + y_1 \ln x.$$

[Observemos que, como ocurre con todos los puntos singulares regulares, desde que se tienen las raíces del polinomio inicial, se sabe ya mucho sobre sus soluciones. Por ejemplo, aquí sabemos que ninguna (salvo la trivial) es analítica. O que todas ellas tienden a 0 cuando $x \to 0^+$, pues recordemos que $x^a \ln x \xrightarrow[x\to 0^+]{} 0$, si $a > 0$].

El ejemplo anterior muestra que son más largas las cuentas para el cálculo de la y_2 en el caso **b]** del teorema que en el **a]**. Y también son más complicadas las del **c]**, caso al que pertenecen los siguientes ejemplos. Para distinguir en ellos si aparecen logaritmos o no (es decir, si es o no $d \neq 0$) no se necesita dar la expresión del término general, bastan los primeros términos de la y_1.

Ej. 6. $\boxed{xy'' + 2e^x y' = 0}$. Se puede resolver sin utilizar series, pero acudamos a Frobenius:

$x = 0$ es singular regular [$a^*(x) = 2e^x$ y $b^*(x) \equiv 0$ analíticas en todo $\mathbb{R}$]. $r_1 = 0$, $r_2 = -1$.

La $y_1 = \sum_{k=0}^{\infty} c_k x^k$ se ve (¡a ojo!) que es $y_1 \equiv 1$. La otra es: $y_2 = \sum_{k=0}^{\infty} b_k x^{k-1} + d \ln x \to$

$$y_2' = \sum_{k=0}^{\infty} (k-1) b_k x^{k-2} + \tfrac{d}{x},\quad y_2'' = \sum_{k=0}^{\infty} (k-1)(k-2) b_k x^{k-3} - \tfrac{d}{x^2} \to$$

$$2 b_0 x^{-2} + 2 b_3 x + \cdots - d x^{-1} + \big[2 + 2x + x^2 + \tfrac{1}{3} x^3 + \cdots \big]\big[d x^{-1} - b_0 x^{-2} + b_2 + 2 b_3 x + \cdots \big] = 0 \to$$

x^{-2}: $2 b_0 - 2 b_0 = 0 \to b_0$ indeterminado como debía.

x^{-1}: $-d + 2d - 2 b_0 = 0 \to d = 2 b_0$ (aparecen, pues, logaritmos).

x^0: $2d - b_0 + 2 b_2 = 0 \to b_2 = \tfrac{1}{2} b_0 - d = -\tfrac{3}{2} b_0$.

x^1: $2 b_3 + d - \tfrac{1}{3} b_0 + 2 b_2 + 4 b_3 = 0 \to b_3 = \tfrac{2}{9} b_0$. $\cdots\cdots\cdots$

$$\to \quad y_2 = 2 \ln x + \tfrac{1}{x} - \tfrac{3}{2} x + \tfrac{2}{9} x^2 + \cdots$$

[No podemos, desde luego, dar el término general de esta solución].

Resolvamos la ecuación ahora sin series: $y' = v \to v' = -\tfrac{2e^x}{x} v \to$

$$v = C e^{-\int 2x^{-1} e^x dx} = C e^{\int (-2/x - 2 - x - x^2/3 + \cdots) dx} = C x^{-2} e^{-2x - x^2/2 - x^3/9 + \cdots}$$

$$= C x^{-2}\big[1 + (-2x - \tfrac{1}{2} x^2 - \tfrac{1}{9} x^3 - \cdots) + \tfrac{1}{2}(-2x - \tfrac{1}{2} x^2 - \cdots)^2 + \tfrac{1}{6}(-2x - \cdots)^3 + \cdots \big] \to$$

$$y = K + C \int \big[x^{-2} - 2 x^{-1} + \tfrac{3}{2} - \tfrac{4}{9} x + \cdots \big] dx = K - C\big[2 \ln x + \tfrac{1}{x} - \tfrac{3}{2} x + \tfrac{2}{9} x^2 + \cdots \big].$$

Ej. 7. $\boxed{x^2y''+2x^2y'-2y=0}$ $x=0$ singular regular; $a^*(x)=2x$, $b^*(x)=-2$ con $R=\infty$.

$r(r-1)+0\cdot r-2$ tiene por raíces $r_1=2$, $r_2=-1$. Así pues:

$$y_1=\sum_{k=0}^{\infty}c_kx^{k+2},\ c_0\neq 0\ \to\ \sum_{k=0}^{\infty}(k+2)(k+1)c_kx^{k+2}+\sum_{k=0}^{\infty}2(k+2)c_kx^{k+3}-\sum_{k=0}^{\infty}2c_kx^{k+2}=0\ \to$$

c_0 indeterminado, $c_k=-\frac{2(k+1)}{k(k+3)}c_{k-1}$, $k=1,2,\dots\ \to\ c_1=-c_0$, $c_2=\frac{3}{5}c_0$, $c_3=-\frac{4}{15}c_0$, $\dots$,

$$c_k=(-1)^k\frac{2(k+1)}{k(k+3)}\frac{2k}{(k-1)(k+2)}\frac{2(k-1)}{(k-2)(k+1)}\cdots c_0=\frac{(-2)^k(k+1)}{(k+3)!}6c_0\ \to$$

Si elegimos $c_0=\frac{1}{6}$, $\ y_1=\sum_{k=0}^{\infty}\frac{(-2)^k(k+1)}{(k+3)!}x^{k+2}=\frac{1}{6}x^2-\frac{1}{6}x^3+\cdots\ \to\ y_1'=\frac{1}{3}x-\frac{1}{2}x^2+\cdots$

La otra solución (caso **c]**) es $\ y_2=\sum_{k=0}^{\infty}b_kx^{k-1}+dy_1\ln x$, $b_0\neq 0$, d constante (quizás nula)

$$\to\ \sum_{k=0}^{\infty}\left[(k-1)(k-2)b_kx^{k-1}+2(k-1)b_kx^k-2b_kx^{k-1}\right]$$
$$+d\left[(-1+2x)y_1+2xy_1'\right]+d\ln x\left[x^2y_1''+2x^2y_1'-2y_1\right]=0.$$

Como siempre, el tercer corchete se anula, por ser y_1 solución. Sustituyendo las series de y_1 y y_1' escritas arriba en el segundo corchete y agrupando potencias de x:

$$-2b_0-2b_1-2b_2x+\left[2b_3+2b_2-2b_3-\frac{d}{6}+\frac{2d}{3}\right]x^2+\cdots=0\ \to$$

$$b_1=-b_0,\ b_2=0,\ d=0,\ b_0,\ b_3\ \text{indeterminados.}$$

Como $d=0$, y_2 no tiene $\ln x$. Por el teorema debía ser $b_0\neq 0$. Que también quede libre b_3 se debe a que proporciona potencias x^2, comienzo de la serie de y_1. Elegimos $b_0=1$ y $b_3=0$ (para no volver a calcular y_1). Como en la recurrencia cada b_k depende de b_{k-1} es $b_4=b_5=\cdots=0$. Concluimos que:

$$y_2=\frac{1}{x}(1-x)=\frac{1}{x}-1\quad\text{[es fácil comprobar que satisface la ecuación].}$$

$\left[\text{De la }y_2\text{ sacaríamos otra con: }y_1^*=\frac{1-x}{x}\int\frac{x^2\,e^{-2x}}{(1-x)^2}dx.\right.$ La primitiva no parece calculable, pero esto no impide desarrollar e integrar para obtener una serie solución:

Lo más corto para desarrollar el integrando (se podría hacer un cociente) es:

$$\frac{1}{(1-x)^2}=\frac{d}{dx}\frac{1}{1-x}\ \to\ x^2\left[1-2x+2x^2-\frac{4}{3}x^3+\cdots\right]\left[1+2x+3x^2+4x^3+\cdots\right]=x^2+x^4+\frac{2}{3}x^5+\cdots$$

$$\to\ y_1^*=\left[\frac{1}{x}-1\right]\left[\frac{1}{3}x^3+\frac{1}{5}x^5+\frac{1}{9}x^6+\cdots\right]=\frac{1}{3}x^2-\frac{1}{3}x^3+\frac{1}{5}x^4-\frac{4}{45}x^5+\cdots.$$

Aunque no lo pareciese, la primitiva sí se puede calcular: $u=x^2e^{-2x}$, $dv=\frac{1}{(1-x)^2}\ \to$

$$\int\frac{x^2e^{-2x}}{(1-x)^2}dx=\frac{x^2e^{-2x}}{1-x}-\int 2xe^{-2x}dx=\frac{1}{2}\frac{1+x}{1-x}e^{-2x}\ \to\ y_1^\bullet=\left(1+\frac{1}{x}\right)e^{-2x}.$$

y_1 no es exactamente ni y_1^* ni $y_1^\bullet$ (es $\frac{1}{2}y_1^*$ y una combinación lineal de y_2 e $y_1^\bullet$)$\Big]$.

En este ejemplo, si, en vez de partir de la raíz mayor $r_1=2$, se hubiese sustituido la y_2, habríamos obtenido las dos series de un tirón. Pero esto se debe a que resulta ser $d=0$. Si fuera $d\neq 0$ solo obtendríamos así la solución trivial $y=0$ y habría que empezar de nuevo desde el principio.

Ej. 8. $\boxed{x^2y''+xy'+(x^2-\frac{1}{4})y=0}$ $x=0$ singular regular con $r=\pm\frac{1}{2}$, $r_1-r_2=1$. $y_1=\sum_{k=0}^{\infty}c_kx^{k+1/2}$.

$y_2=\sum_{k=0}^{\infty}b_kx^{k-1/2}+dy_1\ln x$. Probamos primero esta y_2 con $d=0$ buscando el atajo citado:

$$\sum_{k=0}^{\infty}\left[(k-\tfrac{1}{2})(k-\tfrac{3}{2})b_kx^{k-1/2}+(k-\tfrac{1}{2})b_kx^{k-1/2}-\tfrac{1}{4}b_kx^{k-1/2}+b_kx^{k+3/2}\right]$$

$$=\sum_{k=0}^{\infty}\left[k(k-1)b_kx^{k-1/2}+b_kx^{k+3/2}\right]=0\ \to\ x^{-1/2}:0b_0=0,\ b_0\text{ indeterminado.}$$

$x^{1/2}:0b_1=0$, también $\forall b_1$. $\ x^{3/2}:b_2=-\frac{1}{2}b_0$. $\ x^{5/2}:b_3=-\frac{1}{6}b_1$. $\ x^{k-1/2}:b_k=-\frac{1}{k(k-1)}b_{k-2}$.

$$\to\ b_4=-\tfrac{1}{12}b_2=\tfrac{1}{4!}b_0,\ b_5=-\tfrac{1}{20}b_2=\tfrac{1}{5!}b_1,\ \dots\ \ y=x^{-1/2}\left[b_0\sum_{k=0}^{\infty}\frac{(-1)^nx^{2n}}{(2n)!}+b_1\sum_{k=0}^{\infty}\frac{(-1)^nx^{2n+1}}{(2n+1)!}\right].$$

Son series conocidas y dan la solución con funciones elementales: $\ y=b_0\frac{\cos x}{\sqrt{x}}+b_1\frac{\text{sen}\,x}{\sqrt{x}}$.

$\left[\text{Se puede comprobar la solución haciendo el cambio }y=x^{-1/2}u\text{ que lleva a }u''+u=0\right].$

2.3. Ecuaciones de Legendre, Hermite y Bessel

La ecuación de **Legendre** es [L] $\boxed{(1-x^2)y'' - 2xy' + py = 0}$, $p \geq 0$.

[En muchos textos se escribe esta ecuación poniendo $p(p+1)$ en vez de p].

La resolvemos primero en torno a $x=0$ que es regular. Como $a(x) = -2x/(1-x^2)$ y $b(x) = p/(1-x^2)$ son analíticas en $|x| < 1$ la ecuación tiene series solución que convergen al menos en ese intervalo. Probamos pues:

$$y = \sum_{k=0}^{\infty} c_k x^k \rightarrow \sum_{k=2}^{\infty} \left[k(k-1)c_k x^{k-2} - k(k-1)c_k x^k \right] - \sum_{k=1}^{\infty} 2k c_k x^k + \sum_{k=0}^{\infty} p c_k x^k = 0 \rightarrow$$

$$x^0: \ 2 \cdot 1 \cdot c_2 + p \cdot c_0 = 0 \rightarrow c_2 = -\frac{p}{2 \cdot 1} c_0 \ ; \quad x^1: \ 3 \cdot 2 \cdot c_3 + (p-2) \cdot c_1 = 0 \rightarrow c_3 = -\frac{p-2}{3 \cdot 2} c_1 \ ; \ \dots$$

$$x^k: \ (k+2)(k+1)c_{k+2} + [p - k(k+1)]c_k = 0 \rightarrow c_{k+2} = -\frac{p - k(k+1)}{(k+2)(k+1)} c_k \ , \ k = 0, 1, \dots \rightarrow$$

$$c_4 = -\frac{p-6}{4 \cdot 3} c_2 = \frac{p(p-6)}{4!} c_0 \ ; \quad c_5 = -\frac{p-12}{5 \cdot 4} c_3 = \frac{(p-2)(p-12)}{5!} c_1 \ , \ \dots \rightarrow$$

$$y = c_0 \left[1 - \frac{p}{2}x^2 + \frac{p(p-6)}{4!}x^4 + \cdots \right] + c_1 \left[x - \frac{p-2}{6}x^3 + \frac{(p-2)(p-12)}{5!}x^5 + \cdots \right] = c_0 y_1 + c_1 y_2 \ .$$

Cuando $p = n(n+1)$ con $n \in \mathbf{N}$ una de las dos series pasa a ser un polinomio de grado n, pues c_{n+2} (y, por tanto, $c_{n+4} \dots$) se anulan. Se trunca y_1 si n par y lo hace y_2 si n impar:

$$p=0 \rightarrow y_1 = 1 \ , \quad p=6 \rightarrow y_1 = 1 - 3x^2 \ , \quad p=20 \rightarrow y_1 = 1 - 10x^2 + \frac{35}{3}x^4 \ , \ \dots$$

$$p=2 \rightarrow y_2 = x \ , \quad p=12 \rightarrow y_2 = x - \frac{5}{3}x^3 \ , \quad p=30 \rightarrow y_2 = x - \frac{14}{3}x^3 + \frac{21}{5}x^5 \ , \ \dots$$

Se llama **polinomio de Legendre de grado n** al polinomio P_n solución de [L] con $p = n(n+1)$ que cumple $P_n(1) = 1$, o sea:

$$\boxed{\begin{array}{l} P_0 = 1 \ , \quad P_1 = x \ , \quad P_2 = \frac{3}{2}x^2 - \frac{1}{2} \ , \quad P_3 = \frac{5}{2}x^3 - \frac{3}{2}x \ , \\[2mm] P_4 = \frac{35}{8}x^4 - \frac{15}{4}x^2 + \frac{3}{8} \ , \quad P_5 = \frac{63}{8}x^5 - \frac{35}{4}x^3 + \frac{15}{8}x \ , \ \dots \end{array}}$$

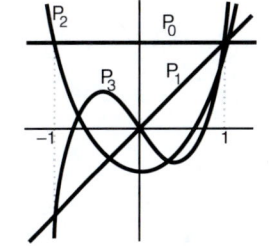

Los P_{2m} tienen simetría par y los P_{2m+1} impar. P_{2m+1} y P'_{2m} se anulan en 0. Se pueden probar además las propiedades:

$$\boxed{\begin{array}{l} P_n \ \text{tiene} \ n \ \text{ceros reales, todos en} \ (-1, 1) \ . \quad P_n(x) = \frac{1}{2^n n!} \frac{d^n}{dx^n}(x^2 - 1)^n \ \ \begin{array}{l}\text{fórmula de}\\ \textbf{Rodrigues}\end{array} \\[3mm] \text{Los} \ P_n \ \text{son} \ \textbf{ortogonales}: \ \int_{-1}^{1} P_n P_m \, dx = 0 \ , \ \text{si} \ m \neq n \ ; \ \int_{-1}^{1} P_n^2 \, dx = \frac{2}{2n+1} \ . \\[3mm] \text{Los} \ P_n \ \text{son las únicas soluciones de [L]} \ \textbf{acotadas a la vez en} \ x=1 \ \textbf{y} \ x=-1 \ . \end{array}}$$

Para intentar comprobar lo último resolvemos en torno a $x=1$, haciendo $s = x-1$:

$$[L_1] \ s(s+2)y'' + 2(s+1)y' - py = 0 \ , \quad a^*(s) = \frac{2(s+1)}{s+2} \ , \ b^*(s) = -\frac{ps}{s+2} \ \begin{array}{l}\text{analíticas}\\ \text{para} \ |s| < 2\end{array}$$

$s=0$ es singular regular, y es $r=0$ doble $\forall p$. Por tanto sus soluciones son:

$$y_1 = \sum_{k=0}^{\infty} c_k s^k \ \ \text{e} \ \ y_2 = |s| \sum_{k=0}^{\infty} b_k s^k + y_1 \ln|s| \ , \quad c_0 = 1 \ ,$$

y las series convergen al menos si $|s| < 2$. Sin hallar ningún coeficiente podemos ya afirmar que y_1 está acotada $\forall p$ en $s=0$ ($x=1$), mientras que y_2 no lo está ($\rightarrow -\infty$ si $s \rightarrow 0$).

Calculemos y_1 y comprobemos que si $p = n(n+1)$ obtenemos los P_n [pues $y_1(1) = 1$]. Debe ser:

$$\sum_{k=2}^{\infty} \left[k(k-1)c_k s^k + 2k(k-1)c_k s^{k-1} \right] + \sum_{k=1}^{\infty} \left[2k c_k s^k + 2k c_k s^{k-1} \right] - \sum_{k=0}^{\infty} p c_k s^k = 0 \rightarrow$$

$$c_k = \frac{p - k(k-1)}{2k^2} c_{k-1} \ , \quad k = 1, 2, \dots \rightarrow y_1(s) = 1 + \frac{p}{2}s + \frac{p[p-2]}{16}s^2 + \cdots$$

Si $p = n(n+1)$ la regla de recurrencia nos dice que c_{n+1} y los siguientes se anulan. En particular:

$$p=0 \rightarrow y_1 = 1 \ ; \quad p=2 \rightarrow y_1 = 1 + s = x \ ; \quad p=6 \rightarrow y_1 = 1 + 3s + \frac{6[6-2]}{16}s^2 = \frac{3}{2}x^2 - \frac{1}{2} \ ; \ \dots$$

Faltaría demostrar (es difícil) que si $p \neq n(n+1)$ la y_1 no está acotada cuando $s \rightarrow -2$ ($x \rightarrow -1$) para comprobar que no hay más soluciones de [L] acotadas en $x = \pm 1$ que los P_n .

Otra ecuación ligada a problemas físicos es la de **Hermite**: [H] $\boxed{y''-2xy'+2py=0}$.

Tiene solución analítica ($x=0$ regular), convergente en todo **R**. Resolvemos:

$$y=\sum_{k=0}^{\infty}c_kx^k \to \sum_{k=2}^{\infty}k(k-1)c_kx^{k-2}-\sum_{k=1}^{\infty}2kc_kx^k+\sum_{k=0}^{\infty}2pc_kx^k=0 \to c_k=2\frac{k-2-p}{k(k-1)}c_{k-2} , k=2,3,\dots$$

$$\to y=c_1\Big[1+\sum_{n=1}^{\infty}2^n\frac{(-p)(2-p)\cdots(2n-2-p)}{(2n)!}x^{2n}\Big]+c_2\Big[x+\sum_{n=1}^{\infty}2^n\frac{(1-p)(3-p)\cdots(2n-1-p)}{(2n+1)!}x^{2n+1}\Big].$$

Como para Legendre, [H] posee solución polinómica cuando $p=n\in N$. Si $p=2m$, la primera solución y_1 pasa a ser un polinomio de grado $2m$, y si $p=2m+1$ es la y_2 la que se convierte en un polinomio de ese mismo grado:

$$p=0 \to y_1=1 \ ; \ \ p=1 \to y_2=x \ ; \ \ p=2 \to y_1=1-2x^2 \ ; \ \ p=3 \to y_2=x-\tfrac{2}{3}x^3 \ ; \ \dots$$

Los **polinomios de Hermite** $H_n(x)$ son las soluciones polinómicas de [H] tales que los términos con potencias más altas de x son de la forma 2^nx^n , es decir:

$$\boxed{H_0=1 \ ; \ \ H_1=2x \ ; \ \ H_2=4x^2-2 \ ; \ \ H_3=8x^3-12x \ ; \ \ \dots}$$

Citemos, una vez más sin prueba, algunas propiedades de los H_n que serán útiles, por ejemplo, cuando aparezcan en física cuántica. Una forma de generarlos todos es:

$$e^{2xs-s^2}=\sum_{k=0}^{\infty}\tfrac{1}{n!}H_n(x)s^n \ \ \text{(a esa exponencial se le llama \textbf{función generatriz} de los } H_n\text{).}$$

[Nos limitamos a comprobarlo para los 4 que ya hemos calculado:

$$\big(1+2xs+2x^2s^2+\tfrac{4x^3}{3}s^3+\cdots\big)\big(1-s^2+\tfrac{1}{2}s^4-\cdots\big)=1+2xs+\big(2x^2-1\big)s^2+\big(\tfrac{4x^3}{3}-2x\big)s^3+\cdots].$$

De la función generatriz sale otra fórmula de **Rodrigues**: $H_n(x)=(-1)^n\,e^{x^2}\frac{d^n}{dx^n}e^{-x^2}$.

[Pues $H_n(x)=\frac{\partial^n e^{2xs-s^2}}{\partial s^n}\big|_{s=0}=e^{x^2}\frac{\partial^n e^{-(x-s)^2}}{\partial s^n}\big|_{s=0}=\big(x-s=z, \frac{\partial}{\partial s}=-\frac{\partial}{\partial z}\big)=(-1)^n e^{x^2}\frac{d^n}{dz^n}e^{-z^2}\big|_{z=x}$].

En cuántica no aparece [H], sino $u''+\big(2p+1-x^2\big)u=0$. Haciendo $u=ye^{-x^2/2}$ en ella se llega a [H]. Se prueba (no es fácil hacerlo), que las **únicas soluciones** u **de la inicial que** $\to 0$ **si** $|x|\to\infty$ son las de la forma $u_n(x)=e^{-x^2/2}H_n(x)$, llamadas **funciones de Hermite** de orden n . Solo estas u_n interesan físicamente.

Como los P_n , se puede ver que también las u_n son **ortogonales**, ahora en $(-\infty,\infty)$:

$$\int_{-\infty}^{\infty}u_nu_m dx=\int_{-\infty}^{\infty}H_nH_m e^{-x^2}dx=0 \text{, si } m\neq n; \ \int_{-\infty}^{\infty}u_n^2 dx=\int_{-\infty}^{\infty}H_n^2 e^{-x^2}dx=2^n n!\sqrt{\pi}.$$

[Lo comprobamos exclusivamente cuando $n=0,1$:

$$\int_{-\infty}^{\infty}u_0u_1=\int_{-\infty}^{\infty}2xe^{-x^2}=0 \ , \ \int_{-\infty}^{\infty}u_0^2=\int_{-\infty}^{\infty}e^{-x^2}=\sqrt{\pi} \ , \ \int_{-\infty}^{\infty}u_1^2=-2xe^{-x^2}\big|_{-\infty}^{\infty}+\int_{-\infty}^{\infty}2e^{-x^2}=2\sqrt{\pi}].$$

Para expresar compactamente las soluciones de la última ecuación de interés físico que vamos a estudiar (la de Bessel) utilizaremos las propiedades de la **función gamma** (que generaliza el factorial para números no enteros) definida por esta impropia convergente:

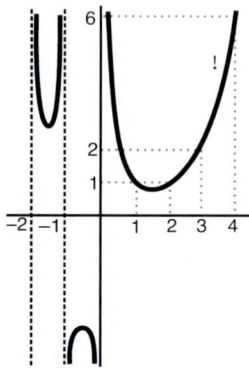

$$\Gamma(s)=\int_0^{\infty}e^{-x}x^{s-1}dx \text{ si } s>0, \ \text{ y extendida a } s<0 \text{ con:}$$

$$\Gamma(s)=\frac{\Gamma(s+n)}{(s+n-1)\cdots(s+1)s} , \text{ si } -n<s<-n+1 , n\in\mathbf{N} .$$

Se cumplen para la Γ las siguientes igualdades:

$$\Gamma(1)=\int_0^{\infty}e^{-x}dx=1 . \ \ \Gamma(\tfrac{1}{2})=2\int_0^{\infty}e^{-u^2}du=\sqrt{\pi} .$$

$$\Gamma(s+1)=-e^{-x}x^s\big]_0^{\infty}+s\Gamma(s)=s\Gamma(s)$$

$$\to \ \Gamma(s+n)=(s+n-1)\cdots(s+1)s\,\Gamma(s) \ \to \ \Gamma(n+1)=n! , n\in\mathbf{N} .$$

La ecuación de **Bessel** es: [B] $\boxed{x^2y''+xy'+[x^2-p^2]y=0}$, $p\geq0$.

$x=0$ es singular regular con polinomio indicial r^2-p^2 , $r_1=p$, $r_2=-p$. Entonces

$$y_1=x^p\sum_{k=0}^{\infty}c_kx^k \text{ , } x>0\text{ , }\quad(\textbf{acotada}\text{ en }x=0\;\forall p)$$

es una solución definida por una serie que convergerá en todo **R**. Llevándola a [B]:

$$\sum_{k=0}^{\infty}\left[k(2p+k)c_kx^{p+k}+c_kx^{p+k+2}\right]=0 \text{ ; } c_k=-\frac{c_{k-2}}{k(2p+k)} \text{ , } k=2,3,\dots; \quad c_1=0\to c_3=\dots=0$$

$$c_2=-\frac{c_0}{2^2(p+1)} \text{ ; } c_4=\frac{c_0}{2^42(p+1)(p+2)} \text{ ; }\dots\to y_1=c_0x^p\left[1+\sum_{m=1}^{\infty}\frac{(-1)^mx^{2m}}{2^{2m}m!\,(p+1)\cdots(p+m)}\right].$$

Eligiendo $c_0=\frac{1}{2^p\Gamma(p+1)}$ $\to$ $\boxed{J_p(x)\equiv\left[\frac{x}{2}\right]^p\sum_{m=0}^{\infty}\frac{(-1)^m}{m!\,\Gamma(p+m+1)}\left[\frac{x}{2}\right]^{2m}}$ **[función de Bessel de primera especie y orden p].**

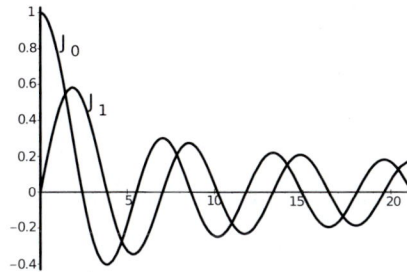

En particular son: $J_0(x)=\sum_{m=0}^{\infty}\frac{(-1)^m}{(m!)^2}\left[\frac{x}{2}\right]^{2m}$, $J_1(x)=\sum_{m=0}^{\infty}\frac{(-1)^m}{m!(m+1)!}\left[\frac{x}{2}\right]^{2m+1}$,

cuyas gráficas están a la izquierda. Se prueba que, como J_0 y J_1 , todas las J_p oscilan y que si x grande:

$$J_p\sim\sqrt{\frac{2}{\pi x}}\cos\left[x-(2p+1)\frac{\pi}{4}\right]$$

Cada J_p tiene un infinitos ceros en $(0,\infty)$ [que deben conocerse para resolver algunas EDPs]:

los de J_0 son: 2.4048, 5.5201, 8.6532, $\dots$,
los de J_1 : 3.8317, 7.0156, 10.1735, $\dots$.

Para hallar una solución linealmente independiente (**no acotada** seguro en $x=0$), nos dice Frobenius que si $r_1-r_2=2p\neq0,1,\dots$ la y_2 es de la forma:

$$y_2=x^{-p}\sum_{k=0}^{\infty}b_kx^k \text{ , } x>0\quad\left(\text{llevándola a [B] se tiene }J_{-p}(x)\equiv\left[\frac{x}{2}\right]^{-p}\sum_{m=0}^{\infty}\frac{(-1)^m}{m!\,\Gamma(p+m+1)}\left[\frac{x}{2}\right]^{2m}\right).$$

Si $p\notin\mathbf{N}$, pero $2p\in\mathbf{N}$ $\left(p=\frac{1}{2},\frac{3}{2},\dots\right)$, la y_2 no contiene el $\ln x$ posible de Frobenius (caso **c]** con $d=0$). Para $p=\frac{1}{2}$ la resolvimos ya en el ejemplo 8 de 2.2. O sustiyendo en $J_{\pm p}$:

$$J_{\frac{1}{2}}(x)=\sqrt{\frac{2}{x}}\sum_{m=0}^{\infty}\frac{(-1)^mx^{2m+1}}{2^{2m+1}m!(m+\frac{1}{2})\cdots\frac{1}{2}\,\Gamma(1/2)}=\boxed{\sqrt{\frac{2}{\pi x}}\,\text{sen}\,x} \text{ , } J_{-\frac{1}{2}}(x)=\cdots=\boxed{\sqrt{\frac{2}{\pi x}}\cos x} \text{ ,}$$

que son linealmente independientes (la expresión asintótica pasa a ser exacta si $p=\frac{1}{2}$). Como será $J_{p+1}=\frac{2p}{x}J_p-J_{p-1}$, **todas las $J_{\frac{2n+1}{2}}$, $n\in\mathbf{Z}$, son funciones elementales**.

Para $p=n\in\mathbf{N}$ el atajo anterior no sirve, pues cambiando n por $-n$ la J_{-n} que aparece no es independiente de J_n [es $J_{-n}=(-1)^nJ_n$]. Tendríamos que hallar las y_2 de Frobenius (y obtendríamos un $\ln x$ en su larga expresión). Por ejemplo, para $p=0$ (que seguro contiene logaritmos) se acaba encontrando:

$$y_2(x)=\sum_{m=0}^{\infty}\frac{(-1)^{m+1}}{(m!)^2}\left[1+\frac{1}{2}+\cdots+\frac{1}{m}\right]\left[\frac{x}{2}\right]^{2m}+J_0(x)\ln x\equiv K_0(x) \text{ , } x>0\quad\text{**[función de Bessel de segunda especie y orden 0].**}$$

Pero en bastantes problemas físicos en los que surge la ecuación [B] (en otros no) es necesario que las soluciones estén acotadas, y para ellos no servirá de nada disponer de estas complicadas segundas soluciones.

Lo que sí nos será útil en el futuro será conocer estas propiedades de las derivadas:

$$\boxed{\frac{d}{dx}\left[x^pJ_p(x)\right]=x^pJ_{p-1}(x) \text{ , } \frac{d}{dx}\left[x^{-p}J_p(x)\right]=-x^{-p}J_{p+1}(x)} \quad\left(\text{En particular, }\begin{matrix}[xJ_1]'=J_0\\ [J_0]'=-J_1\end{matrix}\right).$$

$$\left(\text{Son inmediatas: }\frac{d}{dx}\sum_{m=0}^{\infty}\frac{(-1)^mx^{2m+2p}}{2^{2m+p}m!\Gamma(p+m+1)}=x^p\sum_{m=0}^{\infty}\frac{(-1)^mx^{2m+2p-1}}{2^{2m+p-1}m!\Gamma(p+m+1)} \text{ y similar la otra}\right).$$

Derivándolas y despejando J_p' : $J_p'=J_{p-1}-\frac{p}{x}J_p=-J_{p+1}+\frac{p}{x}J_p$ $\Rightarrow$ $\boxed{J_{p+1}=\frac{2p}{x}J_p-J_{p-1}}$, que es la relación de recurrencia citada, que expresa cada J_{p+1} en función de las anteriores.

2.4. El punto del infinito

Nos preocupamos por el comportamiento de las soluciones de una lineal de segundo orden para grandes valores de x. Pocas ecuaciones son resolubles elementalmente. Por otra parte, las soluciones en forma de serie (salvo que se puedan identificar con funciones elementales) no dan ninguna información para grandes x, incluso aunque converjan $\forall x$. Si queremos ver qué sucede cuando $x \to \infty$, la idea natural es efectuar el **cambio de variable** $x = 1/s$ y estudiar el comportamiento de las soluciones de la nueva ecuación cuando $s \to 0^+$, que será fácil de precisar si $s = 0$, llamado **punto del infinito** de la ecuación inicial, es punto regular o singular regular de esta ecuación.

A diferencia del cambio $s = x - x_o$ que no modifica las derivadas, hacer $x = 1/s$ exige usar la regla de la cadena. Denotando las derivadas respecto a s con puntos:

$$x = \tfrac{1}{s} \;\to\; y' = \dot{y}\,\tfrac{ds}{dx} = -\tfrac{1}{x^2}\dot{y} \;,\; y'' = \tfrac{1}{x^4}\ddot{y} + \tfrac{2}{x^3}\dot{y} \;\to\; \boxed{y' = -s^2\dot{y}\;,\;\; y'' = s^4\ddot{y} + 2s^3\dot{y}}\;.$$

Ej. 1. $\boxed{(1+x^2)y'' + xy' - y = 0}$. Estudiemos su comportamiento para grandes x:

$$x = \tfrac{1}{s} \;\to\; (1+\tfrac{1}{s^2})s^4\ddot{y} + (1+\tfrac{1}{s^2})2s^3\dot{y} - \tfrac{s^2}{s}\dot{y} - y = s^2(1+s^2)\ddot{y} + s(1+2s^2)\dot{y} - y = 0\;.$$

Para esta ecuación $s = 0$ es singular regular, con $r = \pm 1$. Sus soluciones para $s > 0$ son:

$$y_1 = \sum_{k=0}^{\infty} c_k s^{k+1} = c_0 s + c_1 s^2 + \cdots,\; c_0 \neq 0 \;;\; y_2 = \sum_{k=0}^{\infty} b_k s^{k-1} + d\,y_1 \ln s\;,\; b_0 \neq 0\;.$$

Si $s \to 0^+$, la solución $y_1 \to 0$, mientras que la $y_2 \to \infty$ (si $b_0 > 0$, sea $d = 0$ o $d \neq 0$), con lo que deducimos, sin necesidad de resolver nada, que hay soluciones de la ecuación inicial que, cuando $x \to \infty$, tienden a 0, mientras que otras tienden a ∞.

Como la ecuación es resoluble elementalmente pues $y_1 = x$ es solución que salta a la vista, podemos en este caso concreto hallar su solución general y comprobar:

$$y_2 = x\int x^{-2} e^{-\int a\,dx}dx = x\int \frac{dx}{x^2\sqrt{1+x^2}} = -\sqrt{1+x^2} \;\to\; y = c_1 x + c_2\sqrt{1+x^2}\;.$$

Hay soluciones que claramente $\to \infty$ y las de la forma $C(x - \sqrt{1+x^2}) = \dfrac{-C}{x + \sqrt{1+x^2}} \xrightarrow[x \to \infty]{} 0$.

De paso observemos que $y_1 = x = \tfrac{1}{s}$ es la y_2 que obtendríamos arriba (es $d = 0$).

Para Hermite y Bessel este camino parece adecuado para estudiar sus soluciones para x gordo, pero por desgracia, se comprueba que $s = 0$ en ambos casos es singular no regular. Aunque para **Legendre** lo interesante físicamente es lo que sucede en $[-1, 1]$, vamos a analizar su punto del infinito. En 2.3 obtuvimos sus series solución en torno a $x = 0$ [que hablan solo de lo que ocurre en $|x| < 1$] y en torno a $x = 1$ [hablan de $x \in (-1, 3)$].

$$[\mathrm{L}]\;(1-x^2)y'' - 2xy' + py = 0 \xrightarrow{x=1/s} [\mathrm{L}_\infty]\; s^2(s^2-1)\ddot{y} + 2s^3\dot{y} + py = 0\;.$$

Para $[\mathrm{L}_\infty]$ es $s = 0$ singular regular, con $a^*(s) = 2s^2/(s^2-1)$, $b^*(s) = p/(s^2-1)$ analíticas en $|s| < 1$. Las series solución de $[\mathrm{L}_\infty]$ convergerán al menos en ese intervalo y de ellas podremos extraer información, por tanto, sobre las soluciones de $[\mathrm{L}]$ para $|x| > 1$. Como el polinomio indicial de $[\mathrm{L}_\infty]$ tiene para todo $p \geq 0$ una raíz $r_1 = \tfrac{1}{2}\big[1 + \sqrt{1+4p}\big] > 0$ deducimos, por ejemplo, que siempre hay soluciones de $[\mathrm{L}]$ que tienden a 0 para $x \to \infty$.

$$\left[\text{Pues } y_1(s) = s^{r_1} \sum_{k=0}^{\infty} c_k s^k \to 0 \text{ si } s \to 0^+, \text{ o sea, } y_1(x) = x^{-r_1}\sum_{k=0}^{\infty} c_k x^{-k} \xrightarrow[x \to \infty]{} 0\right].$$

Resolvamos por series $[\mathrm{L}_\infty]$ si $p = 0$ (único p para el que $s = 0$ es regular): $y = \sum_{k=0}^{\infty} c_k s^k \to$

$$c_k = \tfrac{k-2}{k}c_{k-2}\,,\; k = 2, 3, \ldots \to y = c_0 + c_1[s + \tfrac{1}{3}s^3 + \tfrac{1}{5}s^5 + \cdots] = c_0 + c_1[x^{-1} + \tfrac{1}{3}x^{-3} + \tfrac{1}{5}x^{-5} + \cdots]\,,$$

serie (no de potencias) que describe las soluciones para $|x| > 1$, que es donde converge.

De otro modo: $(1-x^2)y'' + 2xy' = 0 \to y' = \dfrac{c_1}{1-x^2} \to y = c_0 + c_1\ln\left|\dfrac{1+x}{1-x}\right| = c_0 + c_1\ln\left|\dfrac{1+s}{1-s}\right|,\; x, s \neq \pm 1$.

3. Problemas de contorno para EDOs

Un problema de valores iniciales para una EDO lineal con coeficientes continuos tenía solución única. En concreto, quedaba determinada la solución de una lineal de orden dos fijando el valor de la solución y de su derivada en un punto dado. Las cosas cambian si imponemos las condiciones en los dos extremos de un intervalo $[a, b]$. Esos **problemas de contorno** presentan propiedades muy diferentes. Por ejemplo, es fácil comprobar que tiene infinitas soluciones un problema tan sencillo y regular como

$$\begin{cases} y''(x) + y(x) = 0 \\ y(0)=0, \ y(\pi)=0 \end{cases} \rightarrow y = C \operatorname{sen} x \text{, con } C \text{ constante arbitraria.}$$

Los problemas de contorno que nos aparecerán insistentemente al utilizar el método de **separación de variables** del capítulo 4 dependerán de un parámetro λ. Para precisar y probar algunas de sus propiedades se deberán reescribir las ecuaciones más generales en la siguiente forma (llamada autoadjunta):

$$\text{(P)} \begin{cases} (py')' - qy + \lambda ry = 0 \\ \alpha y(a) - \alpha' y'(a) = \beta y(b) + \beta' y'(b) = 0 \end{cases}$$

Ante un problema como (P), para el que $y=0$ es siempre solución trivial, nuestro objetivo (que no siempre alcanzaremos) será **hallar los valores de λ para los que tiene soluciones no triviales** [que se denominan **autovalores** de (P)] y esas **soluciones no triviales** asociadas a cada λ [sus **autofunciones**]. Observemos que, por ser lineales y homogéneas la ecuación y ambas condiciones de contorno, si $y(x)$ es solución de (P) también, para cualquier C, lo es $Cy(x) \equiv \{y(x)\}$. La notación y lenguaje algebraicos son abundantes en esta teoría.

Comenzaremos en 3.1 estudiando ejemplos con variadas condiciones de contorno para la ecuación $y'' + \lambda y = 0$ (la más sencilla y la que más veces aparece separando variables). En ellos aparecerá una sucesión infinita λ_n de autovalores y las autofunciones $\{y_n\}$ asociadas a λ_n distintos serán **ortogonales** entre sí. Después precisaremos para qué tipo de problemas de contorno (P) más generales se mantienen esas propiedades. Serán los que se llaman **problemas de Sturm-Liouville separados**. Veremos ejemplos más complicados para mostrar las dificultades que pueden darse y hablaremos brevemente también de los problemas **periódicos** y de los **singulares**.

En la sección 3.2 aseguraremos que cualquier función f continua y derivable a trozos se podrá escribir como una **serie de Fourier** (una **suma infinita de autofunciones** $\{y_n\}$ de un problema de Sturm-Liouville). Esto será muy útil en la resolución de EDPs. Como caso particular trataremos con algún detalle más los desarrollos de Fourier en **senos** y **cosenos**. Aunque la convergencia natural de estas series sea la llamada 'convergencia en media', nosotros nos limitaremos a hablar de convergencia puntual y uniforme.

Separando variables en la ecuación de Laplace y otra similares aparecerán, además de problemas de Sturm-Liouville homogéneos, otros problemas de contorno con la ecuación o alguna condición de contorno **no homogéneas**. Por eso, estudiaremos problemas de ese tipo en 3.3. Para ellos, ni $y=0$ es solución, ni lo son los múltiplos de una solución dada. La existencia de soluciones dependerá de si existen o no soluciones no triviales del problema homogéneo. Tendrán solución única en el último caso, e infinitas o ninguna si el homogéneo tiene infinitas.

La notación en todo este capítulo será $y(x)$, pero en separación de variables las funciones de nuestros problemas de contorno serán $X(x)$, $Y(y)$, $R(r)$, $\Theta(\theta)$...

https://dx.doi.org/10.5209/docm.005.04
Métodos Matemáticos II: ecuaciones en derivadas parciales. Pepe Aranda Iriarte. © Ediciones Complutense, 2026.

3.1. Problemas de Sturm-Liouville homogéneos

Antes de dar la teoría general, hallemos los **autovalores** y **autofunciones** (es decir, busquemos sus soluciones no triviales) de dos problemas de contorno homogéneos para la sencilla EDO lineal $y'' + \lambda y = 0$.

Ya que su polinomio característico es $\mu^2 + \lambda = 0 \rightarrow \mu = \pm\sqrt{-\lambda}$, la solución general de la ecuación será diferente según la constante λ sea menor, igual o mayor que 0.

Ej. 1. $(P_1) \begin{cases} y'' + \lambda y = 0 \\ y(0) = 0, \, y(\pi) = 0 \end{cases}$ Imponemos las condiciones de contorno en cada caso:

Si $\lambda < 0$ la solución general es $y = c_1 e^{px} + c_2 e^{-px}$, con $p = \sqrt{-\lambda} > 0$.

$\left. \begin{array}{l} y(0) = c_1 + c_2 = 0 \\ y(\pi) = c_1 e^{\pi p} + c_2 e^{-\pi p} = 0 \end{array} \right\} \begin{array}{l} \rightarrow c_2 = -c_1 \searrow \\ c_1[e^{\pi p} - e^{-\pi p}] = 0 \end{array}$

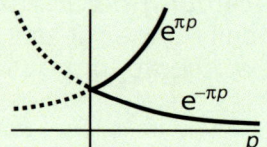

Por tanto $c_1 = c_2 = 0$ (pues $e^{\pi p} \neq e^{-\pi p}$ para $p > 0$). Para ningún p existen soluciones no triviales y ningún $\lambda < 0$ es autovalor.

Si $\lambda = 0$ es $y = c_1 + c_2 x \rightarrow \left. \begin{array}{l} y(0) = c_1 = 0 \\ y(\pi) = c_1 + c_2\pi = 0 \end{array} \right\} \rightarrow y \equiv 0$. $\lambda = 0$ tampoco es autovalor.

Y para $\lambda > 0$ es $y = c_1 \cos wx + c_2 \operatorname{sen} wx$, llamando $w = \sqrt{\lambda} > 0 \rightarrow \left. \begin{array}{l} y(0) = c_1 = 0 \downarrow \\ y(\pi) = c_2 \operatorname{sen} w\pi = 0 \end{array} \right\}$

Para tener solución no trivial debe ser $c_2 \neq 0$.
Lo será si el seno es cero: $w\pi = \pi\sqrt{\lambda} = n\pi \rightarrow \lambda_n = n^2$, $n = 1, 2, \dots$
Para cada uno de estos λ_n hay soluciones no triviales

$$y_n = c_2 \operatorname{sen} nx \equiv \{\operatorname{sen} nx\}.$$

Observemos que se cumple para $m \neq n$: $\int_0^\pi \operatorname{sen} nx \operatorname{sen} mx \, dx = 0$,

pues $\frac{1}{2}\int_0^\pi [\cos(n-m)x - \cos(n+m)x] \, dx = \frac{1}{2}\left[\frac{\operatorname{sen}(n-m)x}{n-m} - \frac{\operatorname{sen}(n+m)x}{n+m}\right]_0^\pi = 0$.

(P_1) tiene una **sucesión infinita de autovalores** $\lambda_n = n^2$, $n = 1, 2, \dots$. Las **autofunciones** $y_n = \{\operatorname{sen} nx\}$ asociadas a cada λ_n constituyen un **espacio vectorial de dimensión 1**. La **n-sima autofunción posee $n-1$ ceros en el intervalo** $(0, \pi)$. **Autofunciones distintas son ortogonales en** $[0, \pi]$ $\left[\text{respecto del } \textbf{producto escalar } \langle u, v \rangle = \int_0^\pi u \, v \, dx \right]$.

Ej. 2. $(P_2) \begin{cases} y'' + \lambda y = 0 \\ y'(0) = y'(\pi) = 0 \end{cases}$ Imponemos las nuevas condiciones a las soluciones de arriba:

$\lambda < 0 \rightarrow \left. \begin{array}{l} y'(0) = p[c_1 - c_2] = 0 \\ y'(\pi) = p[c_1 e^{\pi p} - c_2 e^{-\pi p}] = 0 \end{array} \right\} \rightarrow c_2 = c_1 \rightarrow c_1 p[e^{\pi p} - e^{-\pi p}] = 0 \rightarrow y \equiv 0$.

$\lambda = 0 \rightarrow \left. \begin{array}{l} y'(0) = c_2 = 0 \\ y'(\pi) = c_2 = 0 \end{array} \right\} \rightarrow \lambda = 0$ autovalor con autofunción $y_0 = c_1 = \{1\}$.

$\lambda > 0 \rightarrow \left. \begin{array}{l} y'(0) = wc_2 = 0 \downarrow \\ y'(\pi) = -wc_1 \operatorname{sen} w\pi = 0 \end{array} \right\} \rightarrow \lambda_n = n^2$, $y_n = c_1 \cos nx$.

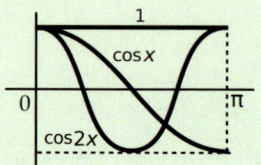

Los $\lambda_n = n^2$ y las $y_n = \{\cos nx\}$, $n = 0, 1, 2, \dots$ (se suelen escribir así, poniendo $\{1\}$ como el caso particular $\{\cos 0\}$) poseen las mismas propiedades resaltadas para el problema anterior.

Por ejemplo, la autofunción que ocupa el lugar n se anula $n-1$ veces y continúa habiendo ortogonalidad $\langle y_n, y_m \rangle = 0$, cualesquiera que sean m y n distintos (0 incluido):

$$\int_0^\pi \cos nx \cos mx \, dx = \frac{1}{2}\int_0^\pi [\cos(n-m)x + \cos(n+m)x] \, dx = \frac{1}{2}\left[\frac{\operatorname{sen}(n-m)x}{n-m} + \frac{\operatorname{sen}(n+m)x}{n+m}\right]_0^\pi = 0.$$

$\left[\text{No es } 0 \text{ la integral, desde luego, si } m = n: \int_0^\pi 1^2 dx = \pi, \int_0^\pi \cos^2 nx \, dx = \frac{1}{2}\int_0^\pi [1 + \cos 2nx] \, dx = \frac{\pi}{2}\right].$

Pasemos a tratar ya el problema general. Consideremos la ecuación lineal de segundo orden que depende de un parámetro real λ :

$$y'' + a(x)y' + b(x)y + \lambda c(x)y = 0 , \quad \text{con} \quad a, b, c \in C[a, b] , \quad c(x) > 0 \text{ en } [a, b] .$$

Para estudiar y probar sus propiedades (no para resolverla) se reescribe de otra forma, que se suele llamar '**autoadjunta**' o '**Sturm-Liouville**', con todas las derivadas en un único término. Multiplicando todo por $e^{\int a}$ y agrupando los dos primeros sumandos:

$$\left[e^{\int a}y'\right]' + b\,e^{\int a}y + \lambda\,c\,e^{\int a}y \equiv \left[py'\right]' - qy + \lambda ry = 0 , \text{ con } p \in C^1, \ q, r \in C, \ p, r > 0 .$$

Las condiciones que más nos van a interesar son las condiciones **separadas** (cada una afecta a los valores de y o de y' solo en uno de los extremos del intervalo):

> Se llama **problema de Sturm-Liouville separado regular** a uno del tipo:
>
> $(P_s) \begin{cases} [py']' - qy + \lambda ry = 0 \\ \alpha y(a) - \alpha'y'(a) = 0, \ \beta y(b) + \beta'y'(b) = 0 \quad \text{(condiciones separadas)} \end{cases}$
>
> donde $p \in C^1[a, b]$, $q, r \in C[a, b]$, $p, r > 0$ en $[a, b]$, $|\alpha| + |\alpha'|, |\beta| + |\beta'| \neq 0$.

[La función que más aparecerá será la r que acompaña a λ e y, **peso** del producto escalar].

[Las últimas condiciones simplemente dicen que α y α', β y β' no se anulan a la vez].

Los ejemplos 1 y 2 eran unos (P_s). Este teorema generaliza sus propiedades:

Teor. 1

> Los autovalores de (P_s) son una sucesión infinita $\lambda_1 < \lambda_2 < \cdots < \lambda_n < \cdots$ que tiende a ∞. Las autofunciones $\{y_n\}$ forman un espacio vectorial de dimensión 1 para cada n y cada y_n posee exactamente $n-1$ ceros en el intervalo (a, b). Las autofunciones asociadas a autovalores diferentes son ortogonales en $[a, b]$ respecto al peso r, es decir:
>
> $$\langle y_n, y_m \rangle \equiv \int_a^b r\, y_n\, y_m\, dx = 0 , \text{ si } y_n, y_m \text{ están asociadas a } \lambda_n \neq \lambda_m .$$
>
> Si $\alpha\alpha', \beta\beta' \geq 0$ y $q(x) \geq 0$ en $[a, b]$ entonces todos los autovalores $\lambda_n \geq 0$. En particular, para $y(a) = y(b) = 0$ [o sea, si $\alpha' = \beta' = 0$] todos los $\lambda_n > 0$.

No probamos la primera afirmación y la de los ceros que son difíciles. Sí el resto.

Si y cumple (P_s): $y'(a) = \frac{\alpha}{\alpha'}y(a)$, $\alpha' \neq 0$; $y'(b) = -\frac{\beta}{\beta'}y(b)$, $\beta' \neq 0$

$$\text{[y es } y(a) = 0, \text{ si } \alpha' = 0; \ y(b) = 0, \text{ si } \beta' = 0].$$

Si y, y^* están asociadas al mismo λ, se deduce que dependen linealmente, pues su wronskiano se anula en a (o también en b):

$$|W|(y, y^*)(a) = yy^{*\prime} - y'y^*\big|_{x=a} = 0 , \text{ si } \alpha' = 0 \text{ o si } \alpha' \neq 0 .$$

Sean ahora y_n, y_m asociadas, respectivamente, a λ_n y λ_m :

$$\left.\begin{array}{l} \lambda_n r y_n = -[py_n']' + qy_n \\ \lambda_m r y_m = -[py_m']' + qy_m \end{array}\right\} \begin{array}{l} \text{Multiplicando por } y_m \text{ e } y_n, \\ \text{restando e integrando:} \end{array}$$

$$[\lambda_n - \lambda_m]\int_a^b r\,y_n y_m\,dx = \int_a^b \left[y_n(py_m')' - y_m(py_n')'\right]dx \overset{\text{partes}}{=} \left[p(y_n y_m' - y_m y_n')\right]_a^b = 0 ,$$

ya que $|W|(y_n, y_m) = 0$ en a y en b. Por tanto, si $\lambda_n \neq \lambda_m$ se tiene que $\langle y_n, y_m \rangle = 0$.

Si y es la autofunción asociada a λ y $\alpha\alpha' \geq 0$, $\beta\beta' \geq 0$, $q \geq 0$ entonces

$$\lambda \int_a^b r y^2 dx = \int_a^b \left[-y(py')' + qy^2\right]dx = \int_a^b \left[p(y')^2 + qy^2\right]dx - \left[pyy'\right]_a^b \geq 0 \Rightarrow \lambda \geq 0 ,$$

$$\text{pues } \int_a^b r y^2 dx > 0 \ (r > 0), \ \int_a^b \left[p(y')^2 + qy^2\right]dx \geq 0 \ (p > 0, q \geq 0) ,$$

$$-[pyy'](b) = \begin{cases} \frac{\beta}{\beta'}p(b)[y(b)]^2 \geq 0 \text{ si } \beta' \neq 0 \\ 0 \text{ si } \beta' = 0 \end{cases} , \quad [pyy'](a) = \begin{cases} \frac{\alpha}{\alpha'}p(a)[y(a)]^2 \geq 0 \text{ si } \alpha' \neq 0 \\ 0 \text{ si } \alpha' = 0 \end{cases} .$$

Si $y(a) = y(b) = 0$, $y = \{1\}$ no es autofunción $\Rightarrow y' \not\equiv 0 \Rightarrow \int_a^b p(y')^2 > 0 \Rightarrow \lambda > 0 .$

Ej. 3.   (P$_3$) $\begin{cases} y'' + \lambda y = 0 \\ y'(0) = y(1) = 0 \end{cases}$ (está ya en forma autoadjunta: $[y']' + \lambda y = 0$ y es $r \equiv 1$).

Tendrá las propiedades del teorema 1. Hallemos sus λ_n . Como $\alpha\alpha' = \beta\beta' = 0$, $q \equiv 0$, nos limitamos a los $\lambda \geq 0$. [Ahora sabemos que podíamos haber hecho esto en el ejemplo 2, y que en el 1 hubieran bastado los $\lambda > 0$; que conste que **hay problemas con** $\lambda < 0$].

$\lambda = 0$: $y = c_1 + c_2 x \;\rightarrow\; \begin{matrix} y'(0) = c_2 = 0 \\ y(1) = c_1 + c_2 = 0 \end{matrix} \Big\} \rightarrow y \equiv 0$. $\lambda = 0$ no es autovalor.

$\lambda > 0$: $y = c_1 \cos wx + c_2 \operatorname{sen} wx$. $y'(0) = 0 \rightarrow c_2 = 0 \rightarrow y(1) = c_1 \cos w = 0$

$\rightarrow w_n = \frac{2n-1}{2}\pi$, $\lambda_n = \frac{(2n-1)^2 \pi^2}{4}$, $y_n = \left\{ \cos \frac{2n-1}{2}\pi x \right\}$, $n = 1, 2, \dots$

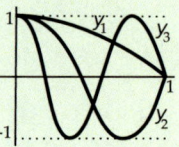

El teorema asegura que las $\{y_n\}$ son ortogonales: $\int_0^1 y_n y_m \, dx = 0$, $n \neq m$ (sería fácil comprobarlo), y que la autofunción n-sima (como le ocurre a las tres dibujadas) tiene $n-1$ ceros en $(0, 1)$.

Ej. 4.   (P$_4$) $\begin{cases} y'' + \lambda y = 0 \\ y'(0) = y'(1) + y(1) = 0 \end{cases}$ Como es $\alpha\alpha' = 0$, $\beta\beta' = 1 > 0$, $q \equiv 0$, volvemos a estudiar solo los $\lambda \geq 0$.

$\lambda = 0$: $y = c_1 + c_2 x \rightarrow \begin{matrix} y'(0) = c_2 = 0 \\ y'(1) + y(1) = c_1 + 2c_2 = 0 \end{matrix} \Big\} \rightarrow y \equiv 0$. $\lambda = 0$ no autovalor.

$\lambda > 0$: $y = c_1 \cos wx + c_2 \operatorname{sen} wx$. $y'(0) = wc_2 = 0 \rightarrow y'(1) + y(1) = c_1 [\cos w - w \operatorname{sen} w] = 0$.

No podemos hallar exactamente los λ_n , pero $\tan w_n = \frac{1}{w_n}$ lo cumplen infinitos w_n (anulan el corchete infinitos w_n), que solo se pueden calcular aproximadamente. Para cada $\lambda_n = w_n^2$ la autofunción y_n es $\{\cos w_n x\}$. Las y_n serán ortogonales.

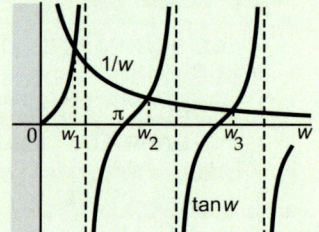

[La mayoría de los problemas de S-L no son resolubles, pues pocas lineales de orden dos lo son elementalmente (coeficientes constantes y pocas más), y aunque lo sean puede ocurrir lo que en este ejemplo].

Ej. 5.   (P$_5$) $\begin{cases} y'' - 2y' + \lambda y = 0 \\ y'(0) = y'(1) = 0 \end{cases}$ $\rightarrow \mu^2 - 2\mu + \lambda = 0$, $\mu = 1 \pm \sqrt{1-\lambda}$. $[e^{-2x} y']' + \lambda e^{-2x} y = 0$.

Sabemos que los $\lambda \geq 0$, pero esto no ahorra cálculos, pues tenemos que mirar $\lambda <, =, > 1$:

$\lambda < 1$: $y = c_1 e^{(1+p)x} + c_2 e^{(1-p)x}$, $y' = c_1 (1+p) e^{(1+p)x} + c_2 (1-p) e^{(1-p)x}$, $p = \sqrt{1-\lambda} \rightarrow$

$\begin{matrix} c_1 [1+p] + c_2 [1-p] = 0 \\ c_1 [1+p] e^{1+p} + c_2 [1-p] e^{1-p} = 0 \end{matrix} \Big\} \rightarrow c_2 (1-p) e [e^{-p} - e^p] = 0 \rightarrow p = 1 \; (\lambda = 0)$, $y_0 = \{1\}$.

$\lambda = 1$: $y = [c_1 + c_2 x] e^x$, $y' = [c_1 + c_2 + c_2 x] e^x \rightarrow \begin{matrix} c_1 + c_2 = 0 \\ c_1 + 2c_2 = 0 \end{matrix} \Big\} \rightarrow y \equiv 0$. $\lambda = 1$ no autovalor.

$\lambda > 1$: $\begin{matrix} y = [c_1 \cos wx + c_2 \operatorname{sen} wx] e^x , \; w = \sqrt{\lambda - 1} \\ y' = [(c_1 + c_2 w) \cos wx + (c_2 - c_1 w) \operatorname{sen} wx] e^x \end{matrix} \rightarrow \begin{matrix} y'(0) = c_1 + c_2 w = 0 \rightarrow \\ y'(1) = c_2 e(1+w^2) \operatorname{sen} w = 0 \rightarrow \end{matrix}$

$w = n\pi$, $n = 1, 2, \dots \rightarrow \lambda_n = 1 + n^2 \pi^2$, $y_n = \{e^x [\operatorname{sen} n\pi x - n\pi \cos n\pi x]\}$, $n = 1, 2, \dots$

Las autofunciones serán aquí **ortogonales respecto al peso** $r(x) = e^{-2x}$:

$$\langle 1, y_n \rangle = \int_0^1 e^{-x} [\operatorname{sen} n\pi x - n\pi \cos n\pi x] \, dx = \cdots = 0$$

$$\langle y_n, y_m \rangle = \int_0^1 [\operatorname{sen} n\pi x - n\pi \cos n\pi x][\operatorname{sen} m\pi x - m\pi \cos m\pi x] \, dx = \cdots = 0 \quad (m \neq n)$$

Ej. 6.   (P$_6$) $\begin{cases} x^2 y'' + xy' + \lambda y = 0 \\ y(1) = y(e) = 0 \end{cases}$ $p(x) = e^{\int a} = e^{\int \frac{dx}{x}} = x \rightarrow [xy']' + \lambda \frac{y}{x} = 0$. Peso $r(x) = \frac{1}{x}$.

Es problema separado regular $(p, r > 0$ en $[1, e])$.

Es ecuación de Euler con $r(r-1) + r + \lambda = 0 \rightarrow r = \pm\sqrt{-\lambda}$. Y basta mirar los $\lambda > 0$:

$y = c_1 \cos(w \ln x) + c_2 \operatorname{sen}(w \ln x)$, $\begin{matrix} c_1 = 0 \\ c_2 \operatorname{sen} w = 0 \end{matrix} \Big\}$ $\lambda_n = n^2 \pi^2$, $y_n = \{\operatorname{sen}(n\pi \ln x)\}$, $n = 1, 2, \dots$

Como siempre, las autofunciones son ortogonales: $\displaystyle\int_1^e \frac{\operatorname{sen}(n\pi \ln x) \operatorname{sen}(m\pi \ln x)}{x} \, dx = 0$, $m \neq n$.

Separando variables aparecerán también (por ejemplo, al resolver Laplace en un círculo) problemas de contorno como el siguiente, que no es separado, pues sus condiciones de contorno mezclan los valores en los dos extremos del intervalo. En concreto, resolvamos este **problema periódico**:

Ej. 7. (P_7) $\begin{cases} y'' + \lambda y = 0 \\ y(-\pi)=y(\pi), \, y'(-\pi)=y'(\pi) \end{cases}$ [Estas condiciones para las soluciones de la EDO **equivalen a pedir que** y **sea** 2π**-periódica**].

$\lambda < 0 \;\rightarrow\; \left.\begin{array}{l} c_1[e^{\pi p}-e^{-\pi p}]-c_2[e^{\pi p}-e^{-\pi p}]=0 \\ c_1[e^{\pi p}-e^{-\pi p}]+c_2[e^{\pi p}-e^{-\pi p}]=0 \end{array}\right\}$. Como $\begin{vmatrix} e^{\pi p}-e^{-\pi p} & e^{-\pi p}-e^{\pi p} \\ e^{\pi p}-e^{-\pi p} & e^{\pi p}-e^{-\pi p} \end{vmatrix}=2\left(e^{\pi p}-e^{-\pi p}\right)^2 \neq 0$,

cuando $p>0$, el sistema solo tiene la solución trivial $c_1=c_2=0$, por ser no nulo el determinante de los coeficientes. No hay, por tanto, autovalores negativos.

$\lambda = 0 \;\rightarrow\; \left.\begin{array}{l} c_1-c_2\pi = c_1+c_2\pi \\ c_2 = c_2 \end{array}\right\}$ se satisface para $c_2=0$ y cualquier c_1: $y_0=c_1=\{1\}$.

$\lambda > 0 \;\rightarrow\; \left.\begin{array}{l} 2c_2\,\text{sen}\,\pi w = 0 \\ 2c_1 w\,\text{sen}\,\pi w = 0 \end{array}\right\} \;\rightarrow\; \text{sen}\,\pi w = 0 \;\rightarrow\; \lambda_n = n^2, \; n=1,2,\dots$

Para esos autovalores λ_n los datos de contorno se cumplen para todo c_1 y todo c_2.

Las autofunciones son, pues: $y_n = c_1 \cos nx + c_2 \,\text{sen}\, nx \equiv \{\cos nx, \text{sen}\, nx\}$.

[Es claro que exigir simplemente que y sea 2π-periódica lleva directamente a los mismos autovalores y autofunciones].

Las propiedades de (P_7) son algo distintas de las los problemas separados: sigue habiendo una **sucesión infinita de autovalores** $\lambda_n = n^2$, $n=0,1,2,\dots$ que tiende a ∞, pero **las autofunciones** $y_0 = \{1\}$, $y_n = \{\cos nx, \text{sen}\, nx\}$ **forman ahora un espacio vectorial de dimensión** 2 (cuando $n>0$). Utilizando $\text{sen}\, a \cos b = \frac{1}{2}\big[\text{sen}(a+b)+\text{sen}(a-b)\big]$ (y otras relaciones trigonométricas ya vistas) se comprueba que siguen siendo las **autofunciones diferentes ortogonales** entre sí.

Los problemas de Sturm-Liouville pueden generalizarse. Demos alguna idea sobre ello. En la prueba del teorema se aprecia que lo básico para la ortogonalidad es que sea $\big[p|W|(y_n,y_m)\big]_a^b = 0$.

Esto puede suceder para otros tipos de condiciones de contorno (y para otros muchos no) además de nuestras separadas.

Por ejemplo ocurre en los llamados problemas **periódicos** que generalizan el (P_7):

(P_p) $\begin{cases} [py']' - qy + \lambda ry = 0, \text{ con } p(a)=p(b), \; p\in C^1[a,b], \; q,r\in C[a,b], \; p,r>0 \text{ en } [a,b] \\ y(a)=y(b), \; y'(a)=y'(b) \quad \text{(condiciones periódicas)} \end{cases}$

Para (P_p) no se anula el wronskiano de dos soluciones ni en a ni en b (y por eso hay espacios de autofunciones de dimensión 2), pero es claro que $\big[p|W|(y_n,y_m)\big](b)=\big[p|W|(y_n,y_m)\big](a)$.

Más en general, se llaman **problemas autoadjuntos** aquellos tales que $\big[p|W|(u,v)\big]_a^b = 0$ para todo par de funciones u,v que cumplan sus condiciones de contorno.

Las y_n de los problemas autoadjuntos (que en libros avanzados se prueba que tienen propiedades similares a las vistas) son, pues, ortogonales. Pero no nos ocupamos más de ellos, pues todos los problemas que nos aparecerán en el capítulo 4 serán todos separados (o el (P_7) de arriba).

[El término 'autoadjunto' se debe a que si llamamos $L[y]=-[py']'+qy$, la ecuación adopta el aire algebraico $L[y]=\lambda ry$. Denotando $(u,v)=\int_a^b uv\,dx$, se cumple $\big(L[u],v\big)=\big(u,L[v]\big)$ para todo par de funciones u,v que satisfacen las condiciones de contorno. El operador L es 'autoadjunto' en ese conjunto de funciones].

Ej. 8. (P_8) $\begin{cases} y'' + \lambda y = 0 \\ y(0)=y(\pi), \, y'(0)=-y'(\pi) \end{cases}$ Se tiene $\big[p|W|(u,v)\big](\pi)=-\big[p|W|(u,v)\big](0)$.

El problema, pues, no es autoadjunto. Operando como en el ejemplo 7 es fácil ver que las cosas son muy diferentes: cualquier λ (menor, igual o mayor que 0) es autovalor

(asociado, respectivamente, a $\{\text{ch}\big[p(x-\tfrac{\pi}{2})\big]\}$, $\{1\}$ o $\{\cos\big[w(x-\tfrac{\pi}{2})\big]\}$)

y, en general, es falso que las autofunciones asociadas a λ distintos sean ortogonales.

Resolviendo algunas EDPs aparecerán **problemas singulares** de Sturm-Liouville que no reúnen todas las condiciones de los regulares: p o r se anulan o no son continuas en algún extremo del intervalo, el intervalo es infinito... Resolvamos tres de ellos (el 9 surge, por ejemplo, tratando ondas o calor en el espacio, el 10 si esas ecuaciones son en el plano y el 11 para Laplace en la esfera), en los que en uno o ambos extremos es $p=0$. En esos extremos las condiciones de contorno de un (P_s) son demasiado fuertes para tener autovalores y autofunciones como en los regulares y se sustituyen por **acotación**, de forma que siga habiendo ortogonalidad, es decir, según vimos en la demostración del teorema 1, que se cumpla:

$$0 = \left[p\,(y_n y_m' - y_m y_n') \right]_a^b = (\lambda_n - \lambda_m)\langle y_n, y_m \rangle \ .$$

Ej. 9. $(P_9) \begin{cases} xy'' + 2y' + \lambda xy = 0 \\ y \text{ acotada en } x=0, \ y(1)=0 \end{cases}$ $y'' + \frac{2}{x}y' + \lambda y = 0 \xrightarrow{e^{\int a} = x^2} \left[x^2 y' \right]' + \lambda x^2 y = 0$.

Haciendo el cambio $u=xy$ la ecuación se convierte en la muy conocida $u'' + \lambda u = 0 \rightarrow$ la solución general de la inicial para $\lambda > 0$ será $y = c_1 \frac{\cos wx}{x} + c_2 \frac{\sin wx}{x}$, con $w = \sqrt{\lambda}$.

y acotada en $x=0 \rightarrow c_1 = 0$ $\left(\text{pues si } x \rightarrow 0^+, \ \frac{\cos wx}{x} \rightarrow \infty, \text{ mientras que } \frac{\sin wx}{x} \rightarrow w \right)$.

Imponiendo ahora $y(1)=0 \rightarrow \sin w = 0 \rightarrow \lambda_n = n^2\pi^2, \ n=1,2,\dots, \ \ y_n = \left\{ \frac{\sin n\pi x}{x} \right\}$

$\left[\text{autofunciones ortogonales, como es fácil comprobar, respecto al peso } r(x)=x^2 \right]$.

Es fácil ver directamente que no existen $\lambda \le 0$, o podemos evitar las cuentas pues la prueba de esa parte del teorema se puede adaptar a este problema singular, con lo que $\lambda > 0$.

$\left[\text{También se podría haber observado que las condiciones que quedan tras el cambio son } \right.$ $u(0)=0 \cdot y(0)=0, \ u(1)=1 \cdot 0=0 \rightarrow u_n = \{\sin n\pi x\}, \text{ y haber deshecho el cambio}\right]$.

$\left[\text{Si hubiésemos impuesto } y(0)=0, \ y(1)=0, \text{ la única solución sería } y \equiv 0 \ \forall \lambda; \right.$ $\left.\text{las condiciones para este problema singular habrían sido demasiado fuertes}\right]$.

Ej. 10. $(P_{10}) \begin{cases} xy'' + y' + \lambda xy = 0 \\ y \text{ acotada en } x=0, \ y(1)=0 \end{cases}$ $\rightarrow \left[xy' \right]' + \lambda xy = 0$.

Se puede probar que $\lambda > 0$. Haciendo el cambio de variable independiente $s = \sqrt{\lambda}\,x = wx$ $\left[y' = w\frac{dy}{ds}, \ y'' = w^2 \frac{d^2 y}{ds^2} \right]$, la ecuación se convierte en la de Bessel de orden 0:

$$s\frac{d^2 y}{ds^2} + \frac{dy}{ds} + sy = 0 \rightarrow y = c_1 J_0(s) + c_2 K_0(s) = c_1 J_0(wx) + c_2 K_0(wx) \ .$$

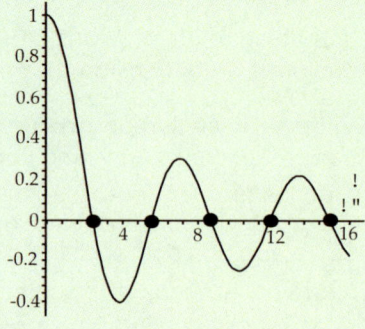

La primera condición de contorno impone que $c_2 = 0$ (pues K_0 no está acotada en $x=0$). De la otra se deduce que $c_1 J_0(w) = 0$. Así pues, los autovalores son los $\lambda_1 < \lambda_2 < \cdots$ cuyas raíces son los infinitos ceros w_n de J_0

$\left[w_1 \approx 2.40, \ w_2 \approx 5.52, \ w_3 \approx 8.65, \ \dots, \ w_n \approx (n - \frac{1}{4})\pi \text{ si } n \text{ grande} \right]$.

Para estos $\lambda_n = w_n^2$ sus autofunciones son $y_n = \{ J_0(w_n x) \}$, ortogonales respecto al peso $r(x)=x$.

Parece complicado, pero en el fondo no es muy distinto del primer ejemplo que vimos. Allí las w_n eran los ceros de un seno. Aquí son los de la una función simplemente menos famosa.

Ej. 11. $(P_{11}) \begin{cases} \left[(1-x^2)y'\right]' + \lambda y = 0 \\ y \text{ acotada en } x=\pm 1 \end{cases}$ La ecuación es la de Legendre con λ en vez de p.

Sabemos que sus únicas soluciones acotadas a la vez en 1 y en -1 son los polinomios de Legendre $P_n(x)$, y que estos aparecen cuando $\lambda = n(n+1), \ n=0,1,2,\dots$

$$P_0 = 1, \ \ P_1 = x, \ \ P_2 = \tfrac{3}{2}x^2 - \tfrac{1}{2}, \ \ P_3 = \tfrac{5}{2}x^3 - \tfrac{3}{2}x, \ \dots$$

Los autovalores son pues $\lambda_n = n(n+1), \ n=0,1,2,\dots$ y las autofunciones son los $\{P_n\}$, que cumplen, como dijimos en 2.3: $\int_{-1}^{1} P_n P_m \, dx = 0$ si $m \ne n$, $\int_{-1}^{1} P_n^2 \, dx = \frac{2}{2n+1}$ $\left[r(x)=1 \right]$.

3.2. Series de Fourier

Consideremos el problema de Sturm-Liouville separado regular:

$$(P_s) \begin{cases} [py']' - qy + \lambda ry = 0 \\ \alpha y(a) - \alpha'y'(a) = 0, \ \beta y(b) + \beta'y'(b) = 0 \end{cases}$$

y sean $y_1, y_2, \ldots, y_n, \ldots$ sus autofunciones asociadas a los $\lambda_1, \lambda_2, \ldots, \lambda_n, \ldots$

La importante propiedad que veremos en esta sección es que **cualquier función** f **suficientemente regular en** $[a, b]$ **puede ser desarrollada en serie de dichas autofunciones**, es decir:

$$f(x) = \sum_{n=1}^{\infty} c_n y_n(x)$$

Supongamos que este desarrollo es válido y que la serie puede ser integrada término a término. Entonces, por ser las y_n ortogonales:

$$\int_a^b rfy_m \, dx = \sum_{n=1}^{\infty} c_n \int_a^b r y_n y_m \, dx = c_m \int_a^b r y_m^2 \, dx$$

Así pues, representando como en 3.1 el producto escalar respecto al peso $r(x)$ por:

$$\langle u, v \rangle = \int_a^b r u v \, dx \qquad \text{debe ser} \qquad c_n = \frac{\langle f, y_n \rangle}{\langle y_n, y_n \rangle}, \quad n = 1, 2, \ldots$$

[El r es el de la ecuación en forma autoadjunta. En la mayoría de los problemas que aparecerán separando variables en el capítulo 4 dicho peso será 1, pero no siempre].

El problema (nada elemental) reside en precisar para qué funciones f la serie que tiene esos coeficientes (llamada **serie de Fourier de** f en esa familia de autofunciones) converge realmente hacia f en $[a, b]$. Aunque se le pueden exigir condiciones más débiles, nosotros pediremos a f que sea C^1 a trozos, condición que será satisfecha por las funciones que nos aparecerán en los problemas prácticos.

[Se dice que una f es C^1 a trozos en $[a, b]$ si podemos dividirlo en subintervalos $[a, b] = [a, x_1] \cup [x_1, x_2] \cup \cdots \cup [x_n, b]$ de modo que:

  i. f y f' son continuas en cada (x_k, x_{k+1}),

  ii. los límites laterales de f, f' en cada x_k existen (son finitos)].

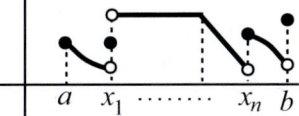

Teor. 1 | Si f es C^1 a trozos en $[a, b]$ entonces su serie de Fourier:

$$\sum_{n=1}^{\infty} \frac{\langle f, y_n \rangle}{\langle y_n, y_n \rangle} y_n(x)$$

converge hacia $f(x)$ en los $x \in (a, b)$ en que f es continua y hacia $\frac{1}{2}[f(x^-) + f(x^+)]$ en los $x \in (a, b)$ en que es discontinua.

[El teorema **no dice nada sobre la convergencia en los extremos** a y b y, en general, no sabremos decir lo que ocurre en ellos. Sí lo sabremos en el caso particular de la series 'en senos', 'en cosenos' y 'en senos y cosenos' que pronto veremos].

[La demostración es difícil y la omitimos. En lenguaje de 'análisis funcional', las $\{y_n\}$ son una 'base de Fourier' del espacio de funciones de dimensión infinita (similar a una base ortonormal de uno de dimensión finita). La cuestión principal es ver que la base es 'completa', es decir, que no hay otras funciones ortogonales a las $\{y_n\}$. El espacio 'natural' para estudiar las series de Fourier es L^2 (funciones de cuadrado integrable) y la convergencia más ligada a ellas es la 'convergencia en media cuadrática':

$$\int_a^b \left| f(x) - \sum_{k=1}^{n} c_k y_k(x) \right|^2 dx \to 0 \quad \text{cuando } n \to \infty].$$

Caso particular de los desarrollos en serie de Fourier son los **desarrollos en series trigonométricas**, que, al ser los que más utilizaremos, estudiamos con detalle.

Para $\boxed{(P_1)\begin{cases} y'' + \lambda y = 0 \\ y(0)=y(L)=0 \end{cases}}$ son $\lambda_n = \frac{n^2\pi^2}{L^2}$ y las autofunciones $y_n = \{\operatorname{sen}\frac{n\pi x}{L}\}$, $n=1,2,\dots$

$\Big[$Sale fácil directamente, o con $s=\frac{\pi x}{L} \to y'' + \frac{L^2}{\pi^2}\lambda y = 0$, $y(0)=y(\pi)=0$ en la variable s, que es casi el ejemplo 1 de 3.1. También conviene trasladar con $s=x-a$ un problema en $[a,b]$ al (P_1) (con $L=b-a$), sin necesidad de estudiarlo desde el principio$\Big]$.

Llamaremos **serie de Fourier en senos** en $[0,L]$ de f al desarrollo en estas $\{y_n\}$:

$$\boxed{f(x) = \sum_{n=1}^{\infty} b_n \operatorname{sen}\frac{n\pi x}{L}, \quad \text{con} \quad b_n = \frac{2}{L}\int_0^L f(x)\operatorname{sen}\frac{n\pi x}{L}\,dx, \ n=1,2,\dots} \quad \text{[s]}$$

Puesto que el peso $r(x)\equiv 1$ y es $\langle y_n, y_n\rangle = \int_0^L \big[\operatorname{sen}\frac{n\pi x}{L}\big]^2 dx = \frac{1}{2}\int_0^L\big[1-\cos\frac{2n\pi x}{L}\big]dx = \frac{L}{2}$.

Se llamará **serie de Fourier en cosenos** en $[0,L]$ de una f dada al desarrollo en las autofunciones de este segundo problema de contorno:

$$\boxed{(P_2)\begin{cases} y'' + \lambda y = 0 \\ y'(0)=y'(L)=0 \end{cases}} \to \lambda_n = \frac{n^2\pi^2}{L^2}, \ y_n = \{\cos\frac{n\pi x}{L}\}, \ n=0,1,\dots \ \big[\,y_0=\{1\}\,\big]$$

$$\boxed{f(x) = \frac{a_o}{2} + \sum_{n=1}^{\infty} a_n\cos\frac{n\pi x}{L}, \quad \text{con} \quad a_n = \frac{2}{L}\int_0^L f(x)\cos\frac{n\pi x}{L}\,dx, \ n=0,1,2,\dots} \quad \text{[c]}$$

Pues $\langle y_0, y_0\rangle = \int_0^L 1^2\,dx = L$ e $\langle y_n, y_n\rangle = \int_0^L\big[\cos\frac{n\pi x}{L}\big]^2 dx = \frac{L}{2}$, si $n\geq 1$.

$\Big[$**Poniendo** $\frac{a_o}{2}$ **en la serie, la fórmula del** a_n **vale también para** $a_o\,\Big]$.

Otras dos familias de autofunciones sencillas en las que muchas veces tendremos que desarrollar funciones son las de estos problemas fáciles de resolver:

$$\boxed{\begin{aligned} \begin{cases} y'' + \lambda y = 0 \\ y(0)=y'(L)=0 \end{cases} &\text{ con } \lambda_n = \frac{[2n-1]^2\pi^2}{2^2 L^2}, \ y_n = \Big\{\operatorname{sen}\frac{[2n-1]\pi x}{2L}\Big\}, \ \langle y_n,y_n\rangle = \frac{L}{2}, \ n=1,2,\dots \\ \begin{cases} y'' + \lambda y = 0 \\ y'(0)=y(L)=0 \end{cases} &\text{ con } \lambda_n = \frac{[2n-1]^2\pi^2}{2^2 L^2}, \ y_n = \Big\{\cos\frac{[2n-1]\pi x}{2L}\Big\}, \ \langle y_n,y_n\rangle = \frac{L}{2}, \ n=1,2,\dots \end{aligned}}$$

A estos desarrollos en autofunciones los llamaremos, respectivamente, series en **senos impares** y en **cosenos impares** en $[0,L]$.

Observemos que **en estos cuatro casos** la fórmula para el coeficiente c_n de la serie de Fourier (que se deduce de la general $\langle f, y_n\rangle/\langle y_n, y_n\rangle$) adopta la forma:

$$\boxed{c_n = \frac{2}{L}\int_0^L f(x)\,y_n(x)\,dx}$$

[No olvidando poner $a_o/2$ para las series en cosenos, que son las únicas que tienen ese término, ya que para las otras tres las sumas empiezan desde $n=1$].

Ej. 1. Desarrollemos $\boxed{f(x)=x,\ x\in[0,1]}$ en senos, cosenos y cosenos impares:

$f(x)=\frac{2}{\pi}\sum_{n=1}^{\infty}\frac{(-1)^{n+1}}{n}\operatorname{sen}n\pi x$, pues $b_n = 2\int_0^1 x\operatorname{sen}n\pi x\,dx = -\frac{2\cos n\pi}{n\pi}$, $n=1,2,\dots$

$f(x)=\frac{1}{2}+\frac{2}{\pi^2}\sum_{n=1}^{\infty}\frac{(-1)^n-1}{n^2}\cos n\pi x = \frac{1}{2}-\frac{4}{\pi^2}\sum_{m=1}^{\infty}\frac{1}{(2m-1)^2}\cos(2m-1)\pi x$,

ya que $a_o = 2\int_0^1 x\,dx = 1$, $a_n = 2\int_0^1 x\cos n\pi x\,dx = \frac{2}{n^2\pi^2}[\cos n\pi - 1]$, $n=1,2,\dots$

$f(x)=\sum_{n=1}^{\infty}\Big[\frac{4(-1)^{n+1}}{\pi(2n-1)} - \frac{8}{\pi^2(2n-1)^2}\Big]\cos\frac{(2n-1)\pi x}{2}$, pues $c_n = 2\int_0^1 x\cos\frac{(2n-1)\pi x}{2}\,dx = \cdots$.

Las tres series, por el teorema 1, convergen hacia $f(x)$ para cada $x\in(0,1)$. Lo mismo haría el desarrollo en autofunciones de cualquier otro problema de Sturm-Liouville.

Hemos venido escribiendo $f=\Sigma$ aunque la igualdad solo se da seguro en los $x\in(0,L)$ en que f es continua. En 0 y L vamos a ver ahora lo que pasa para las dos primeras series.

Cada sumando de una **serie en senos** $\left(\operatorname{sen}\frac{n\pi x}{L}\right)$ es impar y todos son de periodo $2L$ y, por tanto, la serie tendrá esas mismas propiedades. Si la f que desarrollamos, definida inicialmente en $[0, L]$, **se extiende** primero de forma **impar** a $[-L, L]$ y luego de forma $2L$**-periódica** a todo **R**, la suma de la serie será esa función extendida. Donde esta sea continua, la serie tenderá hacia su valor (y si no, hacia el valor medio). Aparecerán discontinuidades en algún **extremo** del intervalo inicial salvo si es $f(0)=f(L)=0$.

[Si fuese $f(0)\neq 0$ o $f(L)\neq 0$ la extensión impar y $2L$-periódica de f no sería continua en 0 o en L. Además está claro que todas las series en senos se anulan en 0 y L, pues lo hace cada sumando].

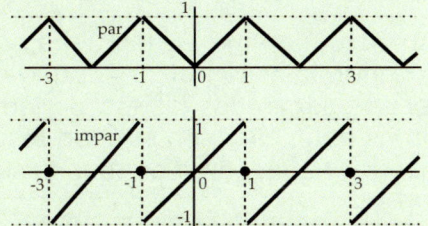

Análogamente, cualquier **serie en cosenos** (cuyos sumandos son pares y periódicos) convergerá hacia la **extensión par** y $2L$**-periódica** de la f inicial, lo que no crea nuevas discontinuidades en los extremos.

[Aunque las series en cosenos convergen mejor que la de los senos, cuando nos surjan al resolver EDPs no podremos elegir el tipo de series en que desarrollar las funciones: serán impuestas por las condiciones de contorno del problema].

Ej. 1*. Ya podemos precisar hacia qué convergen las dos primeras series del ejemplo 1 en los extremos del intervalo.

En particular, la serie de senos no converge hacia f en todo $[0, 1]$ (en $x=1$ la suma será 0) y parece hacerlo uniformemente en todo intervalo $[0, b]$, $b<1$. La de cosenos parece converger uniformemente en $[0, 1]$.

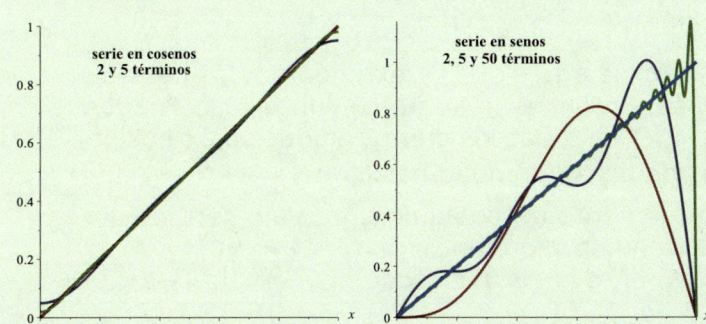

serie en cosenos 2 y 5 términos

serie en senos 2, 5 y 50 términos

Comprobamos con ordenador (usando el programa Maple). La suma de 2 y 5 términos de la serie en cosenos ya da una buena aproximación. La de senos, en cambio se ajusta mal cerca de $x=1$ al valor real, incluso con 50 términos.

[Cerca de las discontinuidades aparecerán siempre ese tipo de 'picos'. Es el llamado '**fenómeno de Gibbs**'].

Desarrollamos ahora una función 'rota' en serie de cosenos impares:

Ej. 2. Desarrollemos $\boxed{f(x)=\begin{cases} x, & 0\leq x<\frac{\pi}{2} \\ 0, & \frac{\pi}{2}\leq x\leq\pi \end{cases}}$ en serie de autofunciones de $\begin{array}{l} y''+\lambda y=0 \\ y(0)=y'(\pi)=0 \end{array}$.

Autofunciones conocidas: $\lambda_n=\frac{(2n-1)^2}{2^2}$, $y_n=\left\{\operatorname{sen}\frac{(2n-1)x}{2}\right\}$, $n=1, 2,\dots$. $\langle y_n, y_n\rangle=\frac{\pi}{2}$.

$$\to c_n=\frac{2}{\pi}\int_0^\pi f(x)\operatorname{sen}\frac{(2n-1)x}{2}\,dx=\frac{2}{\pi}\int_0^{\pi/2} x\operatorname{sen}\frac{(2n-1)x}{2}\,dx$$

$$=-\frac{4x\cos\frac{(2n-1)x}{2}}{\pi(2n-1)}\Big]_0^{\pi/2}+\frac{4}{\pi(2n-1)}\int_0^\pi\cos\frac{(2n-1)x}{2}\,dx=\frac{8\operatorname{sen}\frac{(2n-1)\pi}{4}}{\pi(2n-1)^2}-\frac{2\cos\frac{(2n-1)\pi}{4}}{2n-1}\ .$$

La serie converge hacia f en los $x\in(0,\pi)$ en que es continua, y hacia $\frac{1}{2}[f(x^+)+f(x^-)]$ en los que es discontinua. En particular, para $x=\frac{\pi}{2}$ la suma ha de ser $\frac{\pi}{4}$. Por tanto, se tiene que:

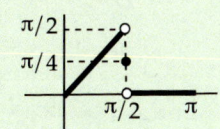

$$\frac{\pi}{4}=\sum_{n=1}^\infty c_n\operatorname{sen}\frac{(2n-1)\pi}{4}=\sum_{n=1}^\infty\left[\frac{8\operatorname{sen}^2(\frac{n\pi}{2}-\frac{\pi}{4})}{\pi(2n-1)^2}-\frac{\operatorname{sen}\frac{(2n-1)\pi}{2}}{2n-1}\right]=\frac{4}{\pi}\sum_{n=1}^\infty\frac{1}{(2n-1)^2}-\frac{\pi}{4}\ ,$$

puesto que $\operatorname{sen}^2\left(\frac{n\pi}{2}-\frac{\pi}{4}\right)=\frac{1}{2}\left[1-\cos\left(n\pi-\frac{\pi}{2}\right)\right]=\frac{1}{2}$ y $\sum_{n=1}^\infty\frac{(-1)^n}{2n-1}=\arctan 1=\frac{\pi}{4}$.

Deducimos de la igualdad de arriba el valor de la suma de esta serie: $\sum_{n=1}^\infty\frac{1}{(2n-1)^2}=\frac{\pi^2}{8}$.

[No es raro obtener sumas de series desconocidas a partir de un desarrollo de Fourier].

[Arriba no hablamos de la convergencia de esta serie en los extremos, aunque no sería complicado ver también lo que sucede con las series en cosenos y senos impares (los extremos con $y=0$ llevan a extensiones impares y los de $y'=0$ a pares y habría que hablar de extensiones $4L$-periódicas)].

La teoría de series de Fourier también incluye los problemas periódicos. Para:

$$(P_p) \begin{cases} y'' + \lambda y = 0 \\ y(-L)=y(L), \, y'(-L)=y'(L) \end{cases} \quad \lambda_n = \frac{n^2\pi^2}{L^2}, \quad y_0 = \{1\}, \quad y_n = \left\{\cos\frac{n\pi x}{L}, \text{sen}\frac{n\pi x}{L}\right\}, \quad n=0,1,\dots$$

se deduce la siguiente **serie de Fourier en senos y cosenos** en $[-L, L]$:

$$[\text{p}] \quad f(x) = \frac{a_o}{2} + \sum_{n=1}^{\infty} \left[a_n \cos\frac{n\pi x}{L} + b_n \text{sen}\frac{n\pi x}{L} \right] \quad , \text{ con coeficientes:}$$

$$[1] \quad a_n = \frac{1}{L}\int_{-L}^{L} f(x)\cos\frac{n\pi x}{L}\, dx \quad \text{y} \quad [2] \quad b_n = \frac{1}{L}\int_{-L}^{L} f(x)\,\text{sen}\frac{n\pi x}{L}\, dx \quad ,$$

$$n=0,1,2,\dots \qquad\qquad\qquad n=1,2,\dots$$

ya que: $\int_{-L}^{L} \cos\frac{m\pi x}{L}\,\text{sen}\frac{n\pi x}{L}\, dx = 0$ para todo m y n; $\int_{-L}^{L} 1^2\, dx = 2L$;

$$\int_{-L}^{L} \cos\frac{m\pi x}{L}\cos\frac{n\pi x}{L}\, dx = \begin{cases} 0 & m\neq n \\ L & m=n \end{cases} \;;\; \int_{-L}^{L} \text{sen}\frac{m\pi x}{L}\,\text{sen}\frac{n\pi x}{L}\, dx = \begin{cases} 0 & m\neq n \\ L & m=n \end{cases}.$$

[Las fórmulas [1] y [2] también sirven para desarrollar una f definida inicialmente en cualquier otro intervalo $[a, a+2L]$ (cambiando los límites a la integral) pues $\int_a^{a+2L} \cos^2 = \int_a^{a+2L} \text{sen}^2 = L$].

Como en el teorema 1, se prueba que la serie [p] converge hacia $f(x)$ para los x en que f es continua. Y también se puede decir lo que pasa en los **extremos** $-L$ y L (pues, al ser sus sumandos de ese periodo, [p] define una función $2L$-**periódica** en todo $\mathbf{R}$). Y vamos a dar también aquí un resultado sobre la **convergencia uniforme** de [p] (sin demostrar nada, como en toda la sección):

Teor. 2 | Supongamos que f es C^1 a trozos en $[-L, L]$ y extendamos f fuera de $[-L, L]$ de forma $2L$-periódica. Entonces la serie [p] con a_n y b_n dados por [1] y [2] converge hacia $f(x)$ en todos los puntos en que su extensión es continua (y en los puntos de discontinuidad hacia $\frac{1}{2}[f(x^-)+f(x^+)]$).

Además [p] converge uniformemente en cualquier intervalo cerrado sin discontinuidades de la f extendida. Por tanto, si $f(-L) = f(L)$ y f es continua, [p] tiende uniformemente hacia f en todo el intervalo $[-L, L]$.

Las fórmulas [s] y [c] de los coeficientes de las series en senos y en cosenos se pueden ver como casos particulares de [1] y [2]. Una f inicialmente definida en $[0, L]$ se puede extender de forma impar o par a $[-L, L]$. En el primer caso es impar $f(x)\cos(n\pi x/L)$ y par $f(x)\text{sen}(n\pi x/L)$. En el segundo, es par $f(x)\cos(n\pi x/L)$ e impar $f(x)\text{sen}(n\pi x/L)$. Así, $a_n=0$ y [1] se convierte en [s] en el primero, y en el otro $b_n=0$ y [2] pasa a ser [c].

[Si definiésemos la f inicial de cualquier otra forma en $[-L, 0)$, la serie en senos y cosenos también convergería hacia $f(x)$ en los x de $(0, L)$ en que fuese continua].

Como consecuencia de lo anterior y del teorema 2 se tiene que:

La serie de cosenos de una f continua en $[0, L]$, con f' continua a trozos, converge uniformemente hacia f en todo $[0, L]$.

Si f cumple además que $f(0)=f(L)=0$, también lo hará su serie de senos.

Ahora hacemos un desarrollo en serie de senos y cosenos:

Ej. 3. Sea $f(x) = \begin{cases} 0, & -1\leq x\leq 0 \\ x, & 0\leq x\leq 1 \end{cases}$.

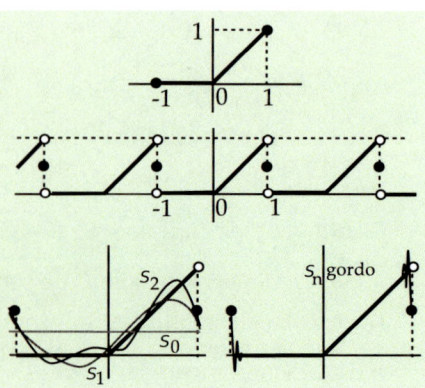

Su serie en senos y cosenos ya está casi calculada con las integrales del ejemplo 1:

$$\frac{1}{4} + \frac{1}{\pi^2}\sum_{n=1}^{\infty}\frac{(-1)^n-1}{n^2}\cos n\pi x - \frac{1}{\pi}\sum_{n=1}^{\infty}\frac{(-1)^n}{n}\,\text{sen}\,n\pi x\,.$$

Viendo su extensión 2-periódica se deduce que la suma de la serie es 0 en $(-1, 0]$, x en $[0, 1)$ y $1/2$ en -1 y 1. En todo cerrado que no contenga estos dos puntos la convergencia es uniforme. Cerca de ellos la serie converge mal y aparece Gibbs.

Calculemos desarrollos en autofunciones más complicadas que las 4+1 citadas hasta ahora. Deberemos ocuparnos en ellos del peso r, del cálculo de los $\langle y_n, y_n \rangle$ ...

Ej. 4. Desarrollemos $\boxed{f(x)=x\,,\ x\in[0,1]}$ en las autofunciones del ejemplo 4 de 3.1:

$$\{\cos w_n x\} \ \text{con} \ \tan w_n = \tfrac{1}{w_n} \ \left[r(x)=1 \right].$$

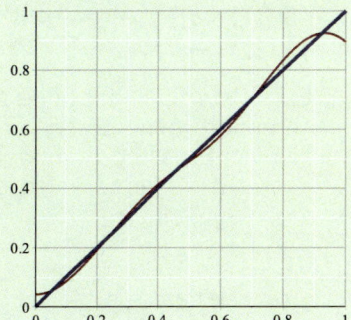

$\langle \cos w_n x, \cos w_n x \rangle = \int_0^1 \cos^2 w_n x\, dx = \tfrac{1}{2} + \tfrac{\text{sen}\, w_n \cos w_n}{2w_n} = \tfrac{w_n^2 + \cos^2 w_n}{2w_n^2} = \tfrac{2+w_n^2}{2(1+w_n^2)}$,

$\langle x, \cos w_n x \rangle = \int_0^1 x \cos w_n x\, dx = \tfrac{\text{sen}\, w_n}{w_n} + \tfrac{\cos w_n - 1}{w_n^2} = \tfrac{2\cos w_n - 1}{w_n^2}$.

Por tanto: $\displaystyle x = \sum_{n=1}^{\infty} \frac{2(2\cos w_n - 1)}{w_n^2 + \cos^2 w_n} \cos w_n x$.

[Vamos a usar el ordenador para hallar varios coeficientes y dibujar algunas sumas parciales de la serie. Primero aproximamos los w_n:

$\quad w_1 \approx 0.8603$, $w_2 \approx 3.4256$, $w_3 \approx 6.4373$, $w_4 \approx 9.5293 \dots$

De ellos deducimos los c_n:

$\quad c_1 \approx 0.5223$, $c_2 \approx -0.4614$, $c_3 \approx 0.0460$, $c_4 \approx -0.0651 \dots$

A la derecha están dibujadas x y la cuarta suma parcial. Parece que converge también en los extremos, cosa que no sabíamos].

Ej. 5. Ahora $\boxed{f(x)=e^x}$ en las $\{y_n\}$ del Ej. 5 de 3.1: $y_0 = \{1\}$, $y_n = \{e^x[\text{sen}\, n\pi x - n\pi \cos n\pi x]\}$.

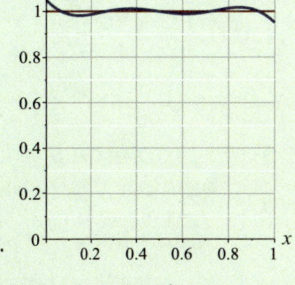

Era $r(x)=e^{-2x} \to c_0 = \tfrac{\langle 1, e^{-x}\rangle}{\langle e^{-x}, e^{-x}\rangle} = \tfrac{\int_0^1 e^{-x}dx}{\int_0^1 e^{-2x}dx} = \tfrac{1-e^{-1}}{(1-e^{-2})/2} = \tfrac{2e}{e+1}$.

$\langle e^x, y_n \rangle = \left[-\tfrac{1}{n\pi} \cos n\pi x - \text{sen}\, n\pi x \right]_0^1 = \tfrac{1-(-1)^n}{n\pi}$ (se anula si n par).

$\langle y_n, y_n \rangle = \int_0^1 \left[\text{sen}^2 n\pi x + n^2\pi^2 \cos^2 n\pi x - n\pi \,\text{sen}\, 2n\pi x \right] dx = \tfrac{1+n^2\pi^2}{2}$.

El desarrollo es: $e^x = \tfrac{2e}{e+1} + \displaystyle\sum_{n=1}^{\infty} \frac{2[1-(-1)^n]}{n\pi[1+n^2\pi^2]} e^x(\text{sen}\, n\pi x - n\pi \cos n\pi x)$.

Se puede poner: $1 = \tfrac{2e}{e+1} e^{-x} + \displaystyle\sum_{n=1}^{\infty} \frac{2[1-(-1)^n]}{n\pi[1+n^2\pi^2]} (\text{sen}\, n\pi x - n\pi \cos n\pi x)$.

Para cada $x \in (0,1)$ la suma de estos últimos infinitos complicados términos deberá ser 1 .

Maple muestra que la convergencia es buena (incluso en los extremos). El dibujo es solo la suma del término con la exponencial y de los dos primeros trigonométricos no nulos ($n=1$ y $n=3$).

Ej. 6. Otro desarrollo de $\boxed{f(x)=x}$, ahora en $[1, e]$, en las autofunciones del ejemplo 6 de 3.1.

Esta vez el peso no es 1, sino $r(x)=\tfrac{1}{x}$. Como $\displaystyle\int_1^e \frac{\text{sen}^2(n\pi \ln x)\, dx}{x} = \int_0^1 \text{sen}^2(n\pi s)\, ds = \tfrac{1}{2}$,

$\displaystyle x = \sum_{m=1}^{\infty} c_n \,\text{sen}(n\pi \ln x)$, si $c_n = 2\int_1^e \text{sen}(n\pi \ln x)\, dx = 2\int_1^1 e^s \,\text{sen}(n\pi s)\, ds = \frac{2n\pi[1-e(-1)^n]}{1+n^2\pi^2}$.

También se pueden hacer desarrollos de Fourier en series de autofunciones de problemas singulares de Sturm-Liouville, en particular en las de los tres que vimos al final de la sección anterior.

Ej. 7. Desarrollemos una f (C^1 a trozos) en las autofunciones $J_0(w_n x)$ del (P$_{10}$) de esa sección:

$(\text{P}_{10}) \begin{cases} xy'' + y' + \lambda xy = 0 \\ y \text{ acotada en } x=0,\ y(1)=0 \end{cases} \to f(x) = \displaystyle\sum_{m=1}^{\infty} c_n J_0(w_n x)$, con peso $r(x)=x$.

$\to c_n = \dfrac{\int_0^1 x f(x) J_0(w_n x)\, dx}{\int_0^1 x J_0^2(w_n x)\, dx} = \dfrac{2}{J_1^2(w_n)} \int_0^1 x f(x) J_0(w_n x)\, dx$,

pues $\displaystyle\int_0^1 x J_0^2(w_n x)\, dx = \tfrac{1}{w_n^2} \int_0^{w_n} u J_0^2(u)\, du = \tfrac{1}{2w_n^2}\left[u^2\big(J_0^2(u) + J_1^2(u)\big)\right]_0^{w_n} = \tfrac{1}{2} J_1^2(w_n)$,

ya que las J_n satisfacen $[x^n J_n]' = x^n J_{n-1} \to [x J_1]' = x J_0$, $J_0' = -J_1$

$\to \displaystyle\int u J_0^2\, du = \tfrac{u^2}{2} J_0^2 + \int u J_0 u J_1\, du = \tfrac{u^2}{2} J_0^2 + \tfrac{1}{2}[u J_1]^2$.

3.3. Problemas no homogéneos

Ej. 1. Discutamos cuántas soluciones tiene $\begin{cases} y'' = x - d \\ y(1) = y(2) + by'(2) = 0 \end{cases}$, d, b constantes.

La solución general es: $y = c_1 + c_2 x + \frac{x^3}{6} - \frac{dx^2}{2}$ (con $y' = c_2 + \frac{x^2}{2} - dx$). Imponiendo datos:

$\begin{cases} y(1) = c_1 + c_2 + \frac{1}{6} - \frac{d}{2} = 0 \\ y(2) + by'(2) = c_1 + 2c_2 + \frac{4}{3} - 2d + bc_2 + 2b - 2bd = 0 \end{cases}$, es decir: $\begin{cases} c_1 + c_2 = \frac{d}{2} - \frac{1}{6} \\ c_1 + (2+b)c_2 = 2bd + 2d - 2b - \frac{4}{3} \end{cases}$.

Este sistema lineal tiene solución única en c_1 y c_2 si el homogéneo tiene solo la trivial (si el determinante de los coeficientes es no nulo). Cuando el homogéneo tenga infinitas soluciones, el no homogéneo tendrá infinitas o ninguna. Por tanto, si $b \neq -1$, podemos despejar de forma única c_1 y c_2, y la solución queda determinada $\forall d$. Pero si $b = -1$:

$\begin{cases} c_1 + c_2 = \frac{d}{2} - \frac{1}{6} \\ c_1 + c_2 = \frac{2}{3} \end{cases}$, este sistema solo tiene solución cuando $\frac{d}{2} - \frac{1}{6} = \frac{2}{3} \Leftrightarrow d = \frac{5}{3}$,

y en ese caso una de las dos constantes queda libre. Si $b = -1$, $d \neq \frac{5}{3}$, no hay solución.

Demos un teorema que generalice el ejemplo anterior. Consideremos el problema para la **ecuación no homogénea** con condiciones separadas homogéneas:

$$(P_f) \begin{cases} [p(x)y']' + g(x)y = f(x) \\ \alpha y(a) - \alpha' y'(a) = \beta y(b) + \beta' y'(b) = 0 \end{cases} , \quad p \in C^1, \ g, f \in C, \ p > 0 \ \text{en } [a, b].$$

y llamemos (P_h) al problema homogéneo asociado ($f \equiv 0$). Entonces:

Teor. 1

El problema (P_f) tiene solución única si y solo si (P_h) tiene solo la solución $y \equiv 0$. Si (P_h) tiene soluciones no triviales $\{y_h\}$ entonces según sea $\int_a^b f(x) y_h(x) \, dx \begin{matrix} = 0 \\ \neq 0 \end{matrix}$, (P_f) tiene $\begin{matrix} \text{infinitas soluciones} \\ \text{ninguna solución} \end{matrix}$.

$\begin{matrix} 1 \to 1 \\ \infty \to \begin{matrix} \infty \\ 0 \end{matrix} \end{matrix}$

Gran parte del teorema sale de imponer las condiciones de contorno a la solución general de la ecuación $y = c_1 y_1 + c_2 y_2 + y_p$, usando las propiedades de los sistemas algebraicos lineales: tienen solución única si y solo si el sistema homogéneo tiene solo la trivial. Además si hay soluciones y de (P_f) debe ser (y esto se ve que también es suficiente):

$$\int_a^b f y_h = \int_a^b [[py']' + gy] y_h = [p(y_h y' - y y_h')]_a^b + \int_a^b [[py_h']' + gy_h] y = 0$$

Ej. 1*. Para el Ej. 1, (P_h) tiene solo la solución $y \equiv 0$ si $b \neq -1$. Y cuando $b = -1$ es $y_h = \{1 - x\}$.

El (P_f) [para $[y']' = x - d$], tendrá entonces solución única si $b \neq -1$, e infinitas o cero, para $b = -1$, según se anule o no la integral: $\int_1^2 (x - d)(1 - x) \, dx = \frac{d}{2} - \frac{5}{6} \Leftrightarrow d = \frac{5}{3}$.

Si en vez de la $x - d$ dada tuviésemos una $f(x)$ general, el teorema daría rápidamente:

única solución si $b \neq -1$, e $\begin{matrix} \text{infinitas} \\ \text{ninguna} \end{matrix}$, según $\int_1^2 f(x)(1 - x) \, dx \begin{matrix} = 0 \\ \neq 0 \end{matrix}$, para $b = -1$.

[Costaría bastante más decirlo a partir de la solución: $c_1 + c_2 x + x \int_1^x f(s) ds - \int_1^x s f(s) ds$].

Ej. 2. $\begin{cases} xy'' + 2y' = 3x - 4 \\ 2y(1) + y'(1) = y(2) = 0 \end{cases}$ Determinemos cuántas soluciones tiene el problema. Para ello empezamos analizando el homogéneo (P_h):

$xy'' + 2y' = 0 \xrightarrow[\text{Euler o } y'=v]{} y = c_1 + \frac{c_2}{x}, \ y' = -\frac{c_2}{x^2} \to \begin{cases} 2c_1 + c_2 = 0 \\ c_1 + \frac{c_2}{2} = 0 \end{cases}$. El homogéneo tiene **infinitas** soluciones $\{1 - \frac{2}{x}\}$.

En forma S-L: $[x^2 y']' = 3x^2 - 4x$. $\int_1^2 (3x^2 - 4x)(1 - \frac{2}{x}) dx = \int_1^2 (3x^2 - 10x + 8) dx = 0$.

$\Rightarrow$ el problema no homogéneo tiene **infinitas soluciones**.

[O directamente, hallando la solución general de la no homogénea:

$y = c_1 + \frac{c_2}{x} + \frac{x^2}{2} - 2x, \ y' = -\frac{c_2}{x^2} + x - 2 \to \begin{cases} 2y(1) + y'(1) = 2c_1 + c_2 - 4 = 0 \\ y(2) = c_1 + \frac{c_2}{2} - 2 = 0 \end{cases} \to \begin{matrix} c_2 = 4 - 2c_1, \\ c_1 \text{ cualquiera} \end{matrix}$].

Ej. 3. $\begin{cases} y''+y'-2y=1-2x \\ y(0)-y'(0)=y(1)=0 \end{cases}$ Veamos también cuántas soluciones tiene este no homogéneo. Y volvemos a analizar primero el homogéneo (P_h):

$y''+y'-2y=0 \to y=c_1e^x+c_2e^{-2x}$, $y'=c_1e^x-2c_2e^{-2x}$, $\begin{cases} 3c_2=0 \\ c_1+c_2e^{-2}=0 \end{cases} \to c_1=c_2=0$.

Como el problema homogéneo tiene únicamente la solución $y\equiv0$, nuestro problema no homogéneo **tiene una sola solución**.

[Imponiendo los datos en la solución de la no homogénea $y=c_1e^x+c_2e^{-2x}+x$, podemos obtener esa solución única: $y=\frac{1}{3}e^{-2x}-\frac{1+3e^2}{3e^3}e^x+x$].

Sea ahora el problema con **condiciones de contorno no homogéneas**:

$$(P_{AB}) \begin{cases} \left[p(x)y'\right]'+g(x)y=f(x) \\ \alpha y(a)-\alpha'y'(a)=A,\ \beta y(b)+\beta'y'(b)=B \end{cases}, \ p\in C^1,\ g,f\in C,\ p>0 \text{ en } [a,b],$$

y sea (P_h) el homogéneo con $f(x)\equiv0$, $A=B=0$ (el mismo de antes). Hallando una función v que satisfaga sus condiciones de contorno y haciendo $w=y-v$ el (P_{AB}) se reduce a otro del tipo (P_f) ya discutido en el teorema 1:

$$(P_w) \begin{cases} \left[p(x)w'\right]'+g(x)w=f(x)-\left[p(x)v'\right]'-g(x)v \\ \alpha w(a)-\alpha'w'(a)=0,\ \beta w(b)+\beta'w'(b)=0 \end{cases} \Rightarrow$$

Teor. 2 | (P_{AB}) tiene solución única $\Leftrightarrow$ (P_h) tiene solo la solución $y\equiv0$

[y si (P_h) tiene infinitas soluciones, (P_{AB}) puede tener infinitas o ninguna].

La idea de hallar una v que cumpla las condiciones de contorno para hacerlas homogéneas se utiliza a menudo en las EDPs. Para encontrar la v normalmente se trabaja por tanteo. Si no es una constante, se prueba una recta; si no vale, funciones más complicadas... Aunque en (P_{AB}) sea $f(x)\equiv0$, **si** (al menos) **una condición de contorno es no homogénea, las propiedades son las típicas de uno no homogéneo**. Como en el siguiente ejemplo.

Ej. 4. Discutamos cuántas soluciones tiene: $(P_a) \begin{cases} xy''-y'=0 \\ y'(1)+ay(1)=0,\ y(2)=1 \end{cases}$.

Comenzamos analizando cuántas soluciones tiene el homogéneo: $y=c_1+c_2x^2 \to$

$\begin{cases} y'(1)+ay(1)=2c_2+ac_1+ac_2=0 \\ y(2)=c_1+4c_2=0 \end{cases} \begin{array}{l} [2-3a]c_2=0 \\ \to\ c_1=-4c_2 \end{array} \to \begin{cases} y\equiv0 \text{ si } a\neq\frac{2}{3} \\ y=x^2-4 \text{ si } a=\frac{2}{3} \end{cases}$

Si $a\neq\frac{2}{3}$, (P_a) tiene solución única. Para $a=\frac{2}{3}$ vemos lo que sucede directamente:

$\begin{cases} y'(1)+\frac{2}{3}y(1)=\frac{2}{3}[c_1+4c_2]=0 \\ y(2)=c_1+4c_2=1 \end{cases} \to$ no existe solución de ($P_{2/3}$).

Aunque también podríamos (más largo) convertirlo en un (P_f) y aplicar el teorema 1. Para ello buscamos una v de la forma $v=Mx+N$ que satisfaga las condiciones:

$\begin{cases} v'(1)+\frac{2}{3}v(1)=\frac{1}{3}[5M+2N]=0 \\ v(2)=2M+N=1 \end{cases} \to v=5-2x,\ w=y-v \to (P_w) \begin{cases} xw''-w'=-2 \\ w'(1)+\frac{2}{3}w(1)=w(2)=0 \end{cases}$

La f del teorema 1 es, desde luego, la de la ecuación escrita **en forma autoadjunta**, con lo que, para aplicarlo, tenemos que reescribir nuestra ecuación: $\left[\frac{w'}{x}\right]'=-\frac{2}{x^2}$:

$\int_1^2\left[-\frac{2}{x^2}\right][x^2-4]\,dx=2\neq0 \Rightarrow (P_w)$ [y por tanto ($P_{2/3}$)] no tiene solución.

Consideremos ahora una tercera situación, el **problema de S-L no homogéneo**:

$$(P_\lambda) \begin{cases} \left[py'\right]'-qy+\lambda ry=f(x) \\ \alpha y(a)-\alpha'y'(a)=\beta y(b)+\beta'y'(b)=0 \end{cases}$$

Sea (P_s) el problema separado de Sturm-Liouville homogéneo (el de $f\equiv0$). Para cada λ aparece un problema de los ya vistos (con $g=-q+\lambda r$). Se tiene por tanto:

Teor. 3 | (P_λ) tiene solución única $\Leftrightarrow$ λ no es autovalor de (P_s). Si λ_n es autovalor con autofunción $\{y_n\}$, (P_{λ_n}) $\begin{array}{l}\text{no tiene solución}\\\text{tiene infinitas}\end{array}$ según sea $\int_a^b f y_n\,dx \begin{array}{l}\neq0\\=0\end{array}$.

Ej. 5. (P_λ) $\begin{cases} y'' + \lambda y = 1 \\ y'(0) = y'(1) - 2y(1) = 0 \end{cases}$ Determinemos, según λ, cuántas soluciones tiene. Para ello hallemos los λ_n del homogéneo.

Como $\beta\beta' < 0$ pueden aparecer autovalores negativos.

$\lambda < 0$: $y = c_1 e^{px} + c_2 e^{-px} \rightarrow \begin{array}{l} c_2 = c_1 \searrow \\ c_1(p[e^p - e^{-p}] - 2[e^p + e^{-p}]) = 0 \end{array} \Big\}$

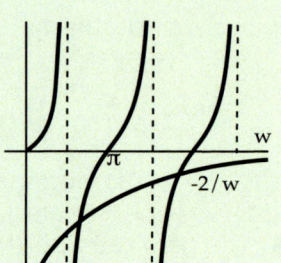

Hay autovalor $\lambda_0 = -p_0^2$ con $p_0 = \frac{2}{p_0}$, y es $y_0 = \{ch(p_0 x)\}$.

[Utilizando el método de Newton o uno similar: $p_0 \approx 2.07$, $\lambda_0 \approx -4.27$].

$\lambda = 0$: $y = c_1 + c_2 x \rightarrow \begin{array}{l} c_2 = 0 \\ -2c_1 - c_2 = 0 \end{array} \Big\} \rightarrow \lambda = 0$ no es autovalor.

$\lambda > 0$: $y = c_1 \cos wx + c_2 \operatorname{sen} wx \rightarrow \begin{array}{l} c_2 = 0 \searrow \\ c_1(w \operatorname{sen} w + 2\cos w) = 0 \end{array} \Big\}$

Hay infinitos $\lambda_n = w_n^2$ si $\tan w_n = -\frac{2}{w_n}$, con $y_n = \{\cos(w_n x)\}$.

Por tanto (la ecuación está ya en forma autoadjunta):

Si $\lambda \neq \lambda_n$ hay solución única de (P_λ).

Si $\lambda = \lambda_0$, como $\int_0^1 ch(p_0 x)\, dx \neq 0$, (P_λ) no tiene solución.

Si $\lambda = \lambda_n$, $n = 1, 2, \dots$, $\int_0^1 \cos(w_n x)\, dx = \frac{\operatorname{sen} w_n}{w_n} \neq 0$, (P_λ) tampoco tiene solución.

Ej. 6. $\begin{cases} x^2 y'' + xy' + \lambda y = x^2 - a \\ y(1) - y'(1) = y(2) - 2y'(2) = 0 \end{cases}$ Precisemos si $\lambda = -1$ y $\lambda = 0$ son o no autovalores del problema homogéneo y discutamos después cuántas soluciones tiene el no homogéneo.

$\mu(\mu - 1) + \mu + \lambda = 0$, $\mu = \pm\sqrt{-\lambda} \rightarrow \mu = \pm 1$, si $\lambda = -1$; $\mu = 0$, doble $\lambda = 0$.

$\lambda = -1$: $y = c_1 x + c_2 x^{-1} \rightarrow \begin{array}{l} 2c_2 = 0 \\ \frac{1}{2} c_2 + \frac{1}{2} c_2 = 0 \end{array} \Big\} \rightarrow c_2 = 0$ y cualquier c_1.
Es autovalor con autofunción $\{x\}$.

$\lambda = 0$: $y = c_1 + c_2 \ln x \rightarrow \begin{array}{l} c_1 - c_2 = 0 \\ c_1 + c_2 \ln 2 - c_2 = 0 \end{array} \Big\} \rightarrow c_1 = c_2 = 0$. No es autovalor.

Por tanto, para $\lambda = 0$ el homogéneo tiene solo la solución trivial $\Rightarrow$ el no homogéneo **tiene solución única** $\forall a$.

Para $\lambda = -1$ tendrá infinitas o ninguna. Ponemos la ecuación en forma autoadjunta:

$$y'' + \frac{1}{x} y' + \lambda \frac{1}{x^2} y = 1 - \frac{a}{x^2}, \quad e^{\int 1/x} = x, \quad [xy']' + \lambda \frac{1}{x} y = x - \frac{a}{x}.$$

Tendrá infinitas o ninguna solución dependiendo del valor de:

$$\int_1^2 (x - \frac{a}{x}) x\, dx = \int_1^2 (x^2 - a)\, dx = \frac{7}{3} - a.$$
Tiene infinitas soluciones si $a = \frac{7}{3}$.
Ninguna si $a \neq \frac{7}{3}$.

[Bastante más largo sería hallar la solución particular de la no homogénea e imponer los datos].

4. Separación de variables

Este amplio capítulo se dedica a uno de los más antiguos métodos de resolución de EDPs lineales (el de separación de variables) que nos permitirá dar la solución (en forma de **serie de Fourier**) de gran parte de los problemas clásicos citados en el capítulo 1, en concreto de los planteados en un **intervalo finito** en una de las variables. Resolveremos la ecuación del calor con varias condiciones de contorno, la de la cuerda acotada, la de Laplace en rectángulos, círculos y esferas... Ello será posible porque las ecuaciones serán 'separables' y los recintos que consideraremos son simples, pero hay muchos problemas no resolubles por este método.

En 4.1 resolveremos problemas para la ecuación del **calor** en 2 variables. Empezaremos con **problemas homogéneos** (aquellos en que son homogéneas ecuación y condiciones de contorno; si estas no lo son, primero haremos un cambio de variable). Básicamente esta será la técnica utilizada: buscaremos soluciones de la EDP que sean productos de funciones de cada variable $\big[\, u(x,t)=X(x)T(t) \,\big]$ y que cumplan todas las condiciones homogéneas; obtendremos infinitas soluciones de ese tipo resolviendo un problema de Sturm-Liouville (casi siempre para $X''+\lambda X = 0$) y otra EDO; construiremos una serie a partir de ellas $\big[\, u(x,t)=\sum c_n X_n(x)T_n(t) \,\big]$, cuyos coeficientes c_n se fijarán imponiendo la condición inicial aún no utilizada (bastará hacer un desarrollo de Fourier). La presencia de series exigiría justificar las cuestiones de convergencia, pero no entraremos en ello. Después trataremos los **problemas no homogéneos**, buscando también una serie solución. Probaremos en la ecuación una serie cuyos términos serán **productos de las autofunciones del problema homogéneo por funciones a determinar de la otra variable**. Resolviendo la familia infinita resultante de EDOs lineales no homogéneas con las condiciones que se deducen de las condiciones iniciales, se obtendrá la solución.

En la sección 4.2 haremos lo mismo para la ecuación de **ondas**, aprovechando para comparar resultados con los obtenidos en 1.4 a través de extensiones y de la fórmula de D'Alembert. Veremos también un ejemplo para ondas en el espacio.

En la 4.3 resolveremos por separación de variables diversos problemas en **cartesianas** o en **polares** para **Laplace** (homogénea y no homogénea): de Dirichlet, de Neumann o mixtos. En cartesianas el problema de contorno será en x o en y según convenga, pero en polares siempre será en θ (mejor que la ecuación de Euler para r). Las condiciones adicionales a imponer a la otra variable serán aquí de contorno (en polares bastantes veces no estarán escritas explícitamente como hasta ahora). De las soluciones en forma de serie deduciremos la fórmula integral de Poisson (se obtendrá de otra forma en 4.5) que da la solución del problema de Dirichlet en el círculo. Acabaremos la sección resolviendo Laplace en la esfera dependiente solo de un ángulo (y nos aparecerán los **polinomios de Legendre**) y estudiando los problemas exteriores en el plano y el espacio.

En 4.4 extenderemos el método a algunos problemas con **tres variables**. La técnica será muy parecida tras definir las **series de Fourier dobles**. Simplemente aparecerán dos problemas de contorno (en vez de uno). Se verán brevemente también ejemplos más complicados en que aparecen nuevas EDOs, como la asociada de Legendre (para Laplace en la esfera con dependencia de θ y ϕ) que lleva a los **armónicos esféricos** y las funciones de **Bessel** vistas en el capítulo 2 (tratando la vibración de un tambor).

En 4.5 se estudian brevemente y a título informativo las **funciones de Green**, primero para **problemas de contorno para EDOs**. Se escribirá la solución de un problema **no homogéneo** en términos de una integral con el término no homogéneo f y la función de Green $G(x,s)$, construida con las soluciones del homogéneo. Luego se generalizará G para dar las soluciones en términos de integrales de la ecuación de **Laplace** en recintos sencillos, introduciendo el concepto de **solución fundamental** (una función v tal que $\Delta v = \delta$) y utilizando el llamado **método de las imágenes**.

https://dx.doi.org/10.5209/docm.005.05
Métodos Matemáticos II: ecuaciones en derivadas parciales. Pepe Aranda Iriarte. © Ediciones Complutense, 2026.

4.1. Separación de variables para el calor

Resolvamos varios problemas para la **ecuación del calor**. En el primero, **con ecuación y datos homogéneos**, los extremos de la varilla se mantienen a 0 grados y los datos iniciales vienen dados por una f que suponemos C^1 a trozos en $[0, L]$:

$$\text{Sea} \quad [P_1] \begin{cases} u_t - k u_{xx} = 0, \ x \in (0, L), \ t > 0 & \text{[E]} \\ u(x, 0) = f(x) & \text{[I]} \\ u(0, t) = u(L, t) = 0 & \text{[C]} \end{cases}$$

Busquemos soluciones de la forma $u(x, t) = X(x)T(t)$. Debe ser entonces:

$$XT' - kX''T = 0, \text{ es decir, } \frac{X''}{X} = \frac{T'}{kT} \quad \left(\text{mejor que } \frac{kX''}{X} = \frac{T'}{T}\right).$$

Como el primer miembro es función solo de x y el segundo lo es solo de t ambos deben ser iguales a una constante:

$$\frac{X''}{X} = \frac{1}{k}\frac{T'}{T} = -\lambda \quad \text{(ponemos } -\lambda \text{ para que nos quede la ecuación habitual de 3.1).}$$

Así obtenemos una EDO para $X(x)$ y otra para $T(t)$: $\begin{cases} X'' + \lambda X = 0 & \text{[1]} \\ T' + \lambda kT = 0 & \text{[2]} \end{cases}$.

Cualquiera que sea λ, el producto de una solución de [1] por otra de [2] será entonces una solución de [E]. Sin embargo, aquí nos interesan solo aquellas que satisfacen además las condiciones de contorno:

$$u(0, t) = X(0)T(t) = 0 \Rightarrow X(0) = 0$$

(si fuese $T(t) \equiv 0$ tendríamos $u \equiv 0$ y no se cumpliría la condición inicial).

Análogamente, debe ser $X(L) = 0$.

Nos interesan, pues, las soluciones (no triviales) del problema de Sturm-Liouville:

$$\begin{cases} X'' + \lambda X = 0 \\ X(0) = X(L) = 0 \end{cases} \rightarrow \lambda_n = \frac{n^2\pi^2}{L^2}, \quad X_n = \left\{\text{sen}\frac{n\pi x}{L}\right\}, \quad n = 1, 2, \dots$$

[Si el intervalo para la x fuese no acotado, no saldría un problema de contorno de los de 3.1; se utiliza entonces la transformada de Fourier de 1.5].

Llevando estos valores de λ a la ecuación [2] obtenemos:

$$T' = -\frac{kn^2\pi^2}{L^2}T \quad \rightarrow \quad T_n = \left\{e^{-kn^2\pi^2 t/L^2}\right\}.$$

Hemos deducido hasta ahora que para cada n las funciones

$$u_n(x, t) = \left\{e^{-kn^2\pi^2 t/L^2}\text{sen}\frac{n\pi x}{L}\right\}, \quad n = 1, 2, \dots$$

son soluciones de la EDP [E] que satisfacen también las condiciones de contorno [C]. Por la linealidad de la ecuación y de las condiciones, sabemos que una combinación lineal finita de estas u_n también cumple [E] y [C]. Pero consideremos la serie infinita:

$$u(x, t) = \sum_{n=1}^{\infty} c_n u_n(x, t) = \sum_{n=1}^{\infty} c_n e^{-kn^2\pi^2 t/L^2}\text{sen}\frac{n\pi x}{L} \quad \text{[3]}$$

y supongamos que converge y que satisface también [E] y [C]. Si queremos que además se cumpla la condición inicial [I] debe ser:

$$\sum_{n=1}^{\infty} c_n \text{sen}\frac{n\pi x}{L} = f(x) \Rightarrow \boxed{c_n = \frac{2}{L}\int_0^L f(x)\,\text{sen}\frac{n\pi x}{L}\,dx, \ n = 1, 2, \dots} \quad \text{[4]}$$

pues la serie es precisamente la serie de Fourier en senos en $[0, L]$ de f. Hemos hallado la solución única de $[P_1]$: la serie [3] con coeficientes dados por [4].

Pero deberíamos comprobar que la convergencia es suficientemente buena para asegurar que realmente cumple el problema (una suma infinita de funciones derivables podría ser no derivable). Si f es C^1 a trozos, se prueba que la serie **converge y define una función** C^∞ en $[0,L] \times (0,\infty)$ y que u_t y u_{xx} se pueden calcular derivando término a término (y así se satisface la ecuación). En $x=0$ y $x=L$ es claro que u se anula. Y la condición inicial se cumple en el siguiente sentido: la $u(x,t)$ definida por la serie para $t>0$ y por $u(x,0)=f(x)$ es una función continua salvo en los posibles puntos de $t=0$ en que f fuese discontinua.

Aunque f sea discontinua, la solución es C^∞ para cualquier $t>0$ arbitrariamente pequeño. A diferencia de lo que pasa en las ondas, las **discontinuidades desaparecen instantáneamente** en la ecuación del calor, como ya dijimos al resolverla con la $\mathcal{F}$ en la recta infinita.

Como cada $u_n \xrightarrow[t\to\infty]{} 0$ y es buena la convergencia, se tiene que: $u(x,t) \xrightarrow[t\to\infty]{} 0 \;\; \forall x \in [0,L]$.

La varilla tiende a ponerse a 0 **grados**, como era de esperar.

Suponemos ahora que los **datos de contorno son no homogéneos** y constantes:

$$[P_2] \begin{cases} u_t - ku_{xx} = 0,\; x\in(0,L),\, t>0 \\ u(x,0)=f(x) \\ u(0,t)=T_0,\, u(L,t)=T_L,\;\; T_0,T_L \text{ constantes} \end{cases}$$

Comenzaremos siempre (como en métodos anteriores) **haciendo cero las condiciones de contorno** si no lo son, a partir de una v que las cumpla.

[Si separásemos variables directamente en [P$_2$] llegaríamos a $X(0)T(t)=T_0$ (y otra análoga para $x=L$), expresión de la que no deduciríamos nada].

Tanteando se ve que una $v(x)$ que las satisface es la recta: $v = \left[1 - \frac{x}{L}\right]T_0 + \frac{x}{L}T_L$.

Haciendo $w=u-v$, nuestro problema se convierte en otro como el [P$_1$]:

$$\begin{cases} w_t - kw_{xx}=0,\; x\in(0,L),\, t>0 \\ w(x,0)=f(x)-v(x),\; w(0,t)=w(L,t)=0 \end{cases}. \quad \text{Por tanto:}$$

$$u(x,t) = \left[1-\tfrac{x}{L}\right]T_0 + \tfrac{x}{L}T_L + \sum_{n=1}^{\infty} c_n\, e^{-kn^2\pi^2 t/L^2} \operatorname{sen}\frac{n\pi x}{L} = v+w,$$

$$\text{con}\quad c_n = \frac{2}{L}\int_0^L \left[f(x)-v(x)\right]\operatorname{sen}\frac{n\pi x}{L}\,dx,\; n=1,2,\dots$$

Esta $v(x)$ tiene un significado físico claro: como $w\to 0$ cuando $t\to\infty$, $v(x)$ representa la **distribución estacionaria** de temperaturas hacia la que tienden las temperaturas en la varilla, independientemente de las condiciones iniciales.

[Si T_0 y T_L **fuesen funciones de** t, la $v(x,t)$ definida arriba (que es la misma que dimos resolviendo la cuerda finita por D'Alembert) seguiría cumpliendo las condiciones de contorno. Pero la ecuación para la w obtenida con el cambio sería, en general, no homogénea, es decir, del tipo de las que vamos a resolver a continuación. Dicha v, función de t, pierde además su significado físico.

No perdamos de vista que con otros datos de contorno diferentes habrá que hallar $v(x,t)$ distintas. Algunas veces no dependerán de x, otras serán rectas como aquí, quizás haya que probar parábolas o mejor otras funciones...].

Ej. 1. $\begin{cases} u_t - u_{xx}=0,\; x\in(0,1),\, t>0 \\ u(x,0)=1,\, u(0,t)=1,\, u(1,t)=0 \end{cases}$, $v=1-x$. $w(x,0)=x$.

$c_n = 2\int_0^1 x\operatorname{sen} n\pi x\,dx = -\frac{2x}{n\pi}\cos n\pi x\Big]_0^1 + \frac{2}{n\pi}\int_0^1 \cos n\pi x\,dx \to$

$u = 1-x + \frac{2}{\pi}\sum_{n=1}^{\infty}\frac{(-1)^{n+1}}{n}e^{-n^2\pi^2 t}\operatorname{sen}(n\pi x) \to 1-x$, estacionaria.

[No nos importa que para $t=0$ sea incoherente el dato inicial con el de contorno en $x=1$; la solución será, como se ha dicho, continua para $t>0$ y en el cálculo de integrales el valor en un punto no influye].

[A la derecha, el dibujo (hecho con Maple) de la solución para $t=0.001, 0.01, 0.1, 1$ (utilizando 20 sumandos de la serie)].

Veamos cómo resolver un primer **problema no homogéneo** con datos homogéneos:

$$[P_3] \begin{cases} u_t - ku_{xx} = F(x, t), \ x \in (0, \pi), \ t > 0 \\ u(x, 0) = f(x) \\ u(0, t) = u(\pi, t) = 0 \end{cases}$$

(Tomamos $L = \pi$ para abreviar las expresiones, pero no se pierde
generalidad pues un sencillo cambio de variable lleva $[0, L]$ a $[0, \pi]$).

[Si las condiciones de contorno de $[P_3]$ fuesen no homogéneas empezaríamos
como en $[P_2]$ con un cambio $w = u - v$ para conseguir que lo fuesen].

Las autofunciones del $[P_1]$ eran $\{\text{sen } nx\}$, $n = 1, 2, \ldots$ Probamos en $[P_3]$ la siguiente serie (relacionada con la ecuación) que ya satisface las condiciones de contorno:

$$u(x, t) = \sum_{n=1}^{\infty} T_n(t) \text{ sen } nx \quad, \quad \text{con las } T_n(t) \text{ funciones a determinar.}$$

[Acabamos de hallar las autofunciones del homogéneo. Si no, se comenzaría calculándolas. A un problema no homogéneo siempre se lleva una **serie de autofunciones del homogéneo**].

$\left[\text{Tomando las } T_n = c_n e^{-kn^2 t} \text{ que aparecieron al resolver } [P_1], u \text{ satisfaría la ecuación con } F \equiv 0.\right.$
$\left.\text{Hay que darle más libertad a las } T_n \text{ para conseguir, al meter la serie en la ecuación, una } F \not\equiv 0\right].$

Suponiendo que la serie se puede derivar término a término, **la llevamos a la EDP**, en la que desarrollaremos la F para que ambos miembros puedan ser comparados:

$$\sum_{n=1}^{\infty} \left[T_n'(t) + kn^2 T_n(t) \right] \text{sen } nx = F(x, t) = \sum_{n=1}^{\infty} B_n(t) \text{ sen } nx$$

con $\boxed{B_n(t) = \frac{2}{\pi} \int_0^{\pi} F(x, t) \text{ sen } nx \, dx}$ (desarrollo de F en senos para t fijo).

Entonces para cada n se debe cumplir la EDO de primer orden: $T_n' + kn^2 T_n = B_n(t)$.

Y ahora, para obtener sus datos, también llevamos la serie **al dato inicial**, desarrollado en las mismas autofunciones:

$$u(x, 0) = \sum_{n=1}^{\infty} T_n(0) \text{ sen } nx = f(x) \Rightarrow T_n(0) = c_n, \text{ con } \boxed{c_n = \frac{2}{\pi} \int_0^{\pi} f(x) \text{ sen } nx \, dx}.$$

Hallando la solución única T_n de esta familia de problemas con la EDO no homogénea:

$$\begin{cases} T_n' + kn^2 T_n = B_n(t) \\ T_n(0) = c_n \end{cases}$$

(con la fórmula de las lineales de primer orden o, a veces, mejor por tanteo, si es constante o de cualquiera de los tipos en que se pueden usar los coeficientes indeterminados), obtenemos la $T_n(t)$ y, con ello, la solución de $[P_3]$.

[Como siempre faltaría comprobar (justificando la convergencia) que esta serie es
solución de verdad, que es realmente lo que sucede si f y F son decentes].

Otra posibilidad de resolver $[P_3]$ sería descomponerlo en dos subproblemas algo más sencillos $[P_1]$ y $[P_F]$, el primero con $F = 0$ (ya resuelto) y el otro con $f = 0$:

$$[P_1] \begin{cases} u_t - ku_{xx} = 0 \\ u(x, 0) = f(x) \\ u(0, t) = u(\pi, t) = 0 \end{cases} \qquad [P_F] \begin{cases} u_t - ku_{xx} = F(x, t) \\ u(x, 0) = 0 \\ u(0, t) = u(\pi, t) = 0 \end{cases}$$

La solución u_F de $[P_F]$ se hallaría como arriba, simplemente sustituyendo los datos iniciales $T_n(0) = c_n$ por los homogéneos $T_n(0) = 0$.

La solución u de $[P_3]$ (por la linealidad de la ecuación y de las condiciones iniciales y de contorno) sería la suma de esta u_F y de la serie solución de $[P_1]$ que ya obtuvimos.

[Normalmente descomponer en subproblemas es una pérdida de tiempo. Quizás solo
pueda ser útil si alguno de ellos estuviese ya resuelto, como es nuestro caso].

Resolvemos ahora el problema homogéneo para la varilla con **extremos aislados**:

$$[P_4] \begin{cases} u_t - ku_{xx} = 0, \ x \in (0, L), \ t > 0 \\ u(x, 0) = f(x) \\ u_x(0, t) = u_x(L, t) = 0 \end{cases}$$

Separando variables (es la misma ecuación) aparecen, claramente, las mismas EDOs del problema $[P_1]$. Pero ahora cambian las condiciones de contorno de la X:

$$\begin{cases} X'' + \lambda X = 0 \\ X'(0) = X'(L) = 0 \end{cases} \rightarrow \lambda_n = \frac{n^2 \pi^2}{L^2}, \ n = 0, 1, 2, \dots, \ X_n = \left\{ \cos \frac{n\pi x}{L} \right\} \ \left[X_0 = \{1\} \right].$$

Para estos valores de λ se tienen las $T_n = \left\{ e^{-kn^2\pi^2 t/L^2} \right\} \ \left[T_0 = \{1\} \right]$.

Así pues, probamos la serie: $\boxed{u(x, t) = \frac{a_o}{2} + \sum_{n=1}^{\infty} a_n \, e^{-kn^2\pi^2 t/L^2} \cos \frac{n\pi x}{L}}$.

Queremos que se satisfaga la condición inicial: $u(x, 0) = \frac{a_o}{2} + \sum_{n=1}^{\infty} a_n \cos \frac{n\pi x}{L} = f(x)$.

Los a_n desconocidos serán los coeficientes de la serie de Fourier en cosenos de f:

$$\boxed{a_n = \frac{2}{L} \int_0^L f(x) \cos \frac{n\pi x}{L} \, dx, \ n = 0, 1, 2, \dots}$$

Observemos que también aquí la solución se puede interpretar como la suma de una distribución de temperaturas estacionaria $[a_o/2]$ y una distribución transitoria que tiende a 0 cuando $t \rightarrow \infty$. Era esperable que toda la varilla (aislada) tendiese a la misma temperatura y que esta fuese el valor medio de las temperaturas iniciales:

$$\frac{a_o}{2} = \frac{1}{L} \int_0^L f(x) \, dx.$$

Si los datos de contorno hubiesen sido $u_x(0, t) = F_0(t)$, $u_x(L, t) = F_L(t)$ (flujo dado en los extremos), en general, no se puede encontrar una $v(x, t)$ que sea una recta y, al hacer $w = u - v$, la ecuación en w que resulta es no homogénea.

Para resolver un problema no homogéneo con estas condiciones en la u_x, probaríamos la serie con las **autofunciones del homogéneo** que hemos hallado:

$$u(x, t) = T_0(t) + \sum_{n=1}^{\infty} T_n(t) \cos \frac{n\pi x}{L},$$

y calcularíamos las T_n resolviendo las EDOs (en general no homogéneas) que surgirían, con los datos iniciales que se deducen del dato inicial de la EDP.

Ej. 2. $\begin{cases} u_t - u_{xx} = 0, \ x \in (0, 1), \ t > 0 \\ u(x, 0) = 0, \ u_x(0, t) = 0, \ u_x(1, t) = 2 \end{cases}$

Tanteando con $v = Ax^2 + Bx$ obtenemos que $v = x^2$ cumple las condiciones de contorno. Y haciendo $w = u - x^2$ se tiene el problema:

$$\begin{cases} w_t - w_{xx} = 2 \\ w(x, 0) = -x^2 \\ w_x(0, t) = w_x(1, t) = 0 \end{cases} \rightarrow w = T_0(t) + \sum_{n=1}^{\infty} T_n(t) \cos n\pi x \rightarrow T_0' + \sum_{n=1}^{\infty} [T_n' + n^2\pi^2 T_n] \cos n\pi x = 2$$

[constante que ya está desarrollada en cosenos].

Del dato inicial se infiere: $T_0(0) + \sum_{n=1}^{\infty} T_n(0) \cos n\pi x = -x^2 = -\frac{1}{3} - \sum_{n=1}^{\infty} \frac{4(-1)^n}{n^2\pi^2} \cos n\pi x$, ya que:

$$a_0 = -2 \int_0^1 x^2 \, dx = -\frac{2}{3} \quad \text{y} \quad a_n = -2 \int_0^1 x^2 \cos n\pi x \, dx = \frac{4}{n\pi} \int_0^1 x \operatorname{sen} n\pi x \, dx = \cdots$$

$$\Rightarrow \begin{cases} T_0' = 2 \\ T_0(0) = -\frac{1}{3} \end{cases}, \quad \begin{cases} T_n' + n^2\pi^2 T_n = 0 \\ T_n(0) = a_n \end{cases}. \quad \text{Resolviendo y deshaciendo el cambio se llega a}$$

$$u(x, t) = 2t + x^2 - \frac{1}{3} - \frac{4}{\pi^2} \sum_{n=1}^{\infty} \frac{(-1)^n}{n^2} e^{-n^2\pi^2 t} \cos n\pi x.$$

[$u \rightarrow \infty$ pues por el extremo derecho estamos constantemente metiendo calor: su flujo va en sentido opuesto al gradiente de temperaturas].

Veamos más ejemplos de separación de variables para la ecuación del calor o EDPs similares. El primero es no homogéneo. Y sus condiciones de contorno no nos han aparecido aquí todavía:

Ej. 3. $\begin{cases} u_t - u_{xx} = t\,\text{sen}\,x,\ x \in (0, \frac{\pi}{2}),\ t > 0 \\ u(x,0) = u(0,t) = u_x(\frac{\pi}{2}, t) = 0 \end{cases}$ Necesitamos las autofunciones del homogéneo para saber qué solución probar. Al separar variables en $u_t - u_{xx} = 0$ vimos que aparecía:

$X'' + \lambda X = 0$ (además de $T' + \lambda T = 0$ que ahora no nos importa). Esto, con las condiciones $X(0) = X'(\frac{\pi}{2}) = 0$ que salen de los datos de contorno nos da (problema conocido en 3.2) dichas autofunciones: $X_n = \{\text{sen}(2n-1)x\}$, $n = 1, 2, \dots$ Llevamos, pues, a la ecuación:

$$u(x,t) = \sum_{n=1}^{\infty} T_n(t)\,\text{sen}(2n-1)x \ \to\ \sum_{n=1}^{\infty}\left[T_n' + (2n-1)^2 T_n\right]\text{sen}(2n-1)x = t\,\text{sen}\,x.$$

La $F(x,t)$ de la derecha ya está desarrollada en esas autofunciones (no hay que integrar).

Hemos obtenido las ecuaciones ordinarias: $T_1' + T_1 = t$ y $T_n' + (2n-1)^2 T_n = 0$, $n > 1$.

Del dato inicial deducimos: $u(x,0) = \sum_{n=1}^{\infty} T_n(0)\,\text{sen}(2n-1)x = 0 \ \to\ T_n(0) = 0\ \forall n$.

La única $T_n \not\equiv 0$ saldrá de: $\begin{cases} T_1' + T_1 = t \\ T_1(0) = 0 \end{cases} \to T_1 = Ce^{-t} + e^{-t}\int e^t t\, dt = Ce^{-t} + t - 1$

$$[\text{O más corto: } T_{np} = At + B \ \to\ A + At + B = t].$$

Imponiendo $T_1(0) = 0$, hallamos T_1 y la solución única: $u(x,t) = (e^{-t} + t - 1)\,\text{sen}\,x$.

[La 'serie solución' solo tiene un término y no hemos necesitado integrales para dar los c_n y B_n. Esto ocurrirá si las f o F son autofunciones o sumas finitas de ellas].

El siguiente nos sirve para reflexionar sobre las v que hacen cero las condiciones de contorno (siempre necesario).

Ej. 4. $\begin{cases} u_t - 4u_{xx} = 0,\ x \in (0, \pi),\ t > 0 \\ u(x,0) = 1 \\ u_x(0,t) = 0,\ u(\pi,t) = e^{-4t} \end{cases}$ Tenemos también demostrada (en 1.3) su unicidad. Una v que cumple los datos de contorno salta a la vista: $v(t) = e^{-4t}$. Haciendo $w = u - v$:

$$\begin{cases} w_t - 4w_{xx} = [u_t - 4u_{xx}] - [v_t - 4v_{xx}] = 4e^{-4t} \\ w(x,0) = w_x(0,t) = w(\pi,t) = 0 \end{cases} \quad [\text{problema no homogéneo}].$$

Aquí las autofunciones las da $X'' + \lambda X = 0$ con $X'(0) = X(\pi) = 0$, lo que nos lleva a:

$$w(x,t) = \sum_{n=1}^{\infty} T_n(t)\cos\frac{(2n-1)x}{2} \ \to\ \sum_{n=1}^{\infty}\left[T_n' + (2n-1)^2 T_n\right]\cos\frac{(2n-1)x}{2} = 4e^{-4t} \ \to$$

$$\begin{cases} T_n' + (2n-1)^2 T_n = B_n e^{-4t} \\ T_n(0) = 0 \ (\text{del dato inicial}) \end{cases}, \text{ con } B_n = \frac{2}{\pi}\int_0^{\pi} 4\cos\frac{(2n-1)x}{2}\, dx = \frac{16(-1)^{n+1}}{\pi(2n-1)}.$$

Resolvemos la EDO lineal utilizando coeficientes indeterminados: $T_{np} = Ae^{-4t} \to$

$$T_n = Ce^{-(2n-1)^2 t} + \frac{B_n e^{-4t}}{(2n-1)^2 - 4} \xrightarrow{Tn(0)=0} T_n(t) = \frac{16(-1)^{n+1}}{\pi(2n-3)(2n-1)(2n+1)}\left[e^{-4t} - e^{-(2n-1)^2 t}\right].$$

¿Podríamos encontrar una v mejor que no estropee la homogeneidad de la ecuación? Buscamos $v(x,t)$ que también la cumpla. Al separar variables vimos que es solución, para todo λ, el producto de soluciones de $X'' + \lambda X = 0$ y de $T' + 4\lambda T = 0$. En particular, $\forall A, B$ lo es: $v = e^{-4t}(A\cos x + B\,\text{sen}\,x)$. Imponiendo a esta v los datos de contorno:

$$v = -e^{-4t}\cos x \xrightarrow[u=v+w]{} \begin{cases} w_t - 4w_{xx} = 0 \\ w(x,0) = 1 + \cos x \\ w_x(0,t) = w(\pi,t) = 0 \end{cases} \begin{matrix} [\text{problema homogéneo y,} \\ \text{por tanto, más sencillo}] \end{matrix} \to$$

$$w(x,t) = \sum_{n=1}^{\infty} c_n\, e^{-(2n-1)^2 t}\cos\frac{(2n-1)x}{2} \ \to\ w(x,0) = \sum_{n=1}^{\infty} c_n \cos\frac{(2n-1)x}{2} = 1 + \cos x \ \to$$

$$c_n = \frac{2}{\pi}\int_0^{\pi}(1 + \cos x)\cos\frac{(2n-1)x}{2}\, dx = \frac{2(-1)^n}{\pi}\left[\frac{1}{2n+1} + \frac{1}{2n-3} - \frac{2}{2n-1}\right].$$

Evidentemente, deben coincidir las soluciones halladas por los dos caminos:

$$u = e^{-4t} + \sum_{n=1}^{\infty} T_n(t)\cos\frac{(2n-1)x}{2} \ \text{ y } \ u = -e^{-4t}\cos x + \sum_{n=1}^{\infty} c_n\, e^{-(2n-1)^2 t}\cos\frac{(2n-1)x}{2}.$$

[Observemos que las soluciones tienden a 0 cuando $t \to \infty$. Esto era esperable, pues uno de los extremos está aislado y al otro le obligamos a tener una temperatura que tiende a 0].

En este, la condición de $x=0$ representa la radiación libre hacia un medio a $0°$ (el flujo de calor es proporcional a la temperatura: si es positiva el calor sale y entra si es negativa). En $x=1$ fijamos el flujo de calor que sale de la varilla (al ser $u_x>0$, es hacia la izquierda).

Ej. 5.
$$\begin{cases} u_t - u_{xx} = 0, \ x \in (0,1), \ t>0 \\ u(x,0)=x \\ u_x(0,t)-au(0,t)=0, \ a>0 \\ u_x(1,t)=1 \end{cases}$$

También probamos en 1.3 que tiene solución única. Lo primero, como siempre, es llevar a homogéneas las condiciones de contorno encontrando una v.
Tanteando con rectas $v=Mx+N$, se ve que las cumple:

$$v=x+\tfrac{1}{a}, \ w=u-v \ \rightarrow \ \begin{cases} w_t - w_{xx} = 0 \\ w(x,0)=-\tfrac{1}{a}, \ w_x(0,t)-aw(0,t)=w_x(1,t)=0 \end{cases}.$$

Separando variables se llega a $T'+\lambda T = 0$ y al problema de contorno:

$$\begin{cases} X'' + \lambda X = 0 \\ X'(0)-aX(0)=X'(1)=0 \end{cases} \quad \text{que sabemos que no tiene autovalores} < 0.$$

Si $\lambda=0$: $X=c_1+c_2 x \rightarrow \begin{cases} c_2 - ac_1 = 0 \\ c_2 = 0 \end{cases} \rightarrow \lambda=0$ no autovalor.

Si $\lambda>0$: $X=c_1\cos wx + c_2\,\text{sen}\,wx$, $w=\sqrt{\lambda} \rightarrow$

$$\begin{cases} c_2 w - ac_1 = 0 \\ c_2 \cos w - c_1\,\text{sen}\,w = 0 \end{cases} \rightarrow c_2 = \tfrac{a}{w}c_1 \rightarrow$$

$$c_1(a\cos w - w\,\text{sen}\,w)=0 \rightarrow \tan w = \tfrac{a}{w}.$$

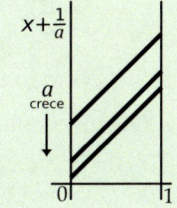

Esta ecuación transcendente nos da los infinitos $\lambda_n = w_n^2 > 0$ (aproximables numéricamente).

Las autofunciones son: $\left\{\cos w_n x + \tfrac{a}{w_n}\,\text{sen}\,w_n x\right\}$, aunque quedan más compactas escritas en la forma: $X_n = \{\cos w_n(x-1)\}$.

Yendo a la ecuación en T: $T_n = \{e^{-\lambda_n t}\} \rightarrow w(x,t) = \sum_{n=1}^{\infty} c_n e^{-\lambda_n t} X_n(x)$.

Imponiendo el dato inicial se determinan los c_n [serían aproximados al serlo los λ_n]:

$$\sum_{n=1}^{\infty} c_n X_n(x) = -\tfrac{1}{a} \rightarrow c_n = -\tfrac{1}{\langle X_n, X_n\rangle}\int_0^1 \tfrac{1}{a} X_n(x)\,dx = -\tfrac{4\,\text{sen}\,w_n}{a(2w_n + \text{sen}\,2w_n)},$$

pues $\int_0^1 [X_n(x)]^2 dx = \tfrac{1}{2} + \tfrac{1}{4w_n}[\text{sen}\,2w_n(x-1)]_0^1$.

Sí se calcula exactamente la distribución estacionaria hacia la que tienden las temperaturas en la varilla:

$$u(x,t) = w(x,t) + x + \tfrac{1}{a} \rightarrow x + \tfrac{1}{a} \quad \text{cuando } t \rightarrow \infty.$$

[La temperatura final de la varilla, como era esperable, es menor cuanto mayor sea el a, es decir, cuanto más fuertemente irradie su extremo].

En los últimos ejemplos que tratamos vemos que se puede aplicar el método de separación de variables para otras ecuaciones parabólicas separables (y no solo para la del calor).

Ej. 6.
$$\begin{cases} u_t - 4(1+2t)u_{xx} = 0, \ x \in (0,\pi), \ t>0 \\ u(x,0)=1, \ u(0,t)=u_x(\pi,t)=0 \end{cases}$$

Es problema homogéneo. Primero separamos variables $u=XT$ en la nueva ecuación:

$$XT'=(4+8t)X''T, \ \tfrac{X''}{X} = \tfrac{T'}{(4+8t)T} = -\lambda \rightarrow \begin{cases} X''+\lambda X = 0 \\ X(0)=X'(\pi)=0 \end{cases}, \ \lambda_n = \tfrac{(2n-1)^2}{4}, \ X_n = \left\{\text{sen}\,\tfrac{(2n-1)x}{2}\right\}.$$
$$n=1,2,\ldots$$

Y además: $T'+4\lambda_n(1+2t)T = T'+(2n-1)^2(1+2t)T = 0 \rightarrow T_n = \left\{e^{-(2n-1)^2(t+t^2)}\right\}$.

Probamos entonces la solución: $u(x,t) = \sum_{n=1}^{\infty} c_n e^{-(2n-1)^2(t+t^2)}\,\text{sen}\,\tfrac{(2n-1)x}{2}$.

Para determinar los c_n imponemos el dato inicial: $u(x,0) = \sum_{n=1}^{\infty} c_n\,\text{sen}\,\tfrac{(2n-1)x}{2} = 1 \rightarrow$

$$c_n = \tfrac{2}{\pi}\int_0^\pi \text{sen}\,\tfrac{(2n-1)x}{2}\,dx = -\tfrac{4}{\pi(2n-1)}\cos\tfrac{(2n-1)x}{2}\Big]_0^\pi = \tfrac{4}{\pi(2n-1)}.$$

Por tanto, la solución del problema es: $u(x,t) = \tfrac{4}{\pi}\sum_{n=1}^{\infty} \tfrac{1}{2n-1} e^{-(2n-1)^2(t+t^2)}\,\text{sen}\,\tfrac{(2n-1)x}{2}$.

[Para ser serios habría que probar su unicidad siguiendo la demostración del calor].

[Ya hemos dicho que la ecuación del calor (y similares) admiten datos discontinuos].

Ej. 7. $\begin{cases} u_t - u_{xx} + 3u = F(x), x \in (0, \pi), t > 0 \\ u(x, 0) = u(0, t) = u(\pi, t) = 0 \end{cases}$
a) Hallemos su solución si $F(x) = 4\,\text{sen}\,x$.
b) 2 términos de la serie solución si $F(x) = \pi$.

[El término $+3u$ representa una pérdida
de calor al medio a lo largo de la varilla].

Busquemos las X_n del homogéneo:

Separando variables: $u(x, t) = X(x)T(t) \to \frac{X''}{X} = \frac{T'}{T} + 3 = -\lambda \begin{bmatrix} \text{damos el 3 mejor a la } T \\ \text{para tener la } X \text{ habitual} \end{bmatrix} \to$

$\begin{cases} X'' + \lambda X = 0 \\ X(0) = X(\pi) = 0 \end{cases} \to \lambda_n = n^2,\ n = 1, 2, \ldots,\ X_n = \{\text{sen}\,nx\}.$

[Y además $T' + (3+\lambda)T = 0$, que aquí no se utiliza por ser problema no homogéneo].

Llevamos $u(x, t) = \sum_{n=1}^{\infty} T_n(t)\,\text{sen}\,nx$ a la EDP y al dato inicial para calcular los T_n:

$\sum_{n=1}^{\infty} \left[T_n' + (n^2 + 3)T_n \right] \text{sen}\,nx = F(x)$, a desarrollar en $\text{sen}\,nx$ para igualar las expresiones.

Además: $u(x, 0) = \sum_{n=1}^{\infty} T_n(0)\,\text{sen}\,nx = 0 \to T_n(0) = 0\ \forall n$. Nos queda en cada caso:

a) $\begin{matrix} T_1' + 4T_1 = 4 \\ T_1(0) = 0 \end{matrix} \to T_1 = 1 - e^{-4t}$, y los demás $T_n = 0$. La solución es $u = \left(1 - e^{-4t}\right)\text{sen}\,x$.

b) El desarrollo es $\pi = 4\,\text{sen}\,x + \frac{4}{3}\,\text{sen}\,3x + \cdots$, pues $c_n = \frac{2}{\pi}\int_0^\pi \pi\,\text{sen}\,nx\,dx = 2\frac{1-(-1)^n}{n}$.

A la vista de este desarrollo, es no nulo T_1 [el de a)] y el siguiente no nulo lo da:

$\begin{matrix} T_3' + 12T_3 = \frac{4}{3} \\ T_3(0) = 0 \end{matrix} \to T_3 = \frac{1}{9}\left(1 - e^{-12t}\right) \to u = \left(1 - e^{-4t}\right)\text{sen}\,x + \frac{1}{9}\left(1 - e^{-12t}\right)\text{sen}\,3x + \cdots$

[Se puede ver casi igual que para el calor que la solución es única; o bien, haciendo $u = e^{-3t}w$
se obtiene un problema para el calor con esos datos, cuya unicidad ya demostramos].

Hasta ahora la EDO del problema de Sturm-Liouville siempre ha sido $X'' + \lambda X = 0$, y, por eso, las series de Fourier eran todas con peso $r(x) = 1$. Resolvamos un ejemplo para una EDP parabólica en el que aparece otra ecuación ordinaria más complicada para la que es necesario utilizar la teoría general del capítulo 3.

Ej. 8. $\begin{cases} u_t - u_{xx} - 4u_x - 4u = 0, x \in (0, \pi), t > 0 \\ u(x, 0) = e^{-2x}, u(0, t) = u(\pi, t) = 0 \end{cases}$

más corto ahora aquí
$u = XT \to \frac{T'}{T} = \frac{X'' + 4X'}{x} + 4 \checkmark = -\lambda \to$

$\begin{cases} x'' + 4X' + (4+\lambda)X = 0 \\ X(0) = X(\pi) = 0 \end{cases}$ (en forma autoadjunta $\left[e^{4x}X'\right]' + 4e^{4x}X + \lambda e^{4x}X = 0$) y $T' + \lambda T = 0$.

Hay que resolver el problema de contorno (y debemos tratar los $\lambda < 0$). $\mu = -2 \pm \sqrt{-\lambda}$.

$\lambda < 0: X = c_1 e^{(-2+p)x} + c_2 e^{(-2-p)x} \xrightarrow{cc} X \equiv 0$. $\lambda = 0: X = (c_1 + c_2 x)e^{-2x} \xrightarrow{cc} X \equiv 0$.

$\lambda > 0: X = (c_1 \cos wx + c_2 \,\text{sen}\,wx)e^{-2x}, \begin{matrix} c_1 = 0 \\ c_2 e^{-2\pi}\,\text{sen}\,w\pi = 0 \end{matrix}, \begin{matrix} \lambda_n = n^2, X_n = \{e^{-2x}\,\text{sen}\,nx\} \\ n = 1, 2, \ldots \end{matrix}$

Probamos pues la solución: $u(x, t) = \sum_{n=1}^{\infty} c_n e^{-n^2 t}e^{-2x}\,\text{sen}\,nx$. Falta el dato inicial:

$u(x, 0) = \sum_{n=1}^{\infty} c_n e^{-2x}\,\text{sen}\,nx = e^{-2x}$. Aunque hay atajos seguimos con la teoría general:

Para calcular los c_n necesitamos hallar $\langle X_n, X_n \rangle = \int_0^\pi e^{4x}\,e^{-4x}\,\text{sen}^2 nx\,dx = \frac{\pi}{2}$, y además:

$\langle e^{-2x}, X_n \rangle = \int_0^\pi e^{4x}\,e^{-2x}\,e^{-2x}\,\text{sen}\,nx\,dx = -\frac{1}{n}\cos nx\big]_0^\pi = \frac{1-(-1)^n}{n}$.

Por tanto, la solución es: $u(x, t) = \frac{4}{\pi} \sum_{m=1}^{\infty} \frac{e^{-(2m-1)^2 t}}{2m-1}\,e^{-2x}\,\text{sen}(2m-1)x$.

Veamos ahora los atajos. El primero es observar que la igualdad de $u(x, 0)$ equivale a:

$\sum_{n=1}^{\infty} c_n \,\text{sen}\,nx = 1$ (desarrollo de 1 en senos) $\to c_n = \frac{2}{\pi}\int_0^\pi \text{sen}\,nx\,dx$ (calculado arriba).

El segundo sale de recordar (1.2) que cambios del tipo $u = e^{pt+qx}w$ simplifican la ecuación. Podríamos tantear, pero en este caso todo pide hacer:

$u = e^{-2x}w \to u_t = e^{-2x}w_t, u_x = e^{-2x}[w_x - 2w], u_{xx} = e^{-2x}[w_{xx} - 4w_x + 4w] \to$

$\begin{cases} w_t - w_{xx} = 0 \\ w(x, 0) = 1, w(0, t) = w(\pi, t) = 0 \end{cases}$, problema cuya solución ya calculamos (pág. 58).

4.2. Separación de variables para ondas

Resolvamos el problema para la **cuerda vibrante** con **extremos fijos** (en 1.4 lo hicimos extendiendo los datos y aplicando la fórmula de D'Alembert):

$$[P_1] \quad \begin{cases} u_{tt} - c^2 u_{xx} = 0, \ x \in [0, L], \ t \in \mathbf{R} \\ u(x, 0) = f(x), \ u_t(x, 0) = g(x) \\ u(0, t) = u(L, t) = 0 \end{cases}$$

[Para que no esté rota se supone $f(0) = f(L) = 0$].

Separando variables $u = X(x)T(t)$ e imponiendo los datos de contorno obtenemos:

$$\frac{X''}{X} = \frac{1}{c^2}\frac{T''}{T} = -\lambda \ \rightarrow \ \begin{cases} X'' + \lambda X = 0, \ X(0) = X(L) = 0 \ \rightarrow \ \lambda_n = \frac{n^2\pi^2}{L^2}, \ X_n = \{\operatorname{sen} \frac{n\pi x}{L}\} \\ T'' + \lambda c^2 T = 0 \end{cases} \quad n = 1, 2, \ldots$$

Las T_n correspondientes son combinaciones lineales de $\operatorname{sen}\frac{n\pi ct}{L}$ y $\cos\frac{n\pi ct}{L}$.

Así, funciones de la forma: $u_n(x, t) = \left[k_n \cos\frac{n\pi ct}{L} + c_n \operatorname{sen}\frac{n\pi ct}{L}\right]\operatorname{sen}\frac{n\pi x}{L}$, $n = 1, 2, \ldots$

satisfacen la EDP y las condiciones de contorno. Probamos, pues:

$$u(x, t) = \sum_{n=1}^{\infty} \left[k_n \cos\frac{n\pi ct}{L} + c_n \operatorname{sen}\frac{n\pi ct}{L}\right]\operatorname{sen}\frac{n\pi x}{L}$$

con k_n y c_n constantes. Para que se cumplan las condiciones iniciales:

$$u(x, 0) = \sum_{n=1}^{\infty} k_n \operatorname{sen}\frac{n\pi x}{L} = f(x) \ \rightarrow \ \boxed{k_n = \frac{2}{L}\int_0^L f(x) \operatorname{sen}\frac{n\pi x}{L}\,dx, \ n = 1, 2, \ldots}$$

y suponiendo que la serie se puede derivar término a término:

$$u_t(x, 0) = \sum_{n=1}^{\infty} \frac{n\pi c}{L} c_n \operatorname{sen}\frac{n\pi x}{L} = g(x) \ \rightarrow \ \boxed{c_n = \frac{2}{n\pi c}\int_0^L g(x) \operatorname{sen}\frac{n\pi x}{L}\,dx, \ n = 1, 2, \ldots}$$

pues $\frac{n\pi c}{L}c_n$ son los coeficientes del desarrollo de g en senos.

> Tenemos una solución, al menos formal, aunque se prueba que la serie converge y satisface realmente el problema si f y g cumplen lo pedido en 1.4: si sus extensiones impares respecto a 0 y L son C^2 y C^1, respectivamente (si f o g no son tan regulares la serie solución será lo que llamamos solución débil; en las ondas se mantienen las discontinuidades).

> Para algunas cuestiones (valores concretos, dibujos, ...) es mejor usar D'Alembert, pero se ven mejor otras propiedades en la serie. Por ejemplo, como todas las u_n tienen este periodo, también u **es** $2L/c$-**periódica en** t. Observemos además que la solución aparece como combinación infinita de 'modos naturales de vibración' [$\operatorname{sen}(n\pi x/L)$] cada uno de los cuales vibra con una frecuencia $n\pi c/L$ (las 'frecuencias naturales' de la cuerda). En términos acústicos u_1 da el tono fundamental (su frecuencia es $\pi c/L$) y los demás son los 'armónicos' (de frecuencia múltiplo de la anterior).

Como siempre, para comenzar a resolver por separación de variables, han de ser las condiciones de contorno homogéneas. Y para los problemas no homogéneos se prueban series de autofunciones del homogéneo.

Ej. 1. $\begin{cases} u_{tt} - u_{xx} = 0, \ x \in [0, 1], \ t \in \mathbf{R} \\ u(x, 0) = \begin{cases} x, \ 0 \le x \le 1/2 \\ 1-x, \ 1/2 \le x \le 1 \end{cases} \\ u_t(x, 0) = u(0, t) = u(L, t) = 0 \end{cases}$

(Ej. 7 de 1.4 que podía mirarse como la pulsación de la cuerda de una guitarra).

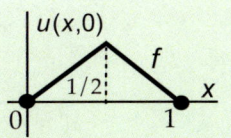

Basta copiar de arriba: $u(x, t) = \sum_{n=1}^{\infty} k_n \cos n\pi t \operatorname{sen} n\pi x$ (2-periódica),

con $k_n = 2\int_0^{1/2} x \operatorname{sen} n\pi x\,dx + 2\int_{1/2}^1 (1-x)\operatorname{sen} n\pi x\,dx = \frac{4}{n^2\pi^2}\operatorname{sen}\frac{n\pi}{2}$ (=0 si n par).

(Se ve que pulsando la cuerda en el centro desaparecen los armónicos pares).

Ej. 2.
$$u_{tt}-u_{xx}=0,\ x\in[0,2],\ t\in\mathbf{R}$$
$$u(x,0)=x^2,\ u_t(x,0)=0$$
$$u(0,t)=0,\ u(2,t)=4$$

Hallemos $u(1,2)$ y $u(x,1)$, utilizando D'Alembert y por separación de variables. En ambos casos, lo primero es hacer las condiciones de contorno homogéneas.

La $v(x,t)=\left[1-\frac{x}{L}\right]h_0(t)+\frac{x}{L}h_L(t)$ citada en 1.4 (y en la sección anterior) es la adecuada:

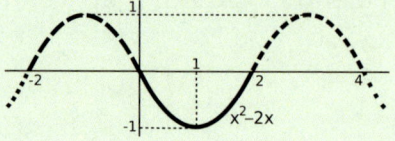

$$v=2x,\ w=u-2x \rightarrow \begin{cases} w_{tt}-w_{xx}=0,\ x\in[0,2] \\ w(x,0)=x^2-2x,\ w_t(x,0)=0 \\ w(0,t)=w(2,t)=0 \end{cases}$$

Para D'Alembert debemos extender f de forma impar y 4-periódica a una f^* definida en $\mathbf{R}$:

$$\ldots,\ -x(x+2)\ \text{en}\ [-2,0],\ \ x(x-2)\ \text{en}\ [0,2],\ \ -(x-4)(x-2)\ \text{en}\ [2,4],\ \ldots$$

La solución viene dada por $w=\frac{1}{2}[f^*(x+t)+f^*(x-t)]$. Por tanto:

$$w(1,2)=\frac{1}{2}\left[f^*(3)+f^*(-1)\right]\underset{4\text{per}}{=}\frac{1}{2}\left[f^*(-1)+f^*(-1)\right]\underset{\text{impar}}{=}-f(1)=1\rightarrow u(1,2)=3.$$

Para hallar $w(x,1)$ aparecen dos casos (se podría ver con los dominios de dependencia):

$$w(x,1)=\frac{1}{2}\left[f^*(x+1)+f^*(x-1)\right]=\begin{cases} 0\le x\le 1,\ \frac{1}{2}[-(x-1)(x+1)+(x+1)(x-1)]=0 \\ 1\le x\le 2,\ \frac{1}{2}[-(x-1)(x-3)+(x-3)(x-1)]=0 \end{cases}\rightarrow u(x,1)=2x.$$

[Es claro que llevando f^* una unidad a izquierda y derecha y sumando todo se cancela].

Para resolver el problema en w separando variables copiamos de la página anterior:

$$w(x,t)=\sum_{n=1}^{\infty}k_n\cos\frac{n\pi t}{2}\operatorname{sen}\frac{n\pi x}{2}\ \ \text{con}\ \ k_n=\int_0^2(x^2-2x)\operatorname{sen}\frac{n\pi x}{2}dx=\frac{16}{n^3\pi^3}[\cos n\pi-1]$$

$$\rightarrow\ \ w(x,t)=-\frac{32}{\pi^3}\sum_{m=1}^{\infty}\frac{1}{(2m-1)^3}\cos\frac{(2m-1)\pi t}{2}\operatorname{sen}\frac{(2m-1)\pi x}{2}.$$

Para $t=1$ todos los cosenos se anulan, con lo que es $w(x,1)=0$ (como por D'Alembert).

Además $w(1,2)=\frac{32}{\pi^3}\sum_{m=1}^{\infty}\frac{(-1)^{m+1}}{(2m-1)^3}\left[=1\right.$; deducimos de esto que $\left.1-\frac{1}{3^3}+\frac{1}{5^3}-\frac{1}{7^3}+\cdots=\frac{\pi^3}{32}\right]$.

Ej. 3.
$$u_{tt}-u_{xx}=x,\ x\in[0,\pi],\ t\in\mathbf{R}$$
$$u(x,0)=u_t(x,0)=u(0,t)=u(\pi,t)=0$$

No homogéneo $\rightarrow u(x,t)=\sum_{n=1}^{\infty}T_n(t)\operatorname{sen}nx$.

Esta serie ya se anula en $x=0$ y $x=\pi$. Además, llevándola a la EDP y datos se tiene:

$$T_n''+n^2T_n=\frac{2}{\pi}\int_0^{\pi}x\operatorname{sen}nx\,dx=\frac{2[-1]^{n+1}}{n}\rightarrow T_n=c_1\cos nt+c_2\operatorname{sen}nt+\frac{2[-1]^{n+1}}{n^3}.$$

$$u(x,0)=u_t(x,0)=0\rightarrow T_n(0)=T_n'(0)=0\rightarrow u(x,t)=2\sum_{n=1}^{\infty}\frac{[-1]^{n+1}}{n^3}[1-\cos nt]\operatorname{sen}nx.$$

De otra forma: podríamos conseguir un problema homogéneo hallando una solución de la ecuación $v(x)$ que cumpla las condiciones de contorno:

$$-v''=x\rightarrow v=c_1+c_2x-\frac{1}{6}x^3\xrightarrow{v(0)=v(\pi)=0}v=\frac{1}{6}\left(\pi^2x-x^3\right).$$

Con $w=u-v$, acabamos en [P$_1$], con $f(x)=-v(x)$ y $g(x)=0$, con lo que:

$$u=\frac{1}{6}\left(\pi^2x-x^3\right)+2\sum_{n=1}^{\infty}\frac{[-1]^n}{n^3}\cos nt\operatorname{sen}nx,\ \text{pues}\ \frac{1}{3\pi}\int_0^{\pi}\left(x^3-\pi^2x\right)\operatorname{sen}nx\,dx=\frac{2[-1]^n}{n^3}.$$

Aunque las series anteriores proporcionan la solución $\forall(x,t)$, el problema es obtener (sin ordenador) información sobre ellas. Por ejemplo, ¿qué aspecto tendrá:

$$u(x,\pi)=\sum_{m=1}^{\infty}\frac{4}{(2m-1)^3}\operatorname{sen}(2m-1)x=\frac{1}{6}\left(\pi^2x-x^3\right)+\sum_{n=1}^{\infty}\frac{2}{n^3}\operatorname{sen}nx?$$

Esto es fácil decirlo con D'Alembert en este caso. El valor para el problema en w será:

$$w(x,\pi)=\frac{1}{2}\left[f^*(x+\pi)+f^*(x-\pi)\right],$$

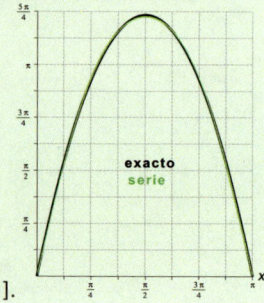

siendo f^* la extensión impar y 2π-periódica de $-v$.

Por la periodicidad y ser $f^*(x)$ en $[-\pi,0]$ la inicial (es v impar):

$$w(x,\pi)=f^*(x-\pi)=-v(x-\pi),\ \text{si}\ x\in[0,\pi]\Rightarrow$$

$$u(x,\pi)=v(x)-v(x-\pi)=\frac{x(\pi+x)(\pi-x)}{6}-\frac{(x-\pi)x(2\pi-x)}{6}=\frac{\pi}{2}x(\pi-x),$$

parábola invertida con su máximo en $x=\frac{\pi}{2}$ que es fácil de dibujar.

[A la derecha el dibujo de 2 términos de la primera serie junto a esa parábola].

Otros tipos de condiciones de contorno también proporcionan problemas resolubles separando variables. La condición $u_x=0$ significa que ese extremo **se mueve con libertad** verticalmente (se puede imaginar una anilla engrasada al final de la cuerda rodeando una varilla vertical) y las $u_x-au=0$ o $u_x+bu=0$ indican que el extremo está unido por un muelle al punto de anclaje.

Ya dijimos en 1.4 que las condiciones $\boxed{u_x=0}$ llevaban a extensiones **pares**.

[Separando variables salían las $X_n=\operatorname{sen}\frac{n\pi x}{L}$ con condiciones $u=0$ y saldrán $\cos\frac{n\pi x}{L}$ con $u_x=0$. La periodicidad y paridades son las mismas resolviendo el problema por ambos métodos].

Ej. 4.
$$\begin{cases} u_{tt}-u_{xx}=0,\ x\in[0,2\pi],\ t\in\mathbf{R} \\ u(x,0)=0,\ u_t(x,0)=\begin{cases}\operatorname{sen}x,\ x\in[0,\pi]\\ 0,\ x\in[\pi,2\pi]\end{cases} \\ u_x(0,t)=u_x(2\pi,t)=0 \end{cases}$$

Hallemos $u(x,2\pi)$, por D'Alembert y separando variables.
$$\begin{cases} u_{tt}-u_{xx}=0,\ x,t\in\mathbf{R} \\ u(x,0)=0 \\ u_t(x,0)=g^*(x) \end{cases}$$

con g^* par y 4π-periódica.

Luego $u(x,2\pi)=\frac{1}{2}\int_{x-2\pi}^{x+2\pi}g^*\underset{\uparrow}{=}\frac{1}{2}\int_{-2\pi}^{2\pi}g^*=\int_0^\pi\operatorname{sen}s\,ds=2$.

[la integral en un periodo de una periódica no depende del intervalo].

Separando variables: $X''+\lambda X=0$, $X'(0)=X'(2\pi)=0\to\lambda_n=\frac{n^2}{4}$, $X_n=\left\{\cos\frac{nx}{2}\right\}$, $n=0,1,\dots$

$$\begin{cases} T''+\lambda_n T=0 \\ T(0)=0 \end{cases}\to\begin{array}{l} T_0=\{t\} \\ T_n=\left\{\operatorname{sen}\frac{nt}{2}\right\},\ n\geq1 \end{array}\to u(x,t)=\frac{a_0}{2}t+\sum_{n=1}^\infty a_n\operatorname{sen}\frac{nt}{2}\cos\frac{nx}{2},\ u(x,2\pi)=a_0\pi.$$

Basta a_0: $u_t(x,0)=\frac{a_0}{2}+\sum_{n=1}^\infty a_n\frac{n}{2}\cos\frac{nx}{2}=g(x)\to a_0=\frac{1}{\pi}\int_0^{2\pi}g=\frac{1}{\pi}\int_0^\pi\operatorname{sen}x\,dx=\frac{2}{\pi}$, $u(x,2\pi)=2$.

[La $u\underset{t\to\infty}{\longrightarrow}\infty$: sube inicialmente, los extremos están libres y la cuerda asciende indefinidamente].

En este ejemplo no homogéneo imponemos condiciones distintas en cada extremo:

Ej. 5.
$$\begin{cases} u_{tt}-u_{xx}=\operatorname{sen}x,\ x\in\left[0,\frac{\pi}{2}\right],\ t\in\mathbf{R} \\ u(x,0)=\pi x,\ u_t(x,0)=u(0,t)=u_x\left(\frac{\pi}{2},t\right)=0 \end{cases}$$

Las autofunciones las da: $\begin{cases} X''+\lambda X=0 \\ X(0)=X'\left(\frac{\pi}{2}\right)=0 \end{cases}\to$
$X_n=\{\operatorname{sen}(2n-1)x\}$, $n=1,2,\dots$

Se lleva $u=\sum_{n=1}^\infty T_n(t)\operatorname{sen}(2n-1)x$ a EDP y datos: $\sum_{n=1}^\infty\left[T_n''+(2n-1)^2T_n\right]\operatorname{sen}(2n-1)x=\operatorname{sen}x$ (ya desarrollada).

$u(x,0)=\sum_{n=1}^\infty T_n(0)\operatorname{sen}(2n-1)x=\pi x=\sum_{n=1}^\infty b_nX_n$, $u_t(x,0)=\sum_{n=1}^\infty T_n'(0)\operatorname{sen}(2n-1)x=0\Rightarrow$

$$T_n(0)=b_n=\frac{4}{\pi}\int_0^{\pi/2}\pi x\operatorname{sen}(2n-1)x\,dx=\frac{4(-1)^{n+1}}{(2n-1)^2}\quad\text{y}\quad T_n'(0)=0\ \forall n.$$

Debemos resolver un problema no homogéneo e infinitos homogéneos (para $n\geq2$):

$$\begin{cases} T_1''+T_1=1,\ T_1=c_1\cos t+c_2\operatorname{sen}t+1 \\ T_1(0)=4,\ T_1'(0)=0 \end{cases},\ T_1=1+3\cos t.\quad\begin{cases} T_n''+(2n-1)^2T_n=0 \\ T_n(0)=b_n,\ T_n'(0)=0 \end{cases},\ T_n=b_n\cos(2n-1)t.$$

Luego $u(x,t)=(1+3\cos t)\operatorname{sen}x+\sum_{n=2}^\infty\frac{4(-1)^{n+1}}{(2n-1)^2}\cos(2n-1)t\operatorname{sen}(2n-1)x$.

En el siguiente aparece un término adicional (puede representar un rozamiento con el medio):

Ej. 6.
$$\begin{cases} u_{tt}+4u_t-u_{xx}=0,\ x\in[0,\pi],\ t\in\mathbf{R} \\ u(x,0)=\operatorname{sen}2x,\ u_t(x,0)=u(0,t)=u(\pi,t)=0 \end{cases}$$

Como la ecuación es nueva, debemos comenzar separando variables:

$$u=XT\to X[T''+4T']-X''T=0\to\frac{T''+4T'}{t}=\frac{X''}{X}=-\lambda\to\begin{cases} X''+\lambda X=0 \\ X(0)=X(\pi)=0 \end{cases}\to$$

$$\lambda_n=n^2,\ n=1,2,\dots,\ X_n=\{\operatorname{sen}nx\}\to T''+4T'+n^2T=0,\ \mu=-2\pm\sqrt{4-n^2}\to$$

$$T_1=c_1e^{(-2+\sqrt3)t}+c_2e^{(-2-\sqrt3)t},\ T_2=(c_1+c_2t)e^{-2t},$$

$$T_{n\geq3}=e^{-2t}\left(c_1\cos\sqrt{n^2-4}\,t+c_2\operatorname{sen}\sqrt{n^2-4}\,t\right).$$

Probamos, pues, $u(x,t)=\sum_{n=1}^\infty T_n(t)\operatorname{sen}nx$, a la que solo le faltan las condiciones iniciales:

$$u(x,0)=\sum_{n=1}^\infty T_n(0)\operatorname{sen}nx=\operatorname{sen}2x,\ u_t(x,0)=\sum_{n=1}^\infty T_n'(0)\operatorname{sen}nx=0\to T_n(t)\equiv0,\ \text{si}\ n\neq2.$$

Puesto que esas T_n son soluciones de EDOs homogéneas con datos iniciales nulos.

Solo sobrevive T_2, para la que $\begin{array}{l}T_2(0)=c_1=1\\ T_2'(0)=c_2-2c_1=0\end{array}\to u(x,t)=(1+2t)e^{-2t}\operatorname{sen}2x$.

[La cuerda con rozamiento tiende a pararse].

La ecuación de ondas en el plano o el espacio y coordenadas no cartesianas (y también la del calor) dan lugar a ecuaciones que no son $X'' + \lambda X = 0$ y se debe (como en el ejemplo 8 de 4.1) manejar la teoría general del capítulo 3. Los problemas en más variables se verán en 4.4, pero podemos resolver ya alguno si se reduce a uno de 2 variables.

Por ejemplo, la ecuación de ondas $u_{tt} - c^2 \Delta u = 0$ en recintos esféricos lleva, en general, a una EDP en 4 variables (el tiempo t y las variables esféricas r, θ, ϕ). Sus soluciones quedan determinadas (como en la recta) con unos datos de contorno y un par de condiciones iniciales. Pero si buscamos solo sus soluciones independientes de los ángulos aparece la **ecuación de ondas en el espacio con simetría radial** (en 2 variables y ya resuelta en 1.4). En concreto, vamos a resolver el siguiente problema homogéneo (vibraciones entre dos superficies esféricas):

$$[P_2] \begin{cases} u_{tt} - u_{rr} - \frac{2}{r} u_r = 0, \ 1 \leq r \leq 2, \ t \in \mathbf{R} \\ u(r, 0) = f(r), \ u_t(r, 0) = g(r) \\ u(1, t) = u(2, t) = 0 \end{cases}$$

Separando variables: $u(r, t) = R(r)T(t) \rightarrow \dfrac{R'' + \frac{2R'}{r}}{R} = \dfrac{T''}{T} = -\lambda \rightarrow \begin{cases} rR'' + 2R' + \lambda rR = 0, \ R(1) = R(2) = 0 \\ T'' + \lambda T = 0 \end{cases}$

Vimos la ecuación de R en la sección 3.1 (allí asociada a un problema singular, aquí es regular pues estamos en el intervalo $[1, 2]$). Se resolvía haciendo el cambio de variable:

$$S = rR \rightarrow \begin{cases} S'' + \lambda S = 0 \\ S(1) = S(2) = 0 \end{cases} \xrightarrow{r = s+1} \begin{cases} S'' + \lambda S = 0 \\ S(0) = S(1) = 0 \end{cases} \rightarrow \begin{matrix} \lambda_n = n^2 \pi^2, \ n = 1, 2, \ldots \\ S_n = \{\operatorname{sen} n\pi s\} \end{matrix} \rightarrow R_n = \left\{ \frac{\operatorname{sen} n\pi r}{r} \right\}.$$

Y para esos valores de λ las soluciones para T son $T_n = \{\cos n\pi t, \operatorname{sen} n\pi t\}$.

Probamos, pues: $\boxed{u(r, t) = \sum_{n=1}^{\infty} \left[k_n \cos n\pi t + c_n \operatorname{sen} n\pi t \right] \dfrac{\operatorname{sen} n\pi r}{r}}$.

Las condiciones iniciales imponen: $\sum_{n=1}^{\infty} k_n \dfrac{\operatorname{sen} n\pi r}{r} = f(r)$ y $\sum_{n=1}^{\infty} n\pi c_n \dfrac{\operatorname{sen} n\pi r}{r} = g(r)$.

Para hallar los coeficientes del desarrollo de una función en las autofunciones $R_n(r)$ se debería en principio utilizar el peso del problema de Sturm-Liouville: $\left[r^2 R' \right]' + \lambda r^2 R = 0$.

Como $\langle R_n, R_n \rangle = \int_1^2 r^2 \frac{\operatorname{sen}^2 n\pi r}{r^2} dr = \frac{1}{2}$ y $\langle f, R_n \rangle = \int_1^2 r^2 f(r) \frac{\operatorname{sen} n\pi r}{r} dr$, concluimos que:

$$\boxed{k_n = 2 \int_1^2 r f(r) \operatorname{sen} n\pi r \, dr} \quad \text{y} \quad \boxed{c_n = \frac{2}{n\pi} \int_1^2 r g(r) \operatorname{sen} n\pi r \, dr} .$$

Evidentemente se llega a lo mismo (aquí es mucho más corto, pero otras veces no hay estos atajos) observando que las condiciones deducidas de las iniciales se podrían haber reescrito así:

$$\sum_{n=1}^{\infty} k_n \operatorname{sen} n\pi r = rf(r) \quad \text{y} \quad \sum_{n=1}^{\infty} n\pi c_n \operatorname{sen} n\pi r = rg(r) .$$

De hecho, todo el problema se hubiera simplificado notablemente si hubiéramos hecho inicialmente el cambio de variable de 1.4:

$$u = \frac{v}{r} \rightarrow \begin{cases} v_{tt} - v_{rr} = 0 \\ v(r, 0) = rf(r), \ v_t(r, 0) = rg(r) \\ v(1, t) = v(2, t) = 0 \end{cases}, \text{ problema casi igual al de la página 71.}$$

[Las ondas en **plano** con simetría radial satisfacen $u_{tt} - u_{rr} - \frac{1}{r} u_r = 0$ y la ecuación en R es $rR'' + R' + \lambda rR = 0$, que (como vimos en 3.1) está asociada a las funciones de **Bessel**. Este tipo de problemas se verán al final de 4.4].

4.3. Separación de variables para Laplace

Resolvamos utilizando el método de separación de variables diversos problemas para la ecuación de Laplace en recintos especialmente simples. Comenzamos por el primero que presentamos en 1.3 y cuya unicidad demostramos allí: el **problema de Dirichlet en un rectángulo**, es decir:

$$[P_1] \begin{cases} \Delta u = F(x,y), \text{ en } (0,a) \times (0,b) \\ u(x,0) = f_o(x), \ u(x,b) = f_b(x) \\ u(0,y) = g_o(y), \ u(a,y) = g_a(y) \end{cases}$$

Por ser lineales la EDP y las condiciones, bastaría resolver los 5 subproblemas que se obtienen anulando 4 de las 5 funciones que aparecen y sumar las 5 soluciones (de hecho, conviene descomponer en menos o hacer cambios que anulen alguno de los términos no homogéneos). Comencemos resolviendo, por ejemplo, uno de los 4 problemas para la **ecuación homogénea**:

$$\begin{cases} \Delta u = 0, \text{ en } (0,a) \times (0,b) \\ u(x,0) = f_o(x) \\ u(x,b) = u(0,y) = u(a,y) = 0 \end{cases}$$

$$u(x,y) = X(x)Y(y) \ \to \ X''Y + XY'' = 0 \ \to$$

$$-\frac{X''}{X} = \frac{Y''}{Y} = \lambda \ \to \ \begin{cases} X'' + \lambda X = 0 \\ Y'' - \lambda Y = 0 \end{cases}$$

De $u(0,y) = u(a,y) = 0$ se deduce $X(0) = X(a) = 0$, con lo que el problema de contorno para la X tiene solución no trivial si

$$\lambda_n = \frac{n^2 \pi^2}{a^2} \ , \quad X_n = \left\{ \text{sen} \frac{n\pi x}{a} \right\} \ , \quad n = 1, 2, \dots$$

Para esos λ_n las soluciones para la Y son $Y_n = c_1 e^{n\pi y/a} + c_2 e^{-n\pi y/a}$. Además la condición homogénea $u(x,b) = 0$ impone que $Y(b) = 0$. Nos interesan las Y_n que la cumplen:

$$c_2 = -c_1 e^{2n\pi b/a} \ \to \ Y_n = c_1 e^{n\pi b/a} \left(e^{n\pi[y-b]/a} - e^{n\pi[b-y]/a} \right) \ \to \ Y_n = \left\{ \text{sh} \frac{n\pi[b-y]}{a} \right\}$$

Probamos entonces: $\quad \boxed{u(x,y) = \sum_{n=1}^{\infty} c_n \, \text{sh} \frac{n\pi[b-y]}{a} \, \text{sen} \frac{n\pi x}{a}}$.

Para satisfacer la condición de contorno no homogénea que falta:

$$u(x,0) = \sum_{n=1}^{\infty} c_n \, \text{sh} \frac{n\pi b}{a} \, \text{sen} \frac{n\pi x}{a} = f_o(x) \ \to \ \boxed{c_n \, \text{sh} \frac{n\pi b}{a} = \frac{2}{a} \int_0^a f_o(x) \, \text{sen} \frac{n\pi x}{a} \, dx}$$

Análogamente se resolverían los otros 3 subproblemas con $F \equiv 0$ de $[P_1]$. En uno de ellos se tienen las X_n de antes, y en los otros dos es Y (con datos de contorno homogéneos) la que proporcionaría las autofunciones $Y_n = \left\{ \text{sen} \frac{n\pi y}{b} \right\}$.

> [Los papeles de X e Y son intercambiables. En calor y ondas el problema de contorno siempre era para la X (las condiciones de T eran iniciales). Para Laplace en polares, aunque tanto R como Θ tendrán condiciones de contorno, la EDO de la Θ será más sencilla y la elegiremos siempre para obtener las autofunciones].

Para resolver el último subproblema, el de la **ecuación no homogénea**:

$$\begin{cases} \Delta u = F(x,y), \text{ en } (0,a) \times (0,b) \\ u(x,0) = u(x,b) = u(0,y) = u(a,y) = 0 \end{cases}$$

como siempre se prueba una serie de autofunciones. Aquí aparecen dos posibilidades [elegiremos la que dé un desarrollo más fácil para F]:

$$u(x,y) = \sum_{n=1}^{\infty} Y_n(y) \, \text{sen} \frac{n\pi x}{a} \quad \text{o} \quad u(x,y) = \sum_{n=1}^{\infty} X_n(x) \, \text{sen} \frac{n\pi y}{b}$$

> [No olvidemos que con un cambio $w = u - v$, o resolviendo menos subproblemas se puede llegar antes la solución; lo único necesario para empezar con separación de variables es que sea $u = 0$ en $x = 0, a$ o en $y = 0, b$].

Siguiendo con Laplace en cartesianas, resolvemos ahora un **problema de Neumann**, que sabemos que puede no tener solución y que, si la tiene, contendrá una constante arbitraria. Suponemos la **ecuación no homogénea**, pero con condiciones de contorno homogéneas (si no lo fuesen, procederíamos de forma similar al problema anterior).

$$[\mathrm{P}_2] \begin{cases} \Delta u = F(x,y), & \text{en } (0,\pi)\times(0,\pi) \\ u_y(x,0)=u_y(x,\pi)=u_x(0,y)=u_x(\pi,y)=0 \end{cases}$$

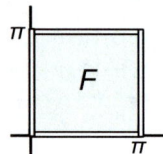

Separando variables en la EDP homogénea se obtienen, desde luego, las mismas EDOs que en $[\mathrm{P}_1]$: $X''+\lambda X=0$, $Y''-\lambda Y=0$.

Las condiciones de contorno obligan aquí a que sean $X'(0)=X'(\pi)=0$, $Y'(0)=Y'(\pi)=0$.

En el problema hay, pues, dos familias de autofunciones $\{\cos nx\}$ ó $\{\cos ny\}$, $n=0,1,\dots$ y podemos elegir cualquiera de ella para nuestra serie. Por ejemplo:

$$u(x,y) = X_0(x) + \sum_{n=1}^{\infty} X_n(x)\cos ny \quad \rightarrow$$

$$X_0'' + \sum_{n=1}^{\infty} [X_n''-n^2 X_n]\cos ny = \frac{B_0(x)}{2} + \sum_{n=1}^{\infty} B_n(x)\cos ny, \quad B_n(x)=\frac{2}{\pi}\int_0^\pi F(x,y)\cos ny\, dy.$$

Debemos resolver los infinitos problemas de contorno para EDOs:

$$X_0''=\tfrac{1}{2}B_0=\tfrac{1}{\pi}\int_0^\pi F(x,y)\,dy, \quad X_n''-n^2 X_n=B_n \ (n\geq 1), \quad \text{con } X_n'(0)=X_n'(\pi)=0 \text{ ambos.}$$

Las X_n con $n\geq 1$ quedan determinadas de forma única (el problema homogéneo, como sabemos desde 3.1, tiene solo la solución trivial).

Pero $X_0''=0$, $X_0'(0)=X_0'(\pi)=0$ tiene soluciones no triviales ($\{1\}$), con lo que, según 3.3, para que haya solución para X_0 es necesario que sea $\int_0^\pi 1\cdot B_0(x)\,dx=0$.

Es decir, $[\mathrm{P}_2]$ **tiene solución solo si** $\boxed{\int_0^\pi\int_0^\pi F(x,y)\,dx\,dy = 0}$.

Y en ese caso tiene infinitas que difieren en una constante. Todo esto es coherente con lo que sabíamos sobre Neumann desde 1.3. Aquí vemos que la no unicidad se detecta en el problema de contorno para R, habitualmente para $n=0$.

Ej. 1. Calculemos la solución en el caso particular en que sea $\boxed{F(x,y)=x-a}$.

El problema solo tiene solución si $\iint_\square F = \tfrac{1}{2}\pi^3 - a\pi^2 = 0$, es decir, si $a=\tfrac{\pi}{2}$.

Entonces nos queda: $X_0''=x-\tfrac{\pi}{2}$ (por suerte, la F ya está desarrollada en $\{\cos ny\}$).

Por la misma razón los B_n, y por tanto los X_n, son nulos si $n\geq 1$.

Integrando e imponiendo $X_0'(0)=X_0'(\pi)=0$ obtenemos $\boxed{u(x,y)=\tfrac{1}{6}x^3 - \tfrac{\pi}{4}x^2 + C}$.

$\Big[$Si resolviésemos probando $u(x,y)=\sum_{n=0}^{\infty} Y_n(y)\cos nx$ habría que desarrollar en serie.

Lo hacemos, aunque esto sea una pérdida de tiempo.

Los coeficientes del desarrollo de $F=x-\tfrac{\pi}{2}$ en $\cos nx$ son:

$$B_n = \frac{2}{\pi}\int_0^\pi \left(x-\tfrac{\pi}{2}\right)\cos nx\, dx = \begin{cases} 0, & \text{si } n=0,2,4,\dots \\ -\frac{4}{\pi n^2}, & \text{si } n=1,3,\dots \end{cases}$$

$$Y_0'' + \sum_{n=1}^{\infty}[Y_n''-n^2 Y_n]\cos nx = \sum_{m=1}^{\infty} B_{2m-1}\cos(2m-1)x \quad \rightarrow$$

$$\begin{cases} Y_0''=0 \\ Y_0'(0)=Y_0'(\pi)=0 \end{cases} \rightarrow Y_0=C. \qquad \begin{cases} Y_{2m}''-4m^2 Y_{2m}=0 \\ Y_{2m}'(0)=Y_{2m}'(\pi)=0 \end{cases} \rightarrow Y_{2m}=0.$$

$$\begin{cases} Y_{2m-1}''-(2m-1)^2 Y_{2m-1}=B_{2m-1} \\ Y_{2m-1}'(0)=Y_{2m-1}'(\pi)=0 \end{cases} \rightarrow Y_{2m-1}=-\frac{B_{2m-1}}{(2m-1)^2}.$$

$$\rightarrow u = C + \frac{4}{\pi}\sum_{m=1}^{\infty}\frac{\cos(2m-1)x}{(2m-1)^4}, \text{ que (salvo constante) es el desarrollo de la } u \text{ de arriba}\Big].$$

Dos ejemplos más en cartesianas. El primero para Laplace con **condiciones mixtas** (en parte Dirichlet, en parte Neumann). Ya dijimos en 1.3 que todos ellos tienen solución única.

Ej. 2. $\begin{cases} u_{xx}+u_{yy}=0,\ (x,y)\in(0,1)\times(0,\pi) \\ u(x,0)=u_y(x,\pi)=u(0,y)=0,\ u(1,y)=1 \end{cases}$ $u=X(x)Y(y)\ \rightarrow$

$\begin{cases} Y''+\lambda Y=0,\ Y(0)=Y'(\pi)=0 \\ X''-\lambda X=0,\ X(0)=0 \end{cases}\ \rightarrow\ \lambda_n=\left(\frac{2n-1}{2}\right)^2,\ Y_n=\left\{\operatorname{sen}\frac{(2n-1)y}{2}\right\}.$

$\big[$Podemos poner el signo menos en cualquiera de las dos ecuaciones, y aquí hemos escogido la Y, que era la que tenía ambos datos de contorno nulos$\big]$.

Para esos λ es $X=c_1 e^{(2n-1)x/2}+c_2 e^{-(2n-1)x/2}\ \xrightarrow[X(0)=0]{}\ X_n=\left\{\operatorname{sh}\frac{(2n-1)x}{2}\right\}.$

Probamos $u(x,y)=\displaystyle\sum_{n=1}^{\infty}c_n X_n(x)Y_n(y)$. Imponiendo el dato $u(1,y)=1$ que falta:

$c_n \operatorname{sh}\frac{2n-1}{2}=\frac{2}{\pi}\int_0^\pi \operatorname{sen}\frac{(2n-1)y}{2}\,dy=\frac{4}{\pi(2n-1)}\left[1-\cos\frac{(2n-1)\pi}{2}\right]\ \rightarrow$

$u(x,y)=\displaystyle\sum_{n=1}^{\infty}\frac{4}{\pi(2n-1)\operatorname{sh}\frac{2n-1}{2}}\operatorname{sh}\frac{(2n-1)x}{2}\operatorname{sen}\frac{(2n-1)y}{2}\ .$

Si nos gustan más las condiciones de contorno para x podemos hacerlas homogéneas con un cambio de variable:

$v=x,\ w=u-v\ \rightarrow\ \begin{cases} w_{xx}+w_{yy}=0 \\ w(x,0)=-x,\ w_y(x,\pi)=0\ \rightarrow \\ w(0,y)=w(1,y)=0 \end{cases}$

$\begin{cases} X''+\lambda X=0,\ X(0)=X(1)=0 \\ Y''-\lambda Y=0,\ Y'(\pi)=0 \end{cases}\ \rightarrow\ \lambda_n=n^2\pi^2,\ X_n=\{\operatorname{sen}n\pi x\},\ Y_n=\{\operatorname{ch}[n\pi(\pi-y)]\}.$

$u=\displaystyle\sum_{n=1}^{\infty}k_n X_n(x)Y_n(y)\ \rightarrow\ \sum_{n=1}^{\infty}k_n X_n(0)Y_n(y)=-x\ \rightarrow\ k_n=-\frac{2}{\operatorname{ch}[n\pi^2]}\int_0^1 x\operatorname{sen}n\pi x\,dx$

$\rightarrow\ u(x,y)=x+\displaystyle\sum_{n=1}^{\infty}\frac{2(-1)^n}{\pi n\operatorname{ch}[n\pi^2]}\operatorname{ch}[n\pi(\pi-y)]\operatorname{sen}n\pi x$

$[$que será otra expresión distinta de la misma solución única$]$.

En todos los problemas que hemos resuelto en este capítulo (para el calor, para las ondas, el de Dirichlet..., excepto el anterior de Neumann) la solución era única (todos eran problemas 'físicos'). Pero no olvidemos que probar la unicidad en EDPs es complicado, y que un problema nuevo del que no se ha demostrado la unicidad podría no tenerla. Eso pasa en el siguiente ejemplo (para una ecuación llamada de 'Helmholtz', muy asociada a los problemas de más de dos variables):

Ej. 3. $\begin{cases} \Delta u+u=0,\ (x,y)\in(0,\pi)\times\left(-\frac{\pi}{4},\frac{\pi}{4}\right) \\ u_y(x,-\frac{\pi}{4})=u_y(x,\frac{\pi}{4})=0 \\ u(0,y)=0,\ u(\pi,y)=\operatorname{sen}2y \end{cases}$ Como es ecuación nueva, separamos variables desde el principio:

$u=XY\ \rightarrow\ \frac{X''}{X}+1=-\frac{Y''}{Y}=\lambda\ \rightarrow$

$\begin{cases} Y''+\lambda Y=0 \\ Y'(-\frac{\pi}{4})=Y'(\frac{\pi}{4})=0 \end{cases}\xrightarrow{s=y+\frac{\pi}{4}}\begin{cases} Y''+\lambda Y=0 \\ Y'(0)=Y'(\frac{\pi}{2})=0 \end{cases}\rightarrow\ \lambda_n=4n^2,\ Y_n=\left\{\cos 2n\left(y+\frac{\pi}{4}\right)\right\},\ n=0,1,\dots$

$X''+(1-\lambda_n)X=0,\ X(0)=0\ \rightarrow\ X_0=\{\operatorname{sen}x\}\ $ y $\ X_n=\left\{\operatorname{sh}\left(\sqrt{4n^2-1}\,x\right)\right\}$ si $n\ge 1$.

$u(x,y)=c_0\operatorname{sen}x+\displaystyle\sum_{n=1}^{\infty}c_n\operatorname{sh}\left(\sqrt{4n^2-1}\,x\right)\cos\left(2ny+\frac{n\pi}{2}\right)\Big|_{x=\pi}=\operatorname{sen}2y\ \rightarrow\ \begin{array}{l} c_0\ \text{indeterminado} \\ c_1\operatorname{sh}(\sqrt{3}\pi)=1 \\ c_n=0,\ n>1 \end{array}$

Tiene, por tanto, **infinitas soluciones**: $u(x,y)=C\operatorname{sen}x+\dfrac{\operatorname{sh}(\sqrt{3}x)}{\operatorname{sh}(\sqrt{3}\pi)}\operatorname{sen}2y$.

Evidentemente no se podrá demostrar la unicidad haciendo uso de la fórmula de Green. Operando como en 1.3, si u_1 y u_2 son soluciones del problema, su diferencia satisface:

$u=u_1-u_2\ \rightarrow\ \begin{cases} \Delta u+u=0 \\ \bullet=\bullet=0 \\ \bullet=\bullet=0 \end{cases}\ \rightarrow\ \iint_D\left(u\Delta u+u^2\right)=\iint_D u^2-\iint_D\|\nabla u\|^2=0\ \ ??$

Para resolver los problemas en círculos nos interesa expresar el **laplaciano en polares** ($x=r\cos\theta$, $y=r\,\text{sen}\,\theta$). Como,

$$u_r=u_x\cos\theta+u_y\,\text{sen}\,\theta\ ,\ \ u_{rr}=u_{xx}\cos^2\theta+2u_{xy}\,\text{sen}\,\theta\cos\theta+u_{yy}\,\text{sen}^2\theta$$
$$u_{\theta\theta}=u_{xx}r^2\text{sen}^2\theta-2u_{xy}r^2\text{sen}\,\theta\cos\theta+u_{yy}r^2\cos^2\theta-u_xr\cos\theta-u_yr\,\text{sen}\,\theta \quad\rightarrow$$

$$\boxed{\Delta u=u_{rr}+\frac{1}{r}u_r+\frac{1}{r^2}u_{\theta\theta}}$$

Resolvamos el **problema de Dirichlet homogéneo en un círculo**. Por primera vez nos van a aparecer condiciones que no están explícitamente escritas.

$$\boxed{[P_3]\ \begin{cases}\Delta u=0,\ \text{en}\ r<R\\ u(R,\theta)=f(\theta),\ \theta\in[0,2\pi)\end{cases}}\quad\big[\text{o}\ \theta\in(-\pi,\pi],\ \text{o}\ ...\big].$$

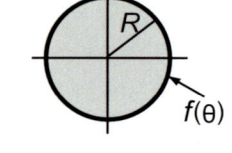

$$u(r,\theta)=R(r)\Theta(\theta)\ \rightarrow\ \frac{r^2R''+rR'}{R}=-\frac{\Theta''}{\Theta}=\lambda\ \rightarrow\ \begin{cases}\Theta''+\lambda\Theta=0\\ r^2R''+rR'-\lambda R=0\end{cases}.$$

Parece que no hay condiciones para la Θ, pero está claro que la solución $u(r,\theta)$ **debe ser 2π-periódica en** θ, es decir, debe ser $\Theta(0)=\Theta(2\pi)$, $\Theta'(0)=\Theta'(2\pi)$. Este problema de Sturm-Liouville periódico, como sabemos, tiene por autovalores y autofunciones:

$$\lambda_n=n^2\ ,\ n=0,1,2,\dots\ ,\ \ \Theta_0(\theta)=\{1\}\ ,\ \Theta_n(\theta)=\{\cos n\theta,\text{sen}\,n\theta\}\ .$$

Y las soluciones correspondientes de la ecuación en R son (ecuaciones de Euler):

$$R_0(r)=c_1+c_2\ln r\ \ \text{y}\ \ R_n(r)=c_1r^n+c_2r^{-n}\ \text{si}\ n\geq1\ .$$

Parece lógico imponer por argumentos físicos que la solución debe permanecer **acotada cuando** $r\rightarrow0$ (matemáticamente la solución también debe estarlo si ha de ser de C^2), así que debe ser $c_2=0$ en ambos casos. Por tanto, probamos soluciones de la forma:

$$\boxed{u(r,\theta)=\frac{a_o}{2}+\sum_{n=1}^{\infty}r^n\big[a_n\cos n\theta+b_n\,\text{sen}\,n\theta\big]}$$

Debe ser por último: $u(R,\theta)=\dfrac{a_o}{2}+\sum_{n=1}^{\infty}R^n\big[a_n\cos n\theta+b_n\,\text{sen}\,n\theta\big]=f(\theta)$, $\theta\in[0,2\pi)\ \rightarrow$

$$\boxed{a_n=\frac{1}{\pi R^n}\int_0^{2\pi}f(\theta)\cos n\theta\,d\theta\ ,\ n=0,1,\dots\ ,\ \ b_n=\frac{1}{\pi R^n}\int_0^{2\pi}f(\theta)\,\text{sen}\,n\theta\,d\theta\ ,\ n=1,2,\dots}$$

Sustituyendo estos coeficientes en la serie y operando formalmente se deduce:

$$u(r,\theta)=\frac{1}{2\pi}\int_0^{2\pi}\Big[1+2\sum_{n=1}^{\infty}\frac{r^n}{R^n}\cos n(\theta-\phi)\Big]f(\phi)\,d\phi$$

Vamos a sumar la serie:

$$1+2\sum_{n=1}^{\infty}\frac{r^n\cos n\alpha}{R^n}=1+\sum_{n=1}^{\infty}\Big(\frac{re^{i\alpha}}{R}\Big)^n+\sum_{n=1}^{\infty}\Big(\frac{re^{-i\alpha}}{R}\Big)^n=1+\frac{re^{i\alpha}}{R-re^{i\alpha}}+\frac{re^{-i\alpha}}{R-re^{-i\alpha}}=\frac{R^2-r^2}{R^2+r^2-2Rr\cos\alpha}\ .$$

Por tanto, la solución de $[P_3]$ se puede expresar:

$$\boxed{u(r,\theta)=\frac{R^2-r^2}{2\pi}\int_0^{2\pi}\frac{f(\phi)\,d\phi}{R^2-2Rr\cos(\theta-\phi)+r^2}}\quad\textbf{fórmula integral de Poisson}$$

Haciendo aquí $r=0$ (o mirando la serie) deducimos que $\boxed{u(0,\theta)=\frac{1}{2\pi}\int_0^{2\pi}f(\phi)\,d\phi}$:

si $\Delta u=0$, el valor de u en el centro de un círculo es el valor medio de u sobre su borde.

Habría que probar que la u de la serie (o la integral) es realmente solución de $[P_3]$. Se prueba que si f es C^1 a trozos, la u tiene **infinitas derivadas en** $r<R$ (aunque f sea discontinua), que en ese abierto es $\Delta u=0$ y que alcanza el valor de contorno con continuidad en los θ en que f es continua (y sigue habiendo unicidad, cosa que vimos en 1.3 solo si f era continua). Laplace (como el calor, y no así las ondas) hace también desaparecer las discontinuidades,

[La situación es totalmente análoga para $[P_1]$, Dirichlet en rectángulo u otros similares].

[El problema exterior en $r>R$ se ve más adelante, para compararlo con el del espacio].

Vamos con el problema de **Dirichlet no homogéneo en el círculo**.

En vez de tratarlo en general, resolvemos un problema concreto.

$$[P_4] \begin{cases} u_{rr} + \frac{1}{r}u_r + \frac{1}{r^2}u_{\theta\theta} = 4, \text{ en } r<1 \\ u(1,\theta) = \cos 2\theta \end{cases}$$

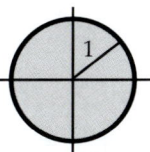

Podríamos descomponerlo en dos (el de $\Delta u = 0$ lo acabamos de ver), pero siempre es más corto resolverlo directamente. Como en todo no homogéneo probamos una serie con las autofunciones del homogéneo (que ya satisfacen la necesaria periodicidad):

$$u(r,\theta) = a_0(r) + \sum_{n=1}^{\infty} \left[a_n(r)\cos n\theta + b_n(r)\operatorname{sen} n\theta \right] \quad \rightarrow$$

$$a_0'' + \frac{1}{r}a_0' + \sum_{n=1}^{\infty} \left(\left[a_n'' + \frac{1}{r}a_n' - \frac{n^2}{r^2}a_n \right]\cos n\theta + \left[b_n'' + \frac{1}{r}b_n' - \frac{n^2}{r^2}b_n \right]\operatorname{sen} n\theta \right) = 4,$$

que, por suerte, ya está desarrollada en esta familia de autofunciones.

[Si en vez de un 4 tuviésemos una $F(r,\theta)$ cualquiera, la desarrollaríamos en senos y cosenos, mirando la r como constante e identificaríamos ambos miembros].

Habrá, pues, que resolver las ecuaciones de Euler:

$$r a_0'' + a_0' = 4r, \quad r^2 a_n'' + r a_n' - n^2 a_n = 0, \quad r^2 b_n'' + r b_n' - n^2 b_n = 0.$$

La condición $u(1,\theta) = \cos 2\theta$ (también desarrollada ya no exige integrar) impone que:

$$b_n(1) = 0 \;\forall n, \quad a_2(1) = 1, \quad a_n(1) = 0, \, n \neq 2.$$

La acotación cuando $r \to 0$ será la otra condición necesaria para precisar la solución de cada EDO de segundo orden. Para la de a_0 necesitamos una solución particular, que se puede hallar de varias formas. Con la fórmula de variación de las constantes:

$$\begin{vmatrix} 1 & \ln r \\ 0 & 1/r \end{vmatrix} = \frac{1}{r}, \quad a_{0p} = \ln r \int \frac{1 \cdot 4\, dr}{1/r} - \int \frac{\ln r \cdot 4\, dr}{1/r} = 2r^2 \ln r - 4\int r \ln r \, dr = r^2.$$

O, mejor, tanteando, pues (la de coeficientes constantes la tiene de la forma Ae^{2s}) se sabe que hay una $a_{0p} = Ar^2 \rightarrow 2A + 2A = 4$, $A = 1$. Así:

$$a_0 = c_1 + c_2 \ln r + r^2 \xrightarrow{\text{acotada}} c_2 = 0 \xrightarrow{a_0(1)=0} c_1 = -1.$$

también calculable con $a_0' = v$, $v' = -\frac{v}{r} + 4$, $v = \frac{C}{r} + 2r$.

Para a_2 será:

$$a_2 = c_1 r^2 + c_2 r^{-2} \xrightarrow{\text{acotada}} c_2 = 0 \xrightarrow{a_2(1)=1} c_1 = 1.$$

No necesitamos resolver más ecuaciones homogéneas para asegurar ya que el resto de a_n y las b_n son cero (0 es solución y no hay más por tener un problema de Dirichlet solución única). La solución de $[P_4]$ es, por tanto:

$$u(r,\theta) = r^2 - 1 + r^2\cos 2\theta \quad \left[\text{se podría escribir en cartesianas: } u = 2x^2 - 1 \right].$$

Como otras veces, un buen cambio simplifica el problema. Por ejemplo, podemos en este caso buscar una solución $v(r)$ de la ecuación no homogénea resolviendo $v'' + \frac{1}{r}v' = 4$.

La solución más sencilla de esta ecuación de Euler es $v = r^2$.

$$w = u - v \quad \rightarrow \quad \begin{cases} \Delta w = 0, \text{ en } r<1 \\ w(1,\theta) = \cos 2\theta - 1 \end{cases}.$$

De la serie de la página anterior obtenemos, identificando coeficientes, su solución:

$$w(r,\theta) = r^2\cos 2\theta - 1.$$

Esto nos lleva de forma mucho más rápida a la solución de antes.

$\left[\text{Utilizando funciones de Green se obtendrá en 4.5 una fórmula integral para} \right.$
$\begin{cases} \Delta u = F, \, r<R \\ u(R,\theta) = f(\theta) \end{cases}$ que generalizará la fórmula de Poisson de la página anterior $\Big]$.

Resolvamos ahora el **problema de Neumann homogéneo en un círculo**:

$$[P_5] \begin{cases} \Delta u = 0, \text{ en } r < R \\ u_r(R, \theta) = f(\theta), \ \theta \in [0, 2\pi) \end{cases}$$

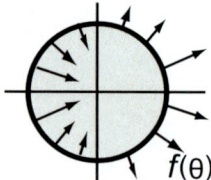

Como el problema de contorno y la ecuación de Euler son las mismas que en Dirichlet, la solución que probamos también es:

$$u(r, \theta) = \frac{a_o}{2} + \sum_{n=1}^{\infty} r^n \big[a_n \cos n\theta + b_n \operatorname{sen} n\theta \big]$$

Pero ahora es diferente la condición de contorno que falta:

$$u_r(R, \theta) = \sum_{n=1}^{\infty} nR^{n-1}\big[a_n \cos n\theta + b_n \operatorname{sen} n\theta \big] = f(\theta), \ \theta \in [0, 2\pi) \ \rightarrow$$

$$a_n = \frac{1}{n\pi R^{n-1}} \int_0^{2\pi} f(\theta) \cos n\theta \, d\theta, \quad b_n = \frac{1}{n\pi R^{n-1}} \int_0^{2\pi} f(\theta) \operatorname{sen} n\theta \, d\theta, \quad n = 1, 2, \dots$$

siempre que no tenga término independiente el desarrollo en senos y cosenos de $f(\theta)$. Es decir, una **condición necesaria** para que el problema se pueda resolver por este método es que se cumpla:

$$\int_0^{2\pi} f(\theta) \, d\theta = 0 \quad \left[\text{confirma lo visto en 1.3: debía ser } \oint_{\partial D} f \, ds = \iint_D F \, dxdy = 0 \right].$$

Además, a_o **queda indeterminado** [Neumann siempre tiene unicidad salvo constante].

Ej. 4. $\begin{cases} \Delta u = 0 \text{ en } r < 1 \\ u_r(1, \theta) = \operatorname{sen}^3\theta \end{cases}$ $u_r(1, \theta) = \sum_{n=1}^{\infty} n\big[a_n \cos n\theta + b_n \operatorname{sen} n\theta \big] = \operatorname{sen}^3\theta = \frac{3}{4}\operatorname{sen}\theta - \frac{1}{4}\operatorname{sen} 3\theta$.

No hay que hacer integrales: $b_1 = \frac{3}{4}$, $b_3 = -\frac{1}{12}$ y los demás 0, excepto a_0 sin condición.

Por tanto, son soluciones: $u(r, \theta) = C + \frac{3}{4}r \operatorname{sen}\theta - \frac{1}{12}r^3 \operatorname{sen} 3\theta$, con C cualquiera.

Y ahora resolvemos un **problema de Neumann no homogéneo en un semicírculo**:

$$[P_6] \begin{cases} \Delta u = F(r, \theta), \text{ en } r < 1, \ 0 < \theta < \pi \\ u_r(1, \theta) = u_\theta(r, 0) = u_\theta(r, \pi) = 0 \end{cases}$$

No hemos resuelto el homogéneo. Debemos empezar hallando sus autofunciones. Las dan la conocida ecuación en Θ que sale al separar variables y los datos de contorno, que ahora aparecen explícitamente escritos:

$$\begin{cases} \Theta'' + \lambda\Theta = 0 \\ \Theta'(0) = \Theta'(\pi) = 0 \end{cases} \rightarrow \lambda_n = n^2, \ \Theta_n(\theta) = \{\cos n\theta\}, \ n = 0, 1, 2, \dots \ \rightarrow$$

$$u(r, \theta) = R_o(r) + \sum_{n=1}^{\infty} R_n(r) \cos n\theta \quad \left[\begin{array}{l} \text{La serie con cosenos y senos del } [P_4] \text{ no cumple} \\ \text{los datos de contorno; aquí no hay periodicidad.} \end{array} \right] \rightarrow$$

$$R_o'' + \frac{1}{r}R_0' + \sum_{n=1}^{\infty} \Big[R_n'' + \frac{1}{r}R_n' - \frac{n^2}{r^2}R_n \Big] \cos n\theta = F(r, \theta) = B_o(r) + \sum_{n=1}^{\infty} B_n(r) \cos n\theta,$$

$$\text{con } B_o(r) = \frac{1}{\pi}\int_0^\pi F(r, \theta) \, d\theta \ \text{ y } \ B_n(r) = \frac{2}{\pi}\int_0^\pi F(r, \theta) \cos n\theta \, d\theta.$$

Bastará resolver las ecuaciones: $rR_o'' + R_o' = \big[rR_o' \big]' = rB_o(r)$ y $r^2 R_n'' + rR_n' - n^2 R_n = r^2 B_n(r)$, ambas con los datos de contorno (singulares): R_n acotada en $r = 0$ y $R_n'(1) = 0$.

Si $n \geq 1$ el problema homogéneo (y, por tanto, el no homogéneo) tiene solución R_n única (aunque el problema sea singular, vale lo que vimos en 3.3). Pero si $n = 0$:

$$rR_o'' + R_o' = 0 \ \rightarrow \ R_o = c_1 + c_2 \ln r \xrightarrow[R'(1)=0]{R \text{ acotada}} R_{oh} = \{1\} \ \rightarrow$$

Existen $\begin{array}{c} \text{infinitas soluciones} \\ \text{ninguna solución} \end{array}$ R_o del no homógeno según sea $\int_0^1 rB_o(r)dr \begin{array}{c} =0 \\ \neq 0 \end{array}$.

$$\left[\text{Concuerda una vez más con 1.3. Debía ser: } \int_0^1 \int_0^\pi rF(r, \theta) \, d\theta dr = 0 \right].$$

Resolvemos más problemas para Laplace en polares en recintos acotados con condiciones mixtas (por tanto, de solución única). Los primeros (homogéneo y no homogéneo) son en un cuadrante.

Ej. 5. $\begin{cases} \Delta u = 0, \ r < 1, \ \theta \in (0, \frac{\pi}{2}) \\ u_r(1, \theta) = 1, \ u_\theta(r, 0) = u(r, \frac{\pi}{2}) = 0 \end{cases}$ $\rightarrow$ $\begin{cases} \Theta'' + \lambda\Theta = 0, \ \Theta'(0) = \Theta(\frac{\pi}{2}) = 0 \\ r^2 R'' + rR' - \lambda R = 0 \end{cases}$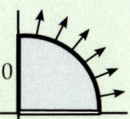

Problema de contorno conocido: $\lambda_n = (2n-1)^2$, $\Theta_n = \{\cos(2n-1)\theta\}$, $n = 1, 2, \dots$

Resolviendo para esos λ_n la ecuación en R y exigiendo que esté acotada en $r = 0$:

$$u(r, \theta) = \sum_{n=1}^{\infty} c_n r^{2n-1} \cos(2n-1)\theta \ \rightarrow \ u_r(1, \theta) = \sum_{n=1}^{\infty} (2n-1) c_n \cos(2n-1)\theta = 1$$

$$\rightarrow \ c_n = \frac{4}{(2n-1)\pi} \int_0^{\pi/2} \cos(2n-1)\theta \, d\theta = \frac{4}{\pi(2n-1)^2} \text{sen} \frac{(2n-1)\pi}{2} \quad \begin{array}{l}[\text{1 no es autofunción} \\ \text{y debemos integrar}].\end{array}$$

Por tanto, la solución es: $\boxed{u(r, \theta) = \frac{4}{\pi} \sum_{n=1}^{\infty} \frac{(-1)^{n+1}}{(2n-1)^2} r^{2n-1} \cos(2n-1)\theta}$.

Ej. 6. $\begin{cases} \Delta u = 3\,\text{sen}\,\theta, \ r < 1, \ 0 < \theta < \frac{\pi}{2} \\ u(1, \theta) = 0, \ u(r, 0) = u_\theta(r, \frac{\pi}{2}) = 0 \end{cases}$ $\begin{cases} \Theta'' + \lambda\Theta = 0 \\ \Theta(0) = \Theta'(\pi/2) = 0 \end{cases}$, $\begin{array}{l} \lambda_n = (2n-1)^2, \\ \Theta_n = \{\text{sen}(2n-1)\theta\}, \\ n = 1, 2, \dots \end{array}$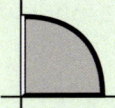

Se lleva $u(r, \theta) = \sum_{n=1}^{\infty} R_n(r) \,\text{sen}(2n-1)\theta$ a la EDP y al otro dato de contorno:

$$\sum_{n=1}^{\infty} \left[R_n'' + \frac{1}{r} R_n' - \frac{(2n-1)^2}{r^2} R_n \right] \text{sen}(2n-1)\theta = 3\,\text{sen}\,\theta \quad \text{(ya desarrollada)},$$

$$\sum_{n=1}^{\infty} R_n(1) \,\text{sen}(2n-1)\theta = 0 \ \Rightarrow \ R_n'(1) = 0 \ \forall n \ \text{(y las } R_n \text{ deben estar acotadas)}$$

$\Rightarrow$ Si $n > 1$ es $R_n \equiv 0$ (es solución y el problema tiene solución única).

Sólo sobrevive $\begin{cases} r^2 R_1'' + rR_1' - R_1 = 3r^2 \\ R_1 \text{ acotada}, R_1(1) = 0 \end{cases}$ $\overset{*}{\rightarrow}$ $R_1 = c_1 r + c_2 r^{-1} + r^2 \overset{cc}{\rightarrow} \boxed{u(r, \theta) = (r^2 - r)\,\text{sen}\,\theta}$.

* $R_p = Ar^2 (Ae^{2s}) \rightarrow (2+2-1)A = 3$. O peor: $\left| \begin{matrix} r & r^{-1} \\ 1 & -r^{-1} \end{matrix} \right| = -\frac{2}{r}$, $R_p = -r^{-1} \int \frac{r \cdot 3}{2r^{-1}} + r \int \frac{r^{-1} \cdot 3}{2r^{-1}} = r^2$.

Los recintos siguientes no incluyen el origen. La condición implícita de acotación se sustituye en ambos por un dato explícito en $r = 1$. En el segundo ya no hay datos ocultos y todo está a la vista:

Ej. 7. $\begin{cases} \Delta u = 0, \ 1 < r < 2 \\ u(1, \theta) = 0, \ u_r(2, \theta) = 1 + \text{sen}\,2\theta \end{cases}$ Sabemos que: $\begin{cases} \Theta'' + \lambda\Theta = 0 \\ \Theta \ 2\pi\text{-per.} \end{cases} \rightarrow$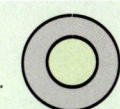

$\lambda_n = n^2$, $\Theta_n = \{\cos n\theta, \text{sen}\, n\theta\}$, $n = 0, 1, 2, \dots$

Para esos λ: $r^2 R'' + rR' - n^2 R = 0 \rightarrow \begin{array}{l} R_0 = c_1 + c_2 \ln r \xrightarrow{R(1)=0} R_0 = \{\ln r\} \\ R_n = c_1 r^n + c_2 r^{-n} \longrightarrow R_n = \{r^n - r^{-n}\} \end{array} \rightarrow$

$$u(r, \theta) = a_0 \ln r + \sum_{n=1}^{\infty} (r^n - r^{-n})[a_n \cos n\theta + b_n \,\text{sen}\, n\theta]$$

$$u_r(2, \theta) = a_0 2^{-1} + \sum_{n=1}^{\infty} n(2^{n-1} + 2^{-n-1})[a_n \cos n\theta + b_n \,\text{sen}\, n\theta] = 1 + \text{sen}\, 2\theta \rightarrow$$

$a_0 = 2$, $\frac{17}{4} b_2 = 1$ y los demás cero $\rightarrow$ $\boxed{u(r, \theta) = 2 \ln r + \frac{4}{17}(r^2 - r^{-2})\,\text{sen}\,\theta}$.

Ej. 8. $\begin{cases} \Delta u = 3\cos\theta, \ 1 < r < 2, \ 0 < \theta < \pi \\ u(1, \theta) = u(2, \theta) = u_\theta(r, 0) = u_\theta(r, \pi) = 0 \end{cases}$ Las Θ_n del homogéno son los cosenos del $[P_6]$.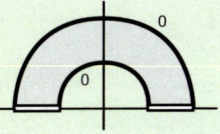

Probamos entonces la serie: $u(r, \theta) = R_0(r) + \sum_{n=1}^{\infty} R_n(r) \cos n\theta \rightarrow$

$$R_o + \frac{1}{r} R_0' + \sum_{n=1}^{\infty} \left[R_n'' + \frac{1}{r} R_n' - \frac{n^2}{r^2} R_n \right] \cos n\theta = 3\cos\theta \ [\text{ya desarrollado}].$$

Las condiciones para las R_n salen de las otras condiciones de contorno:

$$\sum_{n=0}^{\infty} R_n(1)\Theta_n(\theta) = \sum_{n=0}^{\infty} R_n(2)\Theta_n(\theta) = 0 \ \Rightarrow \ R_n(1) = R_n(2) = 0 \ \forall n.$$

Por la unicidad de los problemas mixtos solo es no nula la solución de $r^2 R_1'' + rR_1' - R_1 = 3r^2$ con los datos nulos de arriba. Ecuación resuelta en el ejemplo 6. De los datos se obtiene:

$c_1 = -\frac{7}{3}$, $c_2 = \frac{4}{3}$. Luego la solución es: $\boxed{u(r, \theta) = \left(r^2 - \frac{7}{3}r + \frac{4}{3}r^{-1}\right)\cos\theta}$.

Resolvamos el problema de **Dirichlet en una esfera** con **datos independientes de** ϕ que, de hecho, es un problema con **dos variables** como el resto de los de esta sección. El problema general en tres variables se tratará brevemente en la siguiente sección 4.4.

En libros de cálculo en varias variables se tiene la expresión del laplaciano en esféricas:

$$\left.\begin{array}{l} x = r\,\mathrm{sen}\,\theta\cos\phi \\ y = r\,\mathrm{sen}\,\theta\,\mathrm{sen}\,\phi \\ z = r\cos\theta \end{array}\right\} \;\to\; \Delta u = u_{rr} + \tfrac{2}{r}u_r + \tfrac{1}{r^2}u_{\theta\theta} + \tfrac{\cos\theta}{r^2\,\mathrm{sen}\,\theta}u_\theta + \tfrac{1}{r^2\,\mathrm{sen}^2\theta}u_{\phi\phi}\,.$$

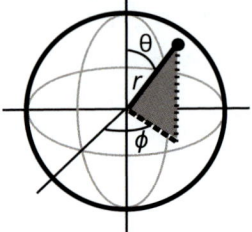

Si los datos no dependen de ϕ podemos encontrar soluciones que tampoco dependan de ϕ:

$$\begin{cases} u_{rr} + \tfrac{2}{r}u_r + \tfrac{1}{r^2}\Big[u_{\theta\theta} + \tfrac{\cos\theta}{\mathrm{sen}\,\theta}u_\theta\Big] = 0,\; r < R \\ u(R,\theta) = f(\theta),\; \theta\in[0,\pi] \end{cases}$$

Separando variables $u(r,\theta) = R(r)\,\Theta(\theta)$ se obtiene sin dificultad $\begin{cases} r^2 R'' + 2rR' - \lambda R = 0 \\ \Theta'' + \tfrac{\cos\theta}{\mathrm{sen}\,\theta}\Theta' + \lambda\Theta = 0 \end{cases}$.

El cambio $s = \cos\theta$ $\big[\,\Theta' = -\mathrm{sen}\,\theta\tfrac{d\Theta}{ds}\,,\; \Theta'' = \mathrm{sen}^2\theta\tfrac{d^2\Theta}{ds^2} - \cos\theta\tfrac{d\Theta}{ds}\,\big]$ lleva la ecuación en Θ a:

$$\big[1-s^2\big]\tfrac{d^2\Theta}{ds^2} - 2s\tfrac{d\Theta}{ds} + \lambda\Theta = 0\,,\quad \textbf{ecuación de Legendre}.$$

Imponemos que Θ esté **acotada en** $s = \pm 1$ [es decir, para $\theta = 0, \pi$ polos de la esfera]. Los autovalores de este **problema singular** (visto en 3.1) eran $\lambda_n = n(n+1)$, $n = 0, 1, \dots$ y sus autofunciones son los **polinomios de Legendre**:

$$\{P_n(s)\} = \{P_n(\cos\theta)\}\quad \Big[\,P_0 = 1\,,\; P_1 = s\,,\; P_2 = \tfrac{3}{2}s^2 - \tfrac{1}{2}\,,\; P_3 = \tfrac{5}{2}s^3 - \tfrac{3}{2}s\,,\; \dots\,\Big]$$

Para estos valores de λ:

$$r^2 R'' + 2rR' - n(n+1)R = 0 \;\to\; \mu^2 + \mu - n(n+1) = 0,\; \mu = n, -(n+1) \;\to\; R = c_1 r^n + c_2 r^{-(n+1)}\,.$$

Como la solución ha de estar **acotada** en el origen solo nos vale $R_n = \{r^n\}$, $n = 0, 1, \dots$

Probamos entonces:

$$\boxed{u(r,\theta) = \sum_{n=0}^{\infty} a_n r^n P_n(\cos\theta)} \;\to\; u(R,\theta) = \sum_{n=0}^{\infty} a_n R^n P_n(\cos\theta) = f(\theta)$$

$$\to\; \boxed{a_n = \tfrac{2n+1}{2R^n}\int_0^\pi f(\theta)P_n(\cos\theta)\,\mathrm{sen}\,\theta\,d\theta}\,,\quad n = 0, 1, \dots,$$

pues el **peso** del problema de Sturm-Liouville es $r(\theta) = \mathrm{sen}\,\theta$ $\big[\,(\mathrm{sen}\,\theta\,\Theta')' + \lambda\,\mathrm{sen}\,\theta\,\Theta = 0\,\big]$ y los P_n ya dijimos que cumplen:

$$\int_0^\pi \big[P_n(\cos\theta)\big]^2\,\mathrm{sen}\,\theta\,d\theta \overset{s=\cos\theta}{=} \int_{-1}^1 \big[P_n(s)\big]^2\,ds = \tfrac{2}{2n+1}\,.$$

Ej. 9. Si $\boxed{R = 1 \text{ y } f(\theta) = \cos^2\theta}$ de la fórmula de arriba se obtiene: $a_n = \tfrac{2n+1}{2}\int_{-1}^1 s^2 P_n(s)\,ds$.

Así pues: $a_0 = \tfrac{1}{2}\int_{-1}^1 s^2\,ds = \tfrac{1}{3}$, $a_2 = \tfrac{5}{2}\int_{-1}^1\big[\tfrac{3}{2}s^4 - \tfrac{1}{2}s^2\big]ds = \tfrac{2}{3}$, y los demás $a_n = 0$.

$\big[$Ya que P_1 es impar ($\Rightarrow a_1 = 0$), y para desarrollar s^2 bastan solo P_0, P_1 y $P_2\,\big]$.

La solución es, por lo tanto, $u(r,\theta) = \tfrac{1}{3} - \tfrac{1}{3}r^2 + r^2\cos^2\theta$ $\big[= \tfrac{1}{3}(1 - x^2 - y^2 + 2z^2)\big]$.

Pero para un dato como este se podrían determinar los coeficientes tanteando:

$$\cos^2\theta = \tfrac{2}{3}\big(\tfrac{3}{2}\cos^2\theta - \tfrac{1}{2}\big) + \tfrac{1}{3} \;\to\; a_2 = \tfrac{2}{3}\,,\; a_0 = \tfrac{1}{3}\,, \text{ como antes.}$$

$\big[$Para resolver problemas con términos no homogéneos $F(r,\theta)$ se probaría como siempre en la ecuación una serie de autofunciones: $u(r,\theta) = \sum_{n=0}^{\infty} a_n(r)P_n(\cos\theta)\,\big]$.

Veamos ahora el **problema exterior** de Dirichlet para Laplace en el círculo y en la esfera con simetría (con datos independientes de ϕ). Para que haya unicidad, las condiciones en el infinito han de ser distintas:

plano:

$$\begin{cases} \Delta u = 0, \ \text{si } r>R \\ u(R,\theta)=f(\theta), \ 0\leq\theta<2\pi \\ u \text{ acotada cuando } r\to\infty \end{cases}$$

espacio:

$$\begin{cases} \Delta u = 0, \ \text{si } r>R \\ u(R,\theta)=f(\theta), \ 0\leq\theta\leq\pi \\ u \to 0 \text{ cuando } r\to\infty \end{cases}$$

Separando variables se llega a las mismas Θ_n que en los problemas interiores:

$$\{\Theta_n\}=\{\cos n\theta, \operatorname{sen} n\theta\}\,, \ n=0,1,\dots \qquad \{\Theta_n\}=\{P_n(\cos\theta)\}\,, \ n=0,1,\dots$$

Pero hay que elegir diferentes R_n, para las nuevas condiciones en el infinito:

$$n=0, \ c_1+c_2\ln r \to R_0=\{1\} \qquad\qquad n=0, \ c_1+c_2 r^{-1} \to R_0=\{r^{-1}\}$$

$$n>0, \ c_1 r^n+c_2 r^{-n} \to R_n=\{r^{-n}\} \qquad n>0, \ c_1 r^n+c_2 r^{-(n+1)} \to R_n=\{r^{-(n+1)}\}$$

[En el plano ningún $R_0\to 0$, y en el espacio están acotadas tanto 1 como r^{-1}. Si se impusiese en el plano tender a 0 nos quedaríamos sin soluciones y pedir acotación nos daría infinitas en el espacio].

Probando las series correspondientes e imponiendo el dato $u(R,\theta)=f(\theta)$, se obtiene que las soluciones respectivas son estas series con los coeficientes indicados:

$$u(r,\theta)=\tfrac{a_0}{2}+\sum_{n=1}^{\infty} r^{-n}\big[a_n\cos n\theta+b_n\operatorname{sen} n\theta\big] \qquad u(r,\theta)=\tfrac{a_0}{r}+\sum_{n=1}^{\infty} a_n r^{-(n+1)}P_n(\cos\theta)$$

$$a_n=\tfrac{R^n}{\pi}\int_0^{2\pi} f(\theta)\cos n\theta\,d\theta\,, \ n=0,1,\dots \qquad a_n=\tfrac{(2n+1)R^{n+1}}{2}\int_0^{\pi} f(\theta)P_n(\cos\theta)\operatorname{sen}\theta\,d\theta$$

$$b_n=\tfrac{R^n}{\pi}\int_0^{2\pi} f(\theta)\operatorname{sen} n\theta\,d\theta\,, \ n=1,2,\dots \qquad\qquad n=0,1,\dots$$

Ej. 10. Hallemos la solución en ambos casos cuando $\boxed{f(\theta)=k}$ constante.

Basta mirar las series para deducir las soluciones en ambos casos:

$$\boxed{u=k} \text{ en el plano.} \qquad\qquad \boxed{u=\tfrac{kR}{r}} \text{ en el espacio.}$$

[Interpretemos estos resultados mirándolos como soluciones estacionarias de la ecuación del calor. Si mantenemos la superficie de una bola de radio R constantemente a $k°$, la temperatura que tenderían a tener todos los puntos del espacio sería kR/r, disminuyendo con la distancia a la bola. Para el primer caso, en vez de imaginarnos en un mundo bidimensional, situémonos en el espacio con datos y soluciones independientes de la variable z: si toda la superficie de un cilindro infinito de radio R se conserva a $k°$, todo el espacio tenderá a tener esa temperatura].

[Si nos planteásemos el problema en el interior $r<R$, es inmediato ver que la solución, tanto en el plano como en el espacio, sería $u=k$].

Ej. 11. Sea $\boxed{R=1 \text{ y } f(\theta)=\cos^2\theta}$. Resolvamos y comparemos con las soluciones en $r<1$.

En el plano, la serie del interior y exterior llevan a la misma condición:

$$u(1,\theta)=\tfrac{a_0}{2}+\sum_{n=1}^{\infty}\big[a_n\cos n\theta+b_n\operatorname{sen} n\theta\big]=\tfrac{1}{2}+\tfrac{1}{2}\cos 2\theta \to$$

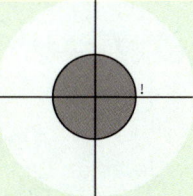

$$u=\tfrac{1}{2}+\tfrac{1}{2}r^2\cos 2\theta \text{ (interior)}, \quad u=\tfrac{1}{2}+\tfrac{1}{2r^2}\cos 2\theta \text{ (exterior)}.$$

$$\left[\text{En cartesianas } u=\tfrac{1+x^2-y^2}{2} \text{ y } u=\tfrac{1}{2}+\tfrac{x^2-y^2}{2(x^2+y^2)^2}\,, \text{ respectivamente}\right].$$

Para el espacio, el interior ya se ha resuelto en el ejemplo 9. Y en el exterior la condición que aparece al hacer $r=1$ vuelve a coincidir con la del interior.

Las soluciones respectivas son, pues:

$$u=\tfrac{1}{3}-\tfrac{1}{3}r^2+r^2\cos^2\theta \text{ (interior)}, \quad u=\tfrac{1}{3r}-\tfrac{1}{3r^3}+\tfrac{1}{r^3}\cos^2\theta \text{ (exterior)}.$$

Hagamos varias reflexiones sobre el método de separación de variables que generalicen las ideas que hemos venido utilizando en este capítulo.

Todos los problemas que hemos visto estaban formados por una **EDP lineal** $L[u]=F$, con L lineal (es decir, $L[au_1+bu_2]=aL[u_1]+bL[u_2]$) y unas **condiciones adicionales lineales**.

Para los resueltos por separación de variables las EDPs eran '**separables**' (no todas lo son) y los recintos que aparecieron eran 'simples' (limitados por '$variable=cte$').

Todos estos problemas tenían siempre **dos condiciones de contorno** $C_k[u] = h_k$ y además una o dos condiciones iniciales o de contorno. Para Laplace en polares vimos que a veces las condiciones de contorno estaban implícitas (por ejemplo, en un círculo se exigía periodicidad y, cuando el recinto incluía el origen, aparecía la acotación).

Nos hemos ocupado primero de conseguir que fuesen **cero** las condiciones de contorno.

En todos los **problemas homogéneos** hemos buscado soluciones de la EDP que eran productos, por ejemplo $u=XT$, y ello nos condujo a unas X_n **autofunciones** de un problema de contorno y unas T_n soluciones de otra EDO **homogénea** (igual si era $u=XY$, $u=R\Theta$...). Gracias a la linealidad pudimos construir la serie $u(x,t)=\sum c_n X_n(x)T_n(t)$ y para hallar la solución solo faltó **calcular los** c_n imponiendo la condición inicial (o condiciones, o las otras de contorno) y haciendo **desarrollos de Fourier**.

Para los **problemas no homogéneos**, buscando también una serie solución, llevamos a la EDP (con la F desarrollada) una serie cuyos términos eran **productos de las autofunciones del problema homogéneo por funciones a determinar de la otra variable**. Si el homogéneo no se había visto previamente, primero se debían precisar esas autofunciones (los pasos iniciales en ambos tipos de problemas son los mismos). Resolviendo la familia resultante de EDOs lineales **no homogéneas** con las condiciones que se deducen del desarrollo de las condiciones iniciales (o de las otras de contorno), obtuvimos la solución.

Pensemos también en general sobre la descomposición en subproblemas y los cambios de variable (aquí y en otros capítulos). Supongamos, por ejemplo, que son 3 las condiciones adicionales (como para el calor en la varilla finita) y que nuestro problema es de la forma:

$$[P] \begin{cases} L[u]=F \\ M[u]=f \\ C_1[u]=h_1,\ C_2[u]=h_2 \end{cases}$$

El problema de resolver [P] puede ser reducido a resolver otros subproblemas más sencillos. Por ejemplo, si u_1, u_2, u_3 y u_4 son soluciones de:

$$[P_1] \begin{cases} L[u]=F \\ M[u]=0 \\ C_1[u]=0 \\ C_2[u]=0 \end{cases} \quad [P_2] \begin{cases} L[u]=0 \\ M[u]=f \\ C_1[u]=0 \\ C_2[u]=0 \end{cases} \quad [P_3] \begin{cases} L[u]=0 \\ M[u]=0 \\ C_1[u]=h_1 \\ C_2[u]=0 \end{cases} \quad [P_4] \begin{cases} L[u]=0 \\ M[u]=0 \\ C_1[u]=0 \\ C_2[u]=h_2 \end{cases}$$

está claro, por la linealidad, que $u=u_1+u_2+u_3+u_4$ es solución de [P], pero, como ya hemos observado, bastantes veces nos convendrá descomponer [P] en menos subproblemas.

Bastantes veces necesitamos hacer homogéneas las condiciones de contorno (la separación de variables y otros métodos lo exigen). Si somos capaces de hallar una v que cumpla $C_1[v]=h_1$ y $C_2[v]=h_2$, el cambio $w=u-v$ lleva [P] a:

$$\begin{cases} L[w]=F-L[v] \\ M[w]=f-M[v] \\ C_1[w]=C_2[w]=0 \end{cases}$$

Otras veces interesa hacer la ecuación homogénea (por ejemplo, cuando no hay datos de contorno, como en algunos problemas del capítulo 1). Así, si lo que tenemos es una solución particular v de la ecuación ($L[v]=F$), haciendo como siempre, $w=u-v$ acabaríamos en:

$$\begin{cases} L[w]=L[u]-L[v]=0 \\ M[w]=f-M[v] \\ C_1[w]=h_1-C_1[v],\ C_2[w]=h_2-C_2[v] \end{cases}$$

Lo que ya es un lujo (pero se puede intentar buscar por el premio que nos da) es tener una v que cumpla la ecuación y además las dos condiciones de contorno (en algunos ejemplos lo hicimos). Los problemas homogéneos suelen exigir menos cálculos que los no homogéneos (separando variables, por ejemplo, los primeros exigen resolver solo EDOs homogéneas, más corto que resolver las EDOs no homogéneas de los segundos).

Como vemos, hay mucha variedad en los posibles cambios. En cada caso habrá que ver cuáles nos llevan a problemas más asequibles. Si inicialmente hay condiciones homogéneas intentaremos que los cambios no las estropeen, aunque a veces no habrá más remedio.

4.4. Algunos problemas en tres variables

Comenzamos estudiando las **series de Fourier dobles**, de teoría inmediata a partir de las de una variable, ya que son consecuencia de dos desarrollos sucesivos (las triples, que aparecerían en problemas con 4 variables, son también similares).

Sean $X_m(x)$, $x \in [a, b]$ e $Y_n(y)$, $y \in [c, d]$ las autofunciones de dos problemas de Sturm-Liouville de pesos respectivos $r(x)$ y $s(y)$, y sea $f(x, y) \in C^1([a, b] \times [c, d])$. Entonces, para cada $(x, y) \in (a, b) \times (c, d)$ se puede escribir f como la serie:

$$f(x, y) = \sum_{m=1}^{\infty} \sum_{n=1}^{\infty} c_{nm} X_n Y_m \quad \text{con} \quad c_{nm} = \frac{1}{\langle X_n, X_n \rangle} \frac{1}{\langle Y_m, Y_m \rangle} \int_a^b \int_c^d f(x, y) X_m Y_n \, r \, s \, dy \, dx \, .$$

$\left[\langle u, v \rangle \text{ designa, desde luego, } \int_a^b r u v \, dx \text{ o } \int_c^d s u v \, dy \right].$

pues para cada x fijo se puede escribir $f(x, y) = \sum_{m=1}^{\infty} C_m(x) Y_m$, $C_m(x) = \frac{\langle f(x,y), Y_m \rangle}{\langle Y_m, Y_m \rangle}$,

y con $C_m(x) = \sum_{n=1}^{\infty} c_{nn} X_n$, $c_{nm} = \frac{\langle C_m(x), X_n \rangle}{\langle X_n, X_n \rangle}$ se obtiene la expresión de arriba.

[Se llega a lo mismo, desde luego, desarrollando primero en X_n y luego en Y_m].

Un caso particular de las series anteriores son los desarrollos de funciones en **series trigonométricas dobles** de una función $f \in C^1([0, L] \times [0, M])$. Como estas dos:

$$f(x, y) = \sum_{n=1}^{\infty} \sum_{m=1}^{\infty} b_{nm} \operatorname{sen} \frac{n\pi x}{L} \operatorname{sen} \frac{m\pi y}{M} \, , \text{ con } b_{nm} = \frac{4}{LM} \int_0^L \int_0^M f(x, y) \operatorname{sen} \frac{n\pi x}{L} \operatorname{sen} \frac{m\pi y}{M} \, dy \, dx \, .$$

$$f(x, y) = \frac{1}{4} a_{00} + \frac{1}{2} \sum_{n=1}^{\infty} a_{n0} \cos \frac{n\pi x}{L} + \frac{1}{2} \sum_{m=1}^{\infty} a_{0m} \cos \frac{m\pi y}{M} + \sum_{m=1}^{\infty} \sum_{n=1}^{\infty} a_{nm} \cos \frac{n\pi x}{L} \cos \frac{m\pi y}{M} \, ,$$

$$\text{con} \quad a_{nm} = \frac{4}{LM} \int_0^L \int_0^M f(x, y) \cos \frac{n\pi x}{L} \cos \frac{m\pi y}{M} \, dy \, dx \, .$$

[O los desarrollos parecidos en $\sum$ sen cos o $\sum$ cos sen , o con series en senos y cosenos, o desarrollos que incluyan senos impares o cosenos impares].

[Los factores $\frac{1}{4}$ y $\frac{1}{2}$ son, como siempre, para que la fórmula valga también si $n=0$ o $m=0$].

[Se podría pedir que f fuese solo C^1 a trozos, pero aquí suponemos que es más suave].

Ej. 1. Desarrollemos $\boxed{f(x, y) = x \cos y}$, en $[0, \pi] \times [0, \pi]$ de las dos formas de arriba:

$$x \cos y = \sum_{n=1}^{\infty} \sum_{m=1}^{\infty} b_{nm} \operatorname{sen} nx \operatorname{sen} my \quad \text{con} \quad b_{nm} = \frac{4}{\pi^2} \int_0^\pi \int_0^\pi x \cos y \, \operatorname{sen} nx \operatorname{sen} my \, dy \, dx$$

$$\to \ x \cos y = \frac{16}{\pi} \sum_{n=1}^{\infty} \sum_{m=1}^{\infty} \frac{[-1]^{n+1} m}{n[4m^2-1]} \operatorname{sen} nx \operatorname{sen} 2my$$

$$a_{nm} = \frac{4}{\pi^2} \int_0^\pi \int_0^\pi x \cos y \cos nx \cos my \, dy \, dx = \begin{cases} 0 \ \text{ si } m \neq 1 \\ \pi \ \text{ si } m=1, n=0 \\ 2[(-1)^n - 1]/(\pi n^2) \text{ si } m=1, n>0 \end{cases} \to$$

$$x \cos y = \frac{\pi}{2} \cos y - \frac{4}{\pi} \sum_{n=1}^{\infty} \frac{1}{(2n-1)^2} \cos[2n-1]x \cos y \quad \text{[ya estaba desarrollada en } y\text{]}.$$

[La igualdad entre f y su serie se dará en los puntos de continuidad de la f extendida, de forma impar en el primer caso y par en el segundo, en cada variable hasta $[-\pi, \pi]$ y luego de forma 2π-periódica; así, la serie en senos converge hacia $x \cos y$ en el lado $x=0$ del cuadrado $[0, \pi] \times [0, \pi]$, pero no lo hace en los otros lados; la serie en cosenos, en cambio, converge (uniformemente) en todo el cuadrado, incluido el borde].

[Como decíamos ya en 3.2, aunque una $f(x, y)$ se puede desarrollar en cualquier par de familias de autofunciones, será el problema el que nos diga en cuáles hay que hacerlo].

Resolvamos separando variables varios problemas (homogéneos) en 3 variables. En el primero, para el **calor en un cuadrado**, estudiamos la evolución de las temperaturas de una placa (dadas las iniciales) si el borde se mantiene a $0°$:

$$\begin{cases} u_t - k[u_{xx}+u_{yy}]=0\,, \ \ (x,y)\in(0,\pi)\times(0,\pi),\ t>0 \\ u(x,y,0)=f(x,y) \\ u(x,0,t)=u(x,\pi,t)=u(0,y,t)=u(\pi,y,t)=0 \end{cases}$$

Buscamos soluciones del tipo $u(x,y,t)=X(x)Y(y)T(t) \rightarrow XYT'-k[X''Y+XY'']T=0$.

Separamos variables dos veces consecutivas y aparecen dos constantes distintas:

$$\frac{X''}{X}=\frac{1}{k}\frac{T'}{T}-\frac{Y''}{Y}=-\lambda \rightarrow \begin{cases} X''+\lambda X=0 \\ \frac{Y''}{Y}=\lambda+\frac{1}{k}\frac{T'}{T}=-\mu \end{cases} \rightarrow \begin{cases} Y''+\mu Y=0 \\ T'=-k[\lambda+\mu]T \end{cases}$$

[Como en 2 variables, dejamos para la T la expresión más complicada].

[En algunos problemas en 3 variables se actúa de forma diferente. Se podría empezar aquí haciendo $u=T(t)v(x,y) \rightarrow T'v=kT\Delta v \rightarrow T'=-\lambda kT$, $\Delta v+\lambda v=0$ (ecuación de Helmholtz)].

Las condiciones de contorno exigen: $X(0)=X(\pi)=Y(0)=Y(\pi)=0$. Así pues:

$$\begin{cases} \lambda=n^2,\ X_m=\{\operatorname{sen} nx\},\ n=1,2,\dots \\ \mu=m^2,\ Y_n=\{\operatorname{sen} my\},\ m=1,2,\dots \end{cases} \rightarrow T_{nm}=\left\{e^{-(n^2+m^2)kt}\right\}\,.$$

Cualquier función de la forma $u_{nm}(x,y,t)=\left\{e^{-(n^2+m^2)kt}\operatorname{sen} nx\operatorname{sen} my\right\}$ satisface la EDP y todas las condiciones de contorno, lo mismo que cualquier combinación lineal de ellas.

Esto nos lleva a probar la serie: $\boxed{u(x,y,t)=\sum_{n=1}^{\infty}\sum_{m=1}^{\infty} b_{nm}\,e^{-(n^2+m^2)kt}\operatorname{sen} nx\operatorname{sen} my}$,

que debe satisfacer además: $u(x,y,0)=\sum_{n=1}^{\infty}\sum_{m=1}^{\infty} b_{nm}\operatorname{sen} nx\operatorname{sen} my=f(x,y) \rightarrow$

$$\boxed{b_{nm}=\frac{4}{\pi^2}\int_0^{\pi}\int_0^{\pi} f(x,y)\operatorname{sen} nx\operatorname{sen} my\,dx\,dy}\ ,\ n,m\ge 1\,.$$

[Como en la varilla, aquí también $u\to 0$ cuando $t\to\infty$].

Ahora, **Laplace en un cubo** con condiciones de contorno mixtas (tiene solución única como los similares del plano):

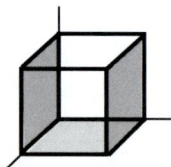

$$\begin{cases} \Delta u=0 \text{ en } (0,\pi)\times(0,\pi)\times(0,\pi) \\ u(x,y,0)=f(x,y),\ u=0 \text{ en } x=0,\ x=\pi,\ z=\pi \\ u_y=0 \text{ en } y=0,\ y=\pi \end{cases}$$

$$u=XYZ \rightarrow \frac{Y''}{Y}+\frac{Z''}{Z}=-\frac{X''}{X}=\lambda \rightarrow \frac{Z''}{Z}-\lambda=-\frac{Y''}{Y}=\mu \rightarrow \begin{cases} X''+\lambda X=0,\ X(0)=X(\pi)=0 \\ Y''+\mu Y=0,\ Y'(0)=Y'(\pi)=0 \\ Z''-[\lambda+\mu]Z=0,\ Z(\pi)=0 \end{cases}$$

$$\rightarrow \begin{cases} \lambda=n^2,\ X_n=\{\operatorname{sen} nx\},\ n=1,2,\dots \\ \mu=m^2,\ Y_m=\{\cos my\},\ m=0,1,\dots \end{cases} \rightarrow Z_{mn}=\left\{\operatorname{sh}\left(\sqrt{n^2+m^2}\,[\pi-z]\right)\right\} \rightarrow$$

$$\boxed{\begin{aligned} u(x,y,z)=&\tfrac{1}{2}\sum_{n=1}^{\infty} c_{n0}\operatorname{sh}\left(n[\pi-z]\right)\operatorname{sen} nx \\ &+\sum_{m=1}^{\infty}\sum_{n=1}^{\infty} c_{nm}\operatorname{sh}\left(\sqrt{n^2+m^2}\,[\pi-z]\right)\operatorname{sen} nx\cos my \end{aligned}}$$

Como $u(x,y,0)=f(x,y)$, los c_{nm} serán:

$$\boxed{c_{nm}=\frac{4}{\pi^2\operatorname{sh}\left(\pi\sqrt{n^2+m^2}\right)}\int_0^{\pi}\int_0^{\pi} f(x,y)\operatorname{sen} nx\cos my\,dy\,dx}\ \ \begin{matrix} n=1,2,\dots \\ m=0,1,\dots \end{matrix}$$

[En caso de ser $f(x,y)=\operatorname{sen} 3x\cos 4y$ la solución se reduciría a un único término.

Identificando se tendría $u(x,y)=\frac{\operatorname{sh}(5[\pi-z])}{\operatorname{sh}(5\pi)}\operatorname{sen} 3x\cos 4y$ sin hacer integrales].

Resolvamos ahora, con pocos detalles y sin dar demostraciones, el problema general de **Dirichlet en la esfera** para **Laplace en 3 variables**:

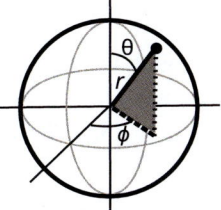

$$\begin{cases} u_{rr} + \frac{2}{r}u_r + \frac{1}{r^2}\left[u_{\theta\theta} + \frac{\cos\theta}{\text{sen}\,\theta}u_\theta + \frac{1}{\text{sen}^2\theta}u_{\phi\phi}\right] = 0 \,,\ r<R \\ u(R,\theta,\phi)=f(\theta,\phi)\,,\quad \theta\in[0,\pi]\,,\ \phi\in[0,2\pi) \end{cases}$$

Aquí separamos primero la parte radial y la que depende de los dos ángulos:

$$u=R(r)\,Y(\theta,\phi) \ \rightarrow\ \begin{cases} r^2R'' + 2rR' - \lambda R = 0 \\ Y_{\phi\phi} + \text{sen}\,\theta\big(\text{sen}\,\theta\,Y_\theta\big)_\theta + \lambda\,\text{sen}^2\theta\,Y = 0 \end{cases}$$

Separando ahora la parte angular: $\ Y(\theta,\phi)=\Theta(\theta)\,\Phi(\phi) \ \rightarrow\ \begin{cases} \Phi'' + \mu\Phi = 0 \\ \big(\text{sen}\,\theta\,\Theta'\big)' + \big(\lambda\,\text{sen}\,\theta - \frac{\mu}{\text{sen}\,\theta}\big)\Theta = 0 \end{cases}$.

La solución ha de ser 2π-periódica en ϕ: $\ \mu_m=m^2$, $\Phi_m(\phi)=\{\cos m\phi, \text{sen}\,m\phi\}$, $m=0,1,\dots$

Llevando estos μ_m a la otra ecuación y haciendo como antes $s=\cos\theta$ se tiene:

$$\frac{d}{ds}\left[(1-s^2)\frac{d\Theta}{ds}\right] + \left[\lambda - \frac{m^2}{1-s^2}\right]\Theta = 0 \,,\quad \Theta \text{ acotada en } s=\pm1\,.$$

La EDO, nueva para nosotros, se llama **ecuación asociada de Legendre**. Si $m=0$ se recupera la de Legendre y las autofunciones eran los P_n hallados en 4.3. Se prueba que los autovalores del problema singular son también $\lambda_n=n(n+1)$, y sus autofunciones están relacionadas con ellos:

$$\boxed{P_n^m(s) = \big(1-s^2\big)^{m/2}\,\frac{d^m}{ds^m}P_n(s)}\,,\ \text{con } m\le n$$

$$\left[P_n^0=P_n \,,\ P_1^1=\text{sen}\,\theta \,,\ P_2^1=3\,\text{sen}\,\theta\cos\theta \,,\ P_2^2=3\,\text{sen}^2\theta \,,\dots\right]$$

$$\rightarrow\ \boxed{Y_n^m(\theta,\phi) = \big\{\cos m\phi\,P_n^m(\cos\theta),\ \text{sen}\,m\phi\,P_n^m(\cos\theta)\big\}}\,,\ n=0,1,\dots,\ m=0\dots n\,.$$

$$\left[Y_0^0 = \{1\}\,,\ Y_1^0 = \{\cos\theta\}\,,\ Y_1^1 = \{\text{sen}\,\theta\cos\phi,\,\text{sen}\,\theta\,\text{sen}\,\phi\}\,,\ Y_2^0 = \{\tfrac{3}{2}\cos^2\theta - \tfrac{1}{2}\}\,,\right.$$
$$\left. Y_2^1 = \{3\,\text{sen}\,\theta\cos\theta\cos\phi,\,3\,\text{sen}\,\theta\cos\theta\,\text{sen}\,\phi\}\,,\ Y_2^2 = \{3\,\text{sen}^2\theta\cos2\phi,\,3\,\text{sen}^2\theta\,\text{sen}\,2\phi\}\,,\dots\right]$$

Las soluciones acotadas en $r=0$ para esos λ_n son como antes $R_n=\{r^n\}$.

Los **armónicos esféricos** son estas soluciones de la ecuación de Laplace $\boxed{u_n^m = r^n\,Y_n^m(\theta,\phi)}$.

[Hay libros que llaman armónicos esféricos a los Y_n^m, otros a unos múltiplos concretos de los $Y_n^m\dots$].

Con ellos formamos una serie a la que imponemos los datos. Se obtiene:

$$u(r,\theta,\phi) = \sum_{n=0}^{\infty} r^n\left[a_{n0}P_n(\cos\theta) + \sum_{m=1}^{n}\big(a_{nm}\cos m\phi + b_{nm}\,\text{sen}\,m\phi\big)P_n^m(\cos\theta)\right]$$

$$\rightarrow\ a_{n0} = \frac{2n+1}{4\pi R^n}\int_0^{2\pi}\!\!\int_0^{\pi} f(\theta,\phi)\,P_n(\cos\theta)\,\text{sen}\,\theta\,d\theta\,d\phi\,,$$

$$a_{nm} = \frac{(2n+1)(n-m)!}{2\pi(n+m)!R^n}\int_0^{2\pi}\!\!\int_0^{\pi} f(\theta,\phi)\cos m\phi\,P_n^m(\cos\theta)\,\text{sen}\,\theta\,d\theta\,d\phi$$
$$b_{nm} = \frac{(2n+1)(n-m)!}{2\pi(n+m)!R^n}\int_0^{2\pi}\!\!\int_0^{\pi} f(\theta,\phi)\,\text{sen}\,m\phi\,P_n^m(\cos\theta)\,\text{sen}\,\theta\,d\theta\,d\phi$$
, $m\ge1$

puesto que se cumple $\int_{-1}^{1}\big[P_n^m(t)\big]^2 dt = \frac{2}{2n+1}\frac{(n+m)!}{(n-m)!}$.

Ej. 2. Hallamos la solución en caso de que sean $\boxed{R=1 \text{ y } f(\theta,\phi)=\text{sen}^2\theta\,\text{sen}^2\phi}$.

Buscamos identificar como hacíamos en 2 variables, mirando los armónicos ya hallados.

Debe ser: $f(\theta,\phi) = \tfrac{1}{2}\text{sen}^2\theta - \tfrac{1}{2}\text{sen}^2\theta\cos2\phi = \tfrac{1}{2} - \tfrac{1}{2}\cos^2\theta - \tfrac{1}{2}\text{sen}^2\theta\cos2\phi$

$$= \tfrac{1}{3} - \tfrac{1}{3}\big[\tfrac{3}{2}\cos^2\theta - \tfrac{1}{2}\big] - \tfrac{1}{2}\text{sen}^2\theta\cos2\phi = \tfrac{1}{3}Y_0^0 - \tfrac{1}{3}Y_2^0 - \tfrac{1}{2}Y_2^2\,.$$

Por tanto, $a_{00}=\tfrac{1}{3}$, $a_{20}=-\tfrac{1}{3}$, $a_{22}=-\tfrac{1}{2}$ y los otros serán cero. La solución es, pues:

$$u(r,\theta,\phi) = \tfrac{1}{3} - \tfrac{1}{3}r^2\big[\tfrac{3}{2}\cos^2\theta - \tfrac{1}{2}\big] - \tfrac{1}{2}r^2\,\text{sen}^2\theta\cos2\phi\,.$$

Escrita en cartesianas es: $u(x,y,z) = \tfrac{1}{3} - \tfrac{1}{2}z^2 + \tfrac{1}{6}\big[x^2+y^2+z^2\big] - \tfrac{1}{2}\big[x^2-y^2\big] = \tfrac{1}{3} - \tfrac{1}{3}x^2 + \tfrac{2}{3}y^2 - \tfrac{1}{3}z^2$,

función que cumple $\Delta u=0$ y que cuando $x^2+y^2+z^2=1$ pasa a valer y^2 $\big[=f(\theta,\phi)$ si $r=1\big]$.

Si los problemas 'esféricos' llevan a Legendre, los 'cilíndricos' (polares más otra coordenada, t en calor y ondas, z en Laplace) llevan a Bessel, como sucede en los problemas de **vibración de una membrana circular** (de un tambor).

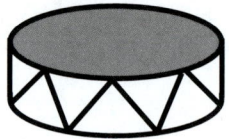

Como hicimos con Laplace en la esfera, para empezar tratamos el caso más sencillo con 2 variables en el que la vibración no depende de θ. Y para simplificar aún más suponemos que inicialmente es $u_t=0$:

$$\begin{cases} u_{tt}-\left[u_{rr}+\frac{1}{r}u_r\right]=0,\ r\le 1,\ t\in\mathbf{R} \\ u(r,0)=f(r),\ u_t(r,0)=0 \\ u(1,t)=0 \end{cases}$$

[Las vibraciones con simetría radial en el espacio, como se vio en 4.2, son más sencillas].

$$u=RT \to \frac{T''}{T}=\frac{R''+\frac{R'}{r}}{R}=-\lambda \to \begin{cases} \left[rR'\right]'+\lambda rR=0,\ R\ \text{acotada en } 0,\ R(1)=0 \\ T''+\lambda T=0,\ T'(0)=0 \to \left\{\cos(\sqrt{\lambda}\,t)\right\} \end{cases}$$

El problema de contorno singular para la R fue visto al final de 3.1. Recordemos que con $s=r\sqrt{\lambda}$ desaparecía λ y la ecuación pasaba a ser una de Bessel:

$$sR''(s)+R'(s)+sR(s)=0 \to R=c_1J_0(s)+c_2K_0(s)=c_1J_0(wr)+c_2K_0(wr),\ w=\sqrt{\lambda}$$

Imponiendo los datos se obtenían los autovalores $\lambda_n=w_n^2$ tales que $J_0(w_n)=0$, y las autofunciones asociadas eran $R_n=\left\{J_0(w_nr)\right\}$.

Nos falta imponer la condición inicial aún no utilizada a la serie:

$$u(r,t)=\sum_{n=1}^{\infty} c_n\cos(w_nt)J_0(w_nr) \to u(r,0)=\sum_{n=1}^{\infty} c_n J_0(w_nr)=f(r)$$

Este desarrollo ya lo discutimos en el último ejemplo de 3.2. Allí vimos que era:

$$c_n=\frac{2}{J_1^2(w_n)}\int_0^1 rf(r)J_0(w_nr)\,dr$$

Ej. 3. Hallemos si $\boxed{f(r)=1-r^2}$ la integral $\int_0^1(r-r^3)J_0(w_nr)\,dr$, $w_n=\sqrt{\lambda_n}$, que define c_n.

Haciendo $s=w_nr$: $\int_0^1=\frac{1}{w_n^2}\int_0^{w_n} sJ_0(s)ds-\frac{1}{w_n^4}\int_0^{w_n} s^3J_0(s)ds$.

La primera primitiva es inmediata, pues $\left[sJ_1\right]'=sJ_0$. La segunda, por partes:

$$\int s^2 sJ_0\,ds=s^3J_1-2\int s^2J_1\,ds=s^3J_1-2s^2J_2=(s^3-4s)J_1+2s^2J_0,$$

ya que $\left[s^2J_2\right]'=s^2J_1$ y $J_{n+1}=\frac{2n}{s}J_n-J_{n-1}$. Y como $J_0(w_n)=0$ concluimos:

$$\int_0^1=\frac{4}{w_n^3}J_1(w_n) \Rightarrow u(r,t)=\sum_{n=1}^{\infty}\frac{8}{w_n^3 J_1(w_n)}\cos(w_nt)J_0(w_nr).$$

Pese a su aspecto complicado, esta solución no lo es mucho más que la $\sum k_n\cos(n\pi t)\mathrm{sen}(n\pi x)$ que se obtendría para la cuerda vibrante con datos similares (que resolvimos en 4.2).

En muchos libros (o en programas tipo Maple o Sage) se pueden encontrar los ceros w_n de J_0:

$$\{w_n\}\approx 2.4048256,\ 5.5200781,\ 8.6537279,\ 11.791534,\ 14.930918,\ \dots$$

y los valores de $J_1(w_n)$: $0.519147,\ -0.340265,\ 0.271452,\ -0.232461,\ 0.206547,\ \dots$

Necesitamos solo un programa que reconozca la J_0 para dar valores o hacer dibujos aproximados de la solución. Por ejemplo, utilizando los 5 primeros términos de la serie, podemos (con Maple en este caso) aproximar y dibujar $u(0,t)$:

$$u(0,t)\approx 1.108\cos(2.405t)-0.1398\cos(5.520t)$$
$$+\ 0.04548\cos(8.654t)-0.02099\cos(11.79t)$$
$$+\ 0.01164\cos(14.93t)$$

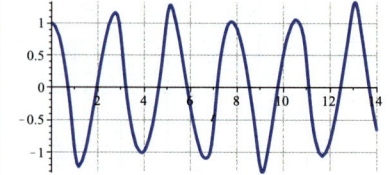

Las vibraciones de un tambor, a diferencia de lo que pasa con las de una cuerda, no son periódicas (puesto que los w_n no son múltiplos exactos unos de otros).

Para acabar esta sección, tratemos el problema más general y complicado en 3 variables:

$$\begin{cases} u_{tt} - c^2\left[u_{rr} + \frac{1}{r}u_r + \frac{1}{r^2}u_{\theta\theta}\right] = 0, \ r \le 1, \ t \in \mathbf{R} \\ u(r, \theta, 0) = f(r, \theta), \ u_t(r, \theta, 0) = 0 \\ u(1, \theta, t) = 0 \end{cases}$$

$$u = R\Theta T \rightarrow \frac{T''}{c^2 T} = \frac{R'' + \frac{R'}{r}}{R} + \frac{1}{r^2}\frac{\Theta''}{\Theta} = -\lambda \rightarrow \frac{r^2 R'' + rR'}{R} + \lambda r^2 = \frac{\Theta''}{\Theta} = -\mu \rightarrow$$

$$\begin{cases} \Theta'' + \mu\Theta = 0, \ \Theta \ 2\pi\text{-periódica} \rightarrow \mu_m = m^2, \ m = 0, 1 \ldots, \ \Theta_m = \{\cos m\theta, \operatorname{sen} m\theta\}, \ \Theta_0 = \{1\} \\ T'' + \lambda c^2 T = 0, \ T'(0) = 0 \rightarrow \left\{\cos[\sqrt{\lambda}\, ct]\right\} \\ r^2 R'' + rR' + [\lambda r^2 - \mu]R = 0, \ R \text{ acotada en } 0 \end{cases}$$

Para $\mu = m^2$ consideramos el problema de contorno singular para R:

$$\begin{cases} r^2 R'' + rR' + [\lambda r^2 - m^2]R = 0 \\ R \text{ acotada en } 0, \ R(1) = 0 \end{cases}$$

Haciendo $s = r\sqrt{\lambda}$ desaparece como siempre λ y la ecuación se convierte en Bessel:

$$s^2 R''(s) + sR'(s) + [s^2 - m^2]R(s) = 0 \rightarrow$$

$$R = c_1 J_m(s) + c_2 K_m(s) = c_1 J_m(wr) + c_2 K_m(wr), \ w = \sqrt{\lambda}$$

R acotada $\Rightarrow c_2 = 0$. Los autovalores serán los $\lambda = w^2$ que hagan $J_m(wr) = 0$, que son una sucesión infinita para cada m: $w_{m_1}, \ldots, w_{m_k}, \ldots$

Y las autofunciones son $R_{mk} = \{J_m(w_{m_k}r)\}$. Así que probamos:

$$u(r, \theta, t) = \frac{1}{2}\sum_{k=1}^{\infty} c_{0k}\cos(cw_{0_k}t)J_0(w_{0_k}r)$$
$$+ \sum_{m=1}^{\infty}\sum_{k=1}^{\infty}[c_{mk}\cos n\theta + d_{mk}\operatorname{sen} n\theta]\cos(cw_{m_k}t)J_m(w_{m_k}r)$$

$$\rightarrow \frac{1}{2}\sum_{k=1}^{\infty} c_{0k}J_0(w_{0_k}r) + \sum_{m=1}^{\infty}\sum_{k=1}^{\infty}[c_{mk}\cos n\theta + d_{nk}\operatorname{sen} n\theta]J_m(w_{m_k}r) = f(r, \theta)$$

Para r fijo, $f(r, \theta) = \frac{1}{2}A_0(r) + \sum_{m=1}^{\infty}\left[A_m(r)\cos m\theta + B_m(r)\operatorname{sen} m\theta\right]$, con

$A_m(r) = \frac{1}{\pi}\int_0^{2\pi} f(r, \theta)\cos m\theta\, d\theta, \ m = 0, 1, \ldots$, $B_m(r) = \frac{1}{\pi}\int_0^{2\pi} f(r, \theta)\operatorname{sen} m\theta\, d\theta, \ m = 1, 2, \ldots$.

Desarrollando:

$$A_m(r) = \sum_{k=1}^{\infty} c_{mk}J_m(w_{m_k}r), \ B_m(r) = \sum_{k=1}^{\infty} d_{mk}J_m(w_{m_k}r)$$

Teniendo en cuenta (se puede probar) que: $\int_0^1 rJ_m^2(w_{m_k}r)\, dr = \frac{1}{2}J_{m+1}^2(w_{m_k})$,

se llega a la expresión para los coeficientes de la serie doble de arriba:

$$c_{mk} = \frac{2}{\pi J_{m+1}^2(w_{m_k})}\int_0^1\int_0^{2\pi} rf(r, \theta)\cos n\theta\, J_m(w_{m_k}r)\, dr\, d\theta$$

$$d_{mk} = \frac{2}{\pi J_{m+1}^2(w_{m_k})}\int_0^1\int_0^{2\pi} rf(r, \theta)\operatorname{sen} n\theta\, J_m(w_{m_k}r)\, dr\, d\theta$$

4.5. Funciones de Green

Comencemos tratando las funciones de Green para **problemas de contorno no homogéneos para EDOs**. Veamos una fórmula que para cualquier $f(x)$ nos da en términos de integrales la solución (en el caso de que sea única) de:

$$(P_f) \begin{cases} [p(x)y']' + g(x)y = f(x) \\ \alpha y(a) - \alpha' y'(a) = \beta y(b) + \beta' y'(b) = 0 \end{cases}, \quad p \in C^1, \ g, f \in C, \ p > 0 \ \text{en} \ [a, b].$$

conocidas las soluciones de la ecuación homogénea (algo parecido a la fórmula de variación de las constantes para problemas de valores iniciales):

Teor. 1

Supongamos que (P_h) tiene solo la solución $y \equiv 0$ y sean y_1 e y_2 soluciones no triviales de la homogénea $[py']' + gy = 0$ que cumplen, respectivamente, $\alpha y_1(a) - \alpha' y_1'(a) = 0$ y $\beta y_2(b) + \beta' y_2'(b) = 0$. Entonces la solución única de (P_f) es:

$$y(x) = \int_a^b G(x, s) f(s) \, ds, \text{ con } G(x, s) = \begin{cases} \frac{y_1(s)y_2(x)}{p|W|(y_1, y_2)}, \ a \le s \le x \\ \frac{y_1(x)y_2(s)}{p|W|(y_1, y_2)}, \ x \le s \le b \end{cases}.$$

A la $G(x, s)$ se le llama **función de Green** del problema.

$\left[\text{Observemos que el denominador que aparece en la } G \text{ es constante:}\right.$

$$[p(y_1 y_2' - y_2 y_1')]' = y_1[p(y_2')]' - y_2[p(y_1')]' = -gy_1 y_2 + gy_2 y_1 = 0 \left.\right].$$

Comprobemos que la $y(x)$ de arriba cumple (P_f). Desarrollando la integral:

$$y(x) = y_1(x)\int_a^b \frac{y_2(s)}{|W|(s)} \frac{f(s)}{p(s)} ds + y_2(x)\int_a^x \frac{y_1(s)}{|W|(s)} \frac{f(s)}{p(s)} ds - y_1(x)\int_a^x \frac{y_2(s)}{|W|(s)} \frac{f(s)}{p(s)} ds = cy_1 + y_p.$$

Por tanto, $y(x)$ es solución de la no homogénea $y'' + \frac{p'}{p}y' + \frac{q}{p}y = \frac{f}{p}$.

Además como $y'(x) = y_1' \int_a^b \frac{y_2}{|W|} \frac{f}{p} + y_2' \int_a^x \frac{y_1}{|W|} \frac{f}{p} - y_1' \int_a^x \frac{y_2}{|W|} \frac{f}{p}$ se tiene que:

$y(a) = cy_1(a)$, $y'(a) = cy_1'(a)$, $y(b) = ky_2(b)$, $y'(b) = ky_2'(b)$, $c = \int_a^b \frac{y_2 f}{|W|p}$, $k = \int_a^b \frac{y_1 f}{|W|p}$.

Como y_1, y_2 cumplen cada condición de contorno, también lo hace la y.

Una vez **calculada la G, dada cualquier f, basta hacer un par de integraciones para encontrar la solución del problema no homogéneo** (P_f).

[Que quede claro que cada y_k satisface solamente una condición (o en a o en b; ambas condiciones solo las cumple la trivial). La f y la p del teorema son, como siempre, las de la ecuación escrita en la forma $[py']' + gy = f$; en muchos casos será $p \equiv 1$ (como en el ejemplo siguiente), pero en otros deberemos reescribir la ecuación].

Ej. 1. $(P_1) \begin{cases} y'' = f(x) \\ y(0) = y(1) = 0 \end{cases}$ $\begin{cases} y'' = 0 \\ y(0) = y(1) = 0 \end{cases}$ solo lo cumple $y \equiv 0 \Rightarrow (P_1)$ tiene solución única.

Hallemos su función de Green. La solución general de la homogénea es $y = c_1 + c_2 x$.

De la primera condición de contorno deducimos $y(0) = c_1 = 0$. Podemos tomar $y_1 = x$.

De la segunda, $y(1) = c_1 + c_2 = 0$. Elegimos $y_2 = x - 1$. Entonces:

$$|W|(x) = \begin{vmatrix} x & x-1 \\ 1 & 1 \end{vmatrix} = 1, \ p(x) = 1, \ G(x, s) = \begin{cases} s(x-1), \ 0 \le s \le x \\ x(s-1), \ x \le s \le 1 \end{cases}.$$

$G(x,s)$, x fijo

Si, por ejemplo, $f(x) = 1$, la solución de (P_1) viene dada por:

$$y(x) = \int_0^1 G(x, s) 1 \, ds = (t-1)\int_0^x s \, ds + x\int_0^1 (s-1) \, ds = \tfrac{1}{2}[x^2 - x].$$

Para resolver un problema con una f dada, calcular la G puede ser un rodeo inútil. Por ejemplo, la última solución se podría obtener:

$$y'' = 1 \to y = c_1 + c_2 x + \tfrac{1}{2}x^2 \to \begin{cases} y(0) = c_1 = 0 \\ y(1) = c_1 + c_2 + \tfrac{1}{2} = 0 \end{cases} \to y = \tfrac{1}{2}[x^2 - x] \text{ como antes.}$$

Pero para cada nueva f habría que volver a hallar la y_p e imponer $y(0) = y(1) = 0$.

Las funciones de Green están muy ligadas a la 'función' δ. Observemos que la $G(x,s)$ del ejemplo 1 para x fijo (o para s fijo, pues G es simétrica) es continua pero no derivable en $s=x$ y su 'derivada' segunda es $\delta(s-x)$. De hecho, esto es lo que sucede en general:

Teor. 2 $\quad$ $G(x,s)$ es la solución para $x\in(a,b)$ fijo de $\begin{cases} [p(s)G']' + g(s)G = \delta(s-x) \\ \alpha G(a)-\alpha'G'(a)=\beta G(b)+\beta'G'(b)=0 \end{cases}$.

$$\left[\text{La prueba es trivial: } \int_a^b G(s,u)\,\delta(u-x)\,du = G(s,x) = G(x,s)\right].$$

Hallamos la G del (P_1) por este camino más largo, pero que es el que se generaliza a las EDPs.

$$\begin{cases} G''(s) = \delta(s-x) \\ G(0)=G(1)=0 \end{cases} \xrightarrow{G''=0,\,s\neq x} G(s)=\begin{cases} c_1+c_2s,\ y(0)=0 \to G=c_2s,\ s\leq x \\ k_1+k_2s,\ y(1)=0 \to G=k_2[s-1],\ s\geq x \end{cases}$$

Y como $G''=\delta$, ha de ser continua G y su derivada tener un salto en x de magnitud unidad:

$$\to \begin{cases} G(x^-)=c_2x=k_2[x-1]=G(x^+) \\ G'(x^+)-G'(x^-)=k_2-c_2=1 \end{cases} \to \begin{cases} c_2=x-1 \\ k_2=x \end{cases}$$

La idea de la función de Green se utiliza en diversos problemas de EDOs y EDPs. En estos apuntes nos limitaremos a hablar de las **funciones de Green para la ecuación de Laplace**.

$\left[\right.$ En lo que sigue operaremos formalmente con la δ en dos variables, utilizando solo:

i. $\delta(\xi-x,\eta-y) = 0 \quad$ para $\ (\xi,\eta)\neq(x,y)$

ii. $\iint_D F(\xi,\eta)\,\delta(\xi-x,\eta-y)\,d\xi\,d\eta = F(x,y)$ si F continua en $D\subset\mathbf{R}^2$ y $(x,y)\in D \left.\right]$.

Consideremos el problema de **Dirichlet no homogéneo**: $\quad (P_D)\begin{cases} \Delta u = F(x,y) \text{ en } D \\ u = f \text{ en } \partial D \end{cases}$.

Nuestro objetivo es (como en lo anterior) expresar su solución única en función de integrales en las que solo aparezcan una función de Green G y los datos F y f:

Teor. 3 $\quad$ A la solución $G(x,y;\xi,\eta)$ de $(P_G)\begin{cases} \Delta G=\delta(\xi-x,\eta-y) \text{ en } D \\ G=0 \text{ en } \partial D \end{cases}$, para cada $(x,y)\in D$, vista como función de (ξ,η), se le llama **función de Green de** (P_D). Entonces:

$u(x,y)=\iint_D G(x,y;\xi,\eta)F(\xi,\eta)\,d\xi d\eta + \oint_{\partial D} G_{\mathbf{n}}(x,y;\xi,\eta)f(\xi,\eta)\,ds$, es solución de (P_D).

$[G_{\mathbf{n}}$ es, como siempre, la derivada de G en la dirección de $\mathbf{n}$, vector unitario exterior a $D]$.

Del teorema de la divergencia es fácil deducir la llamada segunda identidad de Green:

Si u y G son $C^2(\bar{D})$ se tiene $\ \iint_D[G\,\Delta u - u\,\Delta G]\,d\xi d\eta = \oint_{\partial D}[Gu_{\mathbf{n}}-uG_{\mathbf{n}}]\,ds$

Si u es la solución de (P_D) y G la de (P_G), y admitimos que la identidad anterior es válida para nuestra G (que claramente no es C^2, pero se justifica con 'distribuciones') tenemos:

$\iint_D[GF-u\delta]\,d\xi d\eta = \oint_{\partial D}[-fG_{\mathbf{n}}]\,ds \to u = \iint_D GF\,d\xi d\eta + \oint_{\partial D} G_{\mathbf{n}}f\,ds$

¿Cómo resolver (P_G)? Comencemos buscando una $v(x,y;\xi,\eta)$ que, como función de (ξ,η), satisfaga $\Delta v=\delta$, aunque no cumpla la condición de contorno. ¿Para qué funciones es $\Delta v=0$ y pueden originar una δ? Las soluciones de Laplace en polares dependiendo de r son:

$$v_{rr} + \tfrac{1}{r}v_r = 0 \to v = c_1 + c_2\ln r$$

Así que algún múltiplo del discontinuo logaritmo de la distancia $r = \overline{PQ}$ del punto $P=(\xi,\eta)$ al $Q=(x,y)$ es buen candidato a v:

Teor. 4 $\quad$ $v = \tfrac{1}{4\pi}\ln[(\xi-x)^2+(\eta-y)^2] = \tfrac{1}{2\pi}\ln\overline{PQ}$ satisface $\Delta v=\delta(\xi-x,\eta-y)$ para (x,y) fijo. A v se le llama **solución fundamental** para el punto (x,y).

Volvemos a hacer 'trampa' con la δ. Ya vimos que $\Delta v=0$ si $r\neq 0$, o sea, si $(\xi,\eta)\neq(x,y)$.

Además, el 'teorema' de la divergencia en un círculo de centro Q y radio R nos da:

$$\iint_{r\leq R}\Delta v\,d\xi d\eta = \oint_{r=R} v_{\mathbf{n}}\,ds = \oint_{r=R} v_r\,ds = \int_0^{2\pi}\tfrac{1}{2\pi R}R\,d\theta = 1 \to \Delta v=\delta.$$

Si w satisface $\Delta w=0$ en D, la función $v+w$ seguirá cumpliendo $\Delta[v+w] = \delta$ para cada $(x,y)\in D$ fijo. Por tanto, **para encontrar** G [y tener resuelto (P_D)] **basta encontrar la** w **armónica en** D **tal que** $v+w = G$ **se anule en la frontera** ∂D.

La forma práctica de hallar la w (en recintos D limitados por rectas y circunferencias) es el **método de las imágenes**. Viendo la geometría de D se tratará de escribir G como suma de la solución fundamental v y de funciones armónicas w del mismo tipo, logaritmos de distancias a puntos Q' **exteriores** a D ('imágenes' de Q respecto de la ∂D), elegidos de forma que sea $G=0$ en la frontera de D. En un primer ejemplo, D está limitado por rectas:

Ej. 2. (P_2) $\begin{cases} \Delta u = 0 \text{ en } D=(0,\infty)\times 0,\infty) \\ u(x,0)=f(x), u(0,y)=0, u \text{ acotada} \end{cases}$ Sean $Q=(x,y)\in D$ fijo, $P=(\xi,\eta)$, $\quad v=\frac{1}{2\pi}\ln\overline{PQ}$.

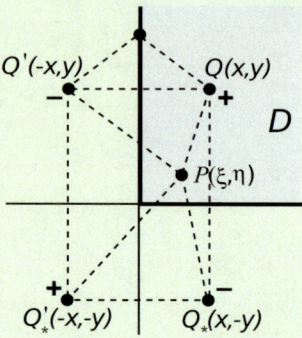

Si $Q'=(-x,y)$, es claro que $w'=-\frac{1}{2\pi}\ln\overline{PQ'}$ es función de P que es armónica en D (lo es en $\mathbf{R}^2-\{Q'\}$) y que $v+w'=0$ si P pertenece al eje y, pues entonces $\overline{PQ}=\overline{PQ'}$. Análogamente $w_*=-\frac{1}{2\pi}\ln\overline{PQ_*}$, con $Q_*=(x,-y)$, es armónica en D y $v+w_*=0$ si P se mueve en el eje x. Para que G sea 0 en ambos ejes a la vez hay que sumar una nueva armónica: $w'_*=-\frac{1}{2\pi}\ln\overline{PQ'_*}$, con $Q'_*=(-x,-y)$.

Entonces $G(P,Q)=v+w'+w_*+w'_*$ es la función de Green buscada, ya que $\Delta G=\delta$ [pues $\Delta v=\delta$ y $\Delta(w'+w_*+w'_*)=0$] y $G=0$ si $P\in\partial D$ [si P está en $x=0$ es $\overline{PQ}=\overline{PQ'}$ y $\overline{PQ_*}=\overline{PQ'_*}$; y similar en el eje x].

Escribiendo las distancias analíticamente tenemos:

$$G(x,y;\xi,\eta) = \tfrac{1}{4\pi}\ln\big[(\xi-x)^2+(\eta-y)^2\big]-\tfrac{1}{4\pi}\ln\big[(\xi+x)^2+(\eta-y)^2\big]$$
$$-\tfrac{1}{4\pi}\ln\big[(\xi-x)^2+(\eta+y)^2\big]+\tfrac{1}{4\pi}\ln\big[(\xi+x)^2+(\eta+y)^2\big].$$

Y como $\mathbf{n}=-\mathbf{j}$ en el eje x, la solución de nuestro problema (P_2) será:

$$u(x,y)=\oint_{\partial D}G_{\mathbf{n}}f\,ds=\int_0^\infty -G_\eta\big|_{\eta=0}f(\xi)\,d\xi=\cdots=\boxed{\tfrac{y}{\pi}\int_0^\infty\Big[\tfrac{1}{(\xi-x)^2+y^2}-\tfrac{1}{(\xi+x)^2+y^2}\Big]f(\xi)\,d\xi}.$$

Veamos ahora el **problema no homogéneo de Dirichlet en el círculo**:

(P_3) $\begin{cases} \Delta u = F(r,\theta) \text{ en } r<R \\ u(R,\theta)=f(\theta),\ \theta\in[0,2\pi] \end{cases}$ $Q=(r,\theta)\in D$ fijo, $P=(\sigma,\phi)$ variable.

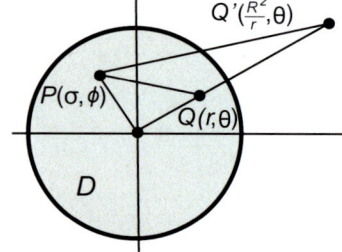

La solución fundamental v en estas coordenadas queda:

$$v=\tfrac{1}{2\pi}\ln\overline{PQ}=\tfrac{1}{4\pi}\ln\big[\sigma^2+r^2-2r\sigma\cos(\theta-\phi)\big].$$

¿Dónde situar el punto imagen Q'? Las cosas no son tan claras como en el ejemplo anterior. Es claro que su θ ha de ser igual, pero ¿a qué distancia del origen O colocarlo? Se podría llegar al resultado tanteando, pero solo comprobaremos que la G es:

$$\boxed{G(P,Q)=\tfrac{1}{2\pi}\Big[\ln\overline{PQ}-\ln\overline{PQ'}+\ln\tfrac{R}{r}\Big],\ Q'=\big(\tfrac{R^2}{r},\theta\big)}, \text{ es decir,}$$

$$\boxed{G(r,\theta;\sigma,\phi)=\tfrac{1}{4\pi}\ln\big[\sigma^2+r^2-2r\sigma\cos(\theta-\phi)\big]-\tfrac{1}{4\pi}\ln\big[R^2+\tfrac{r^2\sigma^2}{R^2}-2r\sigma\cos(\theta-\phi)\big]}$$

En efecto: $G=v+v'+cte \Rightarrow \Delta G=0$ [v' armónica en $R^2-\{Q'\}$ y $Q'\notin D$] y además $G=0$ si $P\in\partial D$, o sea, si $\sigma=R$.

Además, $G_{\mathbf{n}}=G_\sigma\big|_{\sigma=R}$ y $ds=R\,d\phi$, por lo que la solución de (P_3) es:

$$\boxed{u(r,\theta)=\int_0^R\int_0^{2\pi}\sigma G(r,\theta;\sigma,\phi)F(\sigma,\phi)\,d\phi\,d\sigma+\tfrac{R^2-r^2}{2\pi}\int_0^{2\pi}\tfrac{f(\phi)\,d\phi}{R^2-2Rr\cos(\theta-\phi)+r^2}}$$

[Expresión más compacta que las series de Fourier, aunque estas integrales, en general, no son calculables (y hay que aproximarlas, pero son aproximaciones también las sumas parciales)].

Las cuentas en **tres dimensiones** son similares a los de dos. Si G es solución de (P_G):

$$\boxed{u(x,y,z)=\iiint_D GF\,d\xi d\eta d\gamma+\oint_{\partial D}G_{\mathbf{n}}f\,dS}\quad (\partial D \text{ es ahora una superficie}).$$

La solución fundamental en el espacio es $v=-\tfrac{1}{4\pi\overline{PQ}}$ $\big[v_{rr}+\tfrac{2}{r}v_r=0\rightarrow v=c_1+\tfrac{c_2}{r}\big]$

Los puntos imágenes respecto a planos son igual de sencillos y para la esfera de radio R vuelve a situarse el punto Q' a una distancia R^2/r del origen.

Apéndice

Repaso de EDOs

Algunas EDOs de primer orden $\boxed{\dfrac{dy}{dx}=f(x,y)}$ resolubles

$\Big[\, f\,,\, f_y$ continuas en un entorno de $(x_o,y_o) \Rightarrow$ existe solución única de $\begin{cases} y'=f(x,y) \\ y(x_o)=y_o \end{cases}$ (TEyU) $\Big]$.

Separables: $\dfrac{dy}{dx}=\dfrac{p(x)}{q(y)} \ \rightarrow \ \int q(y)\,dy = \int p(x)\,dx + C$.

Se convierten en separables: $\dfrac{dy}{dx}=f\big(\tfrac{y}{x}\big)$ con $z=\tfrac{y}{x}$. $\dfrac{dy}{dx}=f(ax+by)$ con $z=ax+by$.

Lineales: $\dfrac{dy}{dx}=a(x)y+f(x) \ \rightarrow \ y = C\,e^{\int a(x)dx} + e^{\int a(x)dx}\int e^{-\int a(x)dx}f(x)\,dx$.

[solución general de la homogénea + solución y_p de la no homogénea].

Exactas: $M(x,y)+N(x,y)\dfrac{dy}{dx}=0$ con $M_y \equiv N_x \ \rightarrow \ \begin{matrix} M=U_x \\ N=U_y \end{matrix} \ \rightarrow \ U(x,y)=C$ solución.

Ej. $\dfrac{dy}{dx}=\dfrac{y}{y-x}$ (con solución única si $y\neq x$) la podemos resolver por tres caminos diferentes:

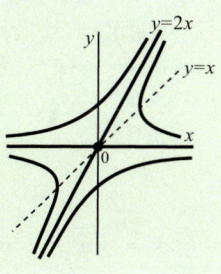

$z=\tfrac{y}{x} \ \rightarrow \ xz'+z=\tfrac{z}{z-1} \ \rightarrow \ \int \tfrac{2z-2}{z^2-2z}\,dz = -2\int \tfrac{dx}{x} + C \ \rightarrow \ z^2-2z=\tfrac{y^2}{x^2}-2\tfrac{y}{x}=\tfrac{C}{x^2}$.

$y+(x-y)\dfrac{dy}{dx}=0\,,\ M_y\equiv N_x=1 \rightarrow \begin{matrix} U_x=y \ \rightarrow \ U=xy+p(y) \\ U_y=x-y \ \rightarrow \ U=xy-\tfrac{1}{2}y^2+q(x) \end{matrix}\,,\ y^2-2xy=C$.

$\dfrac{dx}{dy}=\dfrac{y-x}{y}=-\dfrac{x}{y}+1$ lineal (solución única si $y\neq 0$). $x=\tfrac{C}{y}+\tfrac{1}{y}\int y\,dy = \tfrac{C}{y}+\tfrac{y}{2}$.

[Pasa una única curva integral (solución de $\dfrac{dy}{dx}=\cdots$ o de $\dfrac{dx}{dy}=\cdots$) salvo por el origen $(0,0)$, único punto en que falla el TEyU para ambas EDOs].

EDOs lineales de orden 2

[n] $\boxed{y''+a(x)y'+b(x)y=f(x)}$, a, b, f continuas en I. $|W|(x)=\begin{vmatrix} y_1 & y_2 \\ y_1' & y_2' \end{vmatrix}$ (wronskiano).

Si $x_o\in I$, tiene una sola solución (definida en todo I) con $y(x_o)=y_o$, $y'(x_o)=y_o'$.

Si y_1, y_2 son soluciones de la homogénea ($f\equiv 0$) con wronskiano $|W|(s)\neq 0$ para algún $s\in I$, la solución general de la homogénea es: $y=c_1y_1+c_2y_2$.

Si y_p es una solución de [n], la solución general de [n] es: $y=c_1y_1+c_2y_2+y_p$.

Una solución particular de [n] es: $y_p = y_2\int \dfrac{y_1 f}{|W|}\,dx - y_1\int \dfrac{y_2 f}{|W|}\,dx$ **[fvc]**.

Si $b(x)\equiv 0$, el cambio $y'=v$ lleva [n] a lineal de primer orden en v.

y_1 solución de la homogénea $\Rightarrow y_2=y_1\int e^{-\int a\,dx}y_1^{-2}\,dx$ otra solución de la homogénea.

Ej. $xy''-2y'=x \xrightarrow{y'=v} v'=\tfrac{2v}{x}+1 \ \rightarrow \ v=Cx^2+x^2\int\tfrac{dx}{x^2}=Cx^2-x \ \rightarrow \ y=K+Cx^3-\tfrac{1}{2}x^2$.

[También se puede ver como una ecuación de Euler: $x^2y''-2xy'=x^2$, tratadas en la sección 2.2].

Ej. $x^3y''-xy'+y=0$. Es claro que $y_1=x$ es solución de esta lineal homogénea.

Como $a(x)=-\tfrac{1}{x^2}$ otra solución es: $y_2=x\int \dfrac{e^{-\int -x^{-2}dx}}{x^2}\,dx = x\int \dfrac{e^{-1/x}}{x^2}\,dx = x\,e^{-1/x}$.

Por tanto, la solución general de la ecuación será: $y=c_1x+c_2x\,e^{-1/x}$.

[Las rectas $y=x+b$ son soluciones de la homogénea que saltan a la vista, pues el término con la y'' no aparece y basta mirar los otros dos].

https://dx.doi.org/10.5209/docm.005.06
Métodos Matemáticos II: ecuaciones en derivadas parciales. Pepe Aranda Iriarte. © Ediciones Complutense, 2026.

Lineales de orden 2 con coeficientes constantes

[h] $\boxed{y'' + ay' + by = 0}$, $\mu^2 + a\mu + b = 0$ (sus raíces: autovalores de [h]).

La solución general de [h] ($a, b \in \mathbf{R}$) es:

$$\begin{array}{l} \text{Si } \mu_1 \neq \mu_2 \text{ reales} \rightarrow y = c_1 e^{\mu_1 x} + c_2 e^{\mu_2 x} \\ \text{Si } \mu \text{ doble (real)} \rightarrow y = (c_1 + c_2 x) e^{\mu x} \\ \text{Si } \mu = p \pm iq \rightarrow y = (c_1 \cos qx + c_2 \operatorname{sen} qx) e^{px} \end{array}$$

$\left[\text{Si } a, b \in \mathbf{C} \text{ será } y = c_1 e^{\mu_1 x} + c_2 e^{\mu_2 x} \text{ ó } y = (c_1 + c_2 x) e^{\mu x} \text{ con } \mu_1, \mu_2, \mu, c_1, c_2 \in \mathbf{C} \right]$.

Ej. $y'' + 4y' + 3y = 0$, $\mu^2 + 4\mu + 3 = 0 \rightarrow \mu = -1, -3 \rightarrow y = c_1 e^{-x} + c_2 e^{-3x}$.

$y'' + 4y' + 4y = 0$, $\mu^2 + 4\mu + 4 = 0 \rightarrow \mu = -2$ doble $\rightarrow y = (c_1 + c_2 x) e^{-2x}$.

$y'' + 4y' + 5y = 0$, $\mu^2 + 4\mu + 5 = 0 \rightarrow \mu = -2 \pm i \rightarrow y = (c_1 \cos x + c_2 \operatorname{sen} x) e^{-2x}$.

$y'' - 4iy' - 3y = 0$, $\mu^2 - 4i\mu - 3 = 0 \rightarrow \mu = i, 3i \rightarrow y = c_1 e^{ix} + c_2 e^{3ix}$, $c_1, c_2 \in \mathbf{C}$.

Método de coeficientes indeterminados para [c] $\boxed{y'' + ay' + by = f(x)}$:

Si $f(x) = p_k(x) e^{\mu x}$, con p_k polinomio de grado k , y μ no es un autovalor, tiene [c] solución particular de la forma $y_p = P_k(x) e^{\mu x}$, con P_k de ese mismo grado. Si μ es autovalor de multiplicidad r , hay $y_p = x^r P_k(x) e^{\mu x}$.

Si $f(x) = [p_j(x) \cos qx + q_l(x) \operatorname{sen} qx] e^{\mu x}$, p_j , q_l de grados j , l , y $p \pm iq$ no autovalor, existe $y_p = [P_k(x) \cos qx + Q_k(x) \operatorname{sen} qx] e^{px}$, con P_k y Q_k de grado $k = \max\{j, l\}$.

Si $p \pm iq$ es autovalor, es de la forma $y_p = x[P_k(x) \cos qx + Q_k(x) \operatorname{sen} qx] e^{px}$.

Ej. $\begin{cases} y'' - y = e^x \\ y(0) = y'(0) = 0 \end{cases}$ · $\mu^2 - 1 = 0$, $\mu = \pm 1$. La solución general de la homogénea es $y = c_1 e^x + c_2 e^{-x}$.

$y_p = Axe^x \rightarrow A(x+2) - Ax = 1$, $A = \frac{1}{2} \rightarrow y_p = \frac{1}{2} xe^x$. O más largo con la [**fvc**]:

$|W|(x) = \begin{vmatrix} e^x & e^{-x} \\ e^x & -e^{-x} \end{vmatrix} = -2$, $y_p = e^{-x} \int \frac{e^x e^x}{-2} dx - e^x \int \frac{e^{-x} e^x}{-2} dx = -\frac{1}{4} e^x + \frac{1}{2} xe^x$.

La solución general de la no homogénea será entonces: $y = c_1 e^x + c_2 e^{-x} + \frac{1}{2} xe^x$.

Imponiendo los datos iniciales: $\begin{array}{l} c_1 + c_2 = 0 \\ c_1 - c_2 + \frac{1}{2} = 0 \end{array} \rightarrow y = \frac{1}{4} e^{-x} - \frac{1}{4} e^x + \frac{1}{2} xe^x$, única solución.

Ej. Hallemos una y_p de $y'' + y = f(x)$ para diferentes $f(x)$.

[Su solución general es $y = c_1 \cos x + c_2 \operatorname{sen} x + y_p$].

Si $f(x) = x^3$, hay $y_p = Ax^3 + Bx^2 + Cx + D$ (P_3 arbitrario pues $\lambda = 0$ no es autovalor)

$\rightarrow 6Ax + 2B + Ax^3 + Bx^2 + Cx + D = x^3 \rightarrow y_p = x^3 - 6x$.

Si $f(x) = 2xe^x$, existe $y_p = e^x(Ax + B)$, $y_p' = e^x(Ax + B + A)$, $y_p'' = e^x(Ax + B + 2A)$

$\rightarrow e^x[(Ax + B + 2A) + (Ax + B)] = 2xe^x \rightarrow A = 1$, $B = -1 \rightarrow y_p = e^x(x-1)$.

Si $f(x) = e^x \cos x$, hay $y_p = e^x(A \cos x + B \operatorname{sen} x) \rightarrow$

$(A + 2B) \cos x + (B - 2A) \operatorname{sen} x = \cos x \rightarrow \begin{cases} A + 2B = 1 \\ B - 2A = 0 \end{cases} \rightarrow y_p = e^x(\frac{1}{5} \cos x + \frac{1}{5} \operatorname{sen} x)$.

Si $f(x) = \operatorname{sen} x$, como $\pm i$ es autovalor simple, $y_p = x(A \cos x + B \operatorname{sen} x)$

$\rightarrow 2B \cos x - 2A \operatorname{sen} x = \operatorname{sen} x \rightarrow y_p = -\frac{x}{2} \cos x$.

Si $f(x) = \cos^2 x$, parece que no podemos usar coeficientes indeterminados, pero

$\cos^2 x = \frac{1}{2}(1 + \cos 2x) \rightarrow$ hay $y_p = A + B \cos 2x + C \operatorname{sen} 2x \rightarrow y_p = \frac{1}{2} - \frac{1}{6} \cos 2x$.

Si $f(x) = (\cos x)^{-1}$, no hay más remedio que acudir a la fórmula de variación de las constantes:

$|\mathbf{W}|(x) = 1 \rightarrow y_p = \operatorname{sen} x \int \frac{\cos x}{\cos x} dx - \cos x \int \frac{\operatorname{sen} x}{\cos x} dx = x \operatorname{sen} x + \cos x \ln(\cos x)$.

Si [n] no es de coeficientes constantes, ni de Euler $x^2 y'' + axy' + by = 0$, ni es $b(x) \equiv 0$, ni se encuentra una y_1 de la homogénea, se debe resolver mediante series de potencias [tema 2].

Repaso de cálculo en varias variables

Sean $\mathbf{a}, \mathbf{x} \in \mathbf{R}^n$, $A \subset \mathbf{R}^n$. **Entorno** $B_r(\mathbf{a}) \equiv \{\mathbf{x} : \|\mathbf{x} - \mathbf{a}\| < r\}$. $\mathbf{a}$ **interior** a A si existe $B_r(\mathbf{a}) \subset A$.

A **abierto** si $A = int\, A \equiv \{\mathbf{x}$ interiores a $A\}$. A **acotado** si hay $M \in \mathbf{R}$ tal que $\|a\| < M \;\forall \mathbf{a} \in A$.

Frontera de A es $\partial A \equiv \{\mathbf{x} : \forall r, B_r(\mathbf{x})$ tiene puntos de A y de $\mathbf{R}^n - A\}$. $\overline{A} = int\, A \cup \partial A$.

La **derivada según el vector** $\mathbf{v}$ de un campo escalar $f : \mathbf{R}^2 \to \mathbf{R}$ en un punto $\mathbf{a}$ es:

$$D_{\mathbf{v}} f(\mathbf{a}) \equiv f_{\mathbf{v}}(\mathbf{a}) = \lim_{h \to 0} \frac{f(\mathbf{a} + h\mathbf{v}) - f(\mathbf{a})}{h} \underset{\text{si } f \in C^1}{=} \nabla f(\mathbf{a}) \cdot \mathbf{v}, \text{ siendo } \nabla f = (f_x, f_y)$$

Si $f(x(r,s), y(r,s))$, con $f, x, y \in C^1$, la **regla de la cadena** dice $\begin{aligned} f_r &= f_x x_r + f_y y_r \\ f_s &= f_x x_s + f_y y_s \end{aligned}$.

Si $\begin{cases} y_1 = f_1(x_1, .., x_n) \\ \cdots\cdots\cdots\cdots \\ y_n = f_n(x_1, .., x_n) \end{cases}$, el determinante **jacobiano** es $\dfrac{\partial(y_1, ..., y_n)}{\partial(x_1, ..., x_n)} = \begin{vmatrix} \partial f_1/\partial x_1 & \cdots & \partial f_1/\partial x_n \\ \vdots & & \vdots \\ \partial f_n/\partial x_1 & \cdots & \partial f_n/\partial x_n \end{vmatrix}$.

Polares: $\left.\begin{aligned} x &= r\cos\theta \\ y &= r\,\text{sen}\,\theta \end{aligned}\right\} \to \dfrac{\partial(x,y)}{\partial(r,\theta)} = r$. **Esféricas**: $\left.\begin{aligned} x &= r\,\text{sen}\,\theta\cos\phi \\ y &= r\,\text{sen}\,\theta\,\text{sen}\,\phi \\ z &= r\cos\theta \end{aligned}\right\} \to \dfrac{\partial(x,y,z)}{\partial(r,\theta,\phi)} = r^2\,\text{sen}\,\theta$.

Integrales dobles:

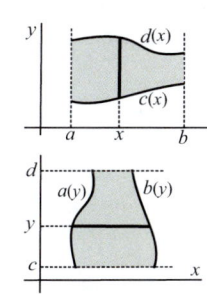

> Si f continua en $D = \{(x,y) : a \le x \le b, c(x) \le y \le d(x)\}$,
>
> $\quad c(x) \le d(x)$ continuas en $[a,b] \Rightarrow \iint_D f = \int_a^b \int_{c(x)}^{d(x)} f(x,y)\, dy\, dx$.
>
> Si f continua en $D = \{(x,y) : c \le y \le b, a(y) \le x \le b(y)\}$,
>
> $\quad a(y) \le b(y)$ continuas en $[c,d] \Rightarrow \iint_D f = \int_c^d \int_{a(y)}^{b(y)} f(x,y)\, dx\, dy$.

Cambios de variable en integrales dobles:

> Sea $\mathbf{g} : (u,v) \to (x(u,v), y(u,v))$ de C^1, inyectiva en D^*, $\mathbf{g}(D^*) = D$ y f integrable.
>
> Entonces: $\iint_D f(x,y)\, dx\, dy = \iint_{D^*} f(x(u,v), y(u,v)) \left|\dfrac{\partial(x,y)}{\partial(u,v)}\right| du\, dv$.

En particular: $\iint_D f(x,y)\, dx\, dy = \iint_{D^*} r f(r\cos\theta, r\,\text{sen}\,\theta)\, dr\, d\theta$.

Integrales de línea de campos escalares:

> Sea C la curva C^1 descrita por una función vectorial $\mathbf{c}(t) : [a,b] \to \mathbf{R}^2$ y sea f un campo escalar tal que $f(\mathbf{c}(t))$ es continua. Entonces: $\int_C f\, ds \equiv \int_a^b f(\mathbf{c}(t)) \|\mathbf{c}'(t)\|\, dt$.

[No depende de la $\mathbf{c}(t)$ elegida. Si C es C^1 a trozos, se divide $[a,b]$ y se suman las integrales].

Teorema de la divergencia [en el plano; $\text{div}\,\mathbf{f} = f_x + g_y$ si $\mathbf{f} = (f,g)$]:

> Sea $D \subset \mathbf{R}^2$ limitado por ∂D curva cerrada simple, $\mathbf{f} : D \to \mathbf{R}^2$ campo vectorial C^1 y $\mathbf{n}$ vector normal unitario exterior a ∂D. Entonces $\iint_D \text{div}\,\mathbf{f}\, dx\, dy = \oint_{\partial D} \mathbf{f} \cdot \mathbf{n}\, ds$.

[Si ∂D viene descrita por $\mathbf{c}(t) = (x(t), y(t))$ un normal unitario es $\mathbf{n} = (y'(t), -x'(t))/\|\mathbf{c}'(t)\|$].

Ej. Comprobemos el teorema para $\mathbf{f}(x,y) = (7, y^2 - 1)$ en el semicírculo $r \le 3$, $0 \le \theta \le \pi$:

En cartesianas: $\iint_D 2y\, dx\, dy = \int_{-3}^3 \int_0^{\sqrt{9-x^2}} 2y\, dy\, dx = 36$.

O cambiando el orden: $= \int_0^3 \int_{-\sqrt{9-y^2}}^{\sqrt{9-y^2}} 2y\, dx\, dy = 36$.

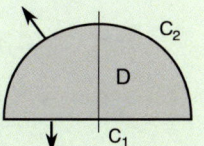

En polares: $= \int_0^\pi \int_0^3 2r^2\,\text{sen}\,\theta\, dr\, d\theta = 36$.

$\oint_{\partial D} = \int_{C_1} + \int_{C_2}$. Para C_1, si $\mathbf{c}(x) = (x, 0)$, $x \in [-3, 3] \to \int_{C_1} (1 - y^2)\, ds = \int_{-3}^3 dx = 6$.

Para C_2, si $\mathbf{c}(t) = (3\cos t, 3\,\text{sen}\,t)$, $t \in [0, \pi] \to \|\mathbf{c}'(t)\| = 3$. Como $\mathbf{n} = (\cos t, \text{sen}\,t)$,

$\int_{C_2} \mathbf{f} \cdot \mathbf{n}\, ds = 3 \int_0^\pi (7\cos t + 9\,\text{sen}^3 t - \text{sen}\,t)\, dt = 30$.

Repaso de convergencia uniforme

Sea la **sucesión de funciones** definidas en $A \subset \mathbf{R}$: $\{f_n(x)\} = f_1(x), f_2(x), \dots, f_n(x), \dots$.

> $\{f_n\}$ **converge puntualmente** f en A si para cada $x \in A$ es $\lim\limits_{n \to \infty} f_n(x) = f(x)$.
>
> $\{f_n\}$ **converge uniformemente** hacia su límite puntal f en A si
> $\quad \forall \varepsilon > 0$ existe N tal que si $n \geq N$ entonces $|f(x) - f_n(x)| < \varepsilon \;\; \forall x \in A$.

Gráficamente, si $\{f_n\} \to f$ uniformemente, a partir de un N todas las gráficas de las f_n quedan dentro de toda banda de altura 2ε alrededor de la de f. Si la convergencia es solo puntual, para cada x el N es distinto y no se puede dar uno válido para todos los puntos de A.

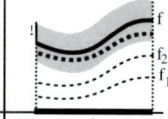

Ej. $f_n(x) = x^{1/n} \xrightarrow[n \to \infty]{} \begin{cases} 0 \text{ si } x = 0 \\ 1 \text{ si } x \in (0, \infty) \end{cases}$ (puntualmente).

La convergencia es uniforme en $[1, 2]$, pero no en $[0, 1]$.

Para cada $x \in [0, 1]$ existe N tal que si $n \geq N$ el punto $(x, x^{1/n})$ está dentro de la banda, pero hay que elegir N mayores según nos vamos acercando a 0. En $[1, 2]$ sí es uniforme, ya que el N que vale para $x = 2$ claramente vale también para el resto de los x del intervalo.

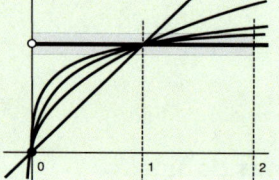

> f_n continuas en un intervalo I y $\{f_n\} \to f$ uniformemente en $I \Rightarrow f$ continua en I.
>
> f_n integrables en $[a, b]$ y $\{f_n\} \to f$ uniformemente en $[a, b] \Rightarrow \int_a^b f = \lim\limits_{n \to \infty} \int_a^b f_n$.

Si las f_n son derivables, que $f_n \to f$ uniformemente no basta para que f sea derivable, o puede existir f' y no ser el límite de las f_n' (como se ve en los ejemplos de la derecha). Para que pasen ambas cosas, deben también las f_n' converger uniformemente.

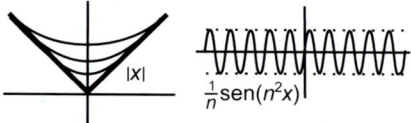

Las **series de funciones** son un caso particular

> $\sum\limits_{n=1}^{\infty} f_n$ **converge puntualmente** o **uniformemente** en A hacia f si
> lo hace la sucesión de sus **sumas parciales** $S_n = f_1 + \cdots + f_n$.

Criterio de Weierstrass

> Sean $\{f_n\}$ definidas en A y $\{M_n\}$ una sucesión de números tal que $|f_n(x)| \leq M_n$
> $\forall x \in A$ y tal que $\sum M_n$ converge. Entonces $\sum f_n$ converge uniformemente en A.

Ej. $\sum \frac{\operatorname{sen} nx}{n^2}$ converge uniformemente en todo $\mathbf{R}$ pues $\left| \frac{\operatorname{sen} nx}{n^2} \right| \leq \frac{1}{n^2}$ y $\sum \frac{1}{n^2}$ converge.

[Se tiene entonces, por ejemplo, que la suma $f(x)$ de esta serie es continua en todo $\mathbf{R}$].

La serie obtenida derivando término a término: $\sum \frac{\cos nx}{n}$ diverge, por ejemplo, si $x = 0$.

[Para otros x, como $x = \pi$, converge por Leibniz, y para casi todos es difícil decirlo].

En general, no se pueden derivar (ni integrar) término a término las sumas infinitas como las finitas. Aunque esto sí se puede hacer siempre con las **series de potencias** en cualquier intervalo cerrado contenido en el intervalo de convergencia $|x| < R$, pues en ellos convergen uniformemente la serie y sus derivadas.

Ej. $x - \frac{x^2}{2} + \frac{x^3}{3} - \frac{x^4}{4} + \cdots$ con $R = 1$, converge puntualmente para $|x| < 1$

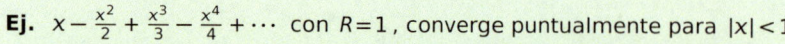

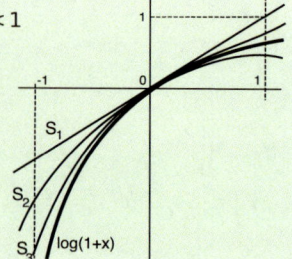

$\left[\text{hacia } \log(1 + x), \text{ y lo sigue haciendo cuando } x = 1 \right]$ y converge uniformemente en cualquier intervalo $[a, 1]$, $a > -1$, aunque no lo hace en todo $(-1, 1]$, pues las sumas parciales están acotadas en ese intervalo y el $\log(1 + x)$ no.

La serie obtenida derivándola término a término $1 - x + x^2 + \cdots$ converge en $(-1, 1)$ $\left[\text{hacia } \frac{1}{1+x}, \text{ y esta no converge si } x = 1 \right]$.

En cualquier $[a, b] \subset (-1, 1)$ la convergencia es uniforme.

Referencias bibliográficas

[1] R. Boyce, W. DiPrima. *Ecuaciones diferenciales y problemas con valores en la frontera.* (México, Limusa, 1998).

[2] M. Braun. *Ecuaciones diferenciales y sus aplicaciones.* (México, Grupo Editorial Iberoamérica, 1990).

[3] R. Churchill. *Series de Fourier y Problemas de Contorno.* (México, McGraw-Hill, 1976).

[4] L. Elsgoltz. *Ecuaciones diferenciales y cálculo variacional.* (Moscú, Mir, 1983).

[5] R. Haberman. *Ecuaciones en derivadas parciales con Series de Fourier y Problemas de Contorno.* (Madrid, Prentice Hall, 2003).

[6] F. Marcellán, L. Casasús, A. Zarzo. *Ecuaciones diferenciales. Problemas lineales y aplicaciones.* (Madrid, McGraw-Hill, 1990).

[7] T. Myint-U. *Partial Differential Equations of Mathematical Physics.* (New York, Elsevier, 1993).

[8] P. Puig Adam. *Curso teórico-práctico de Ecuaciones diferenciales aplicado a la física y técnica.* (Madrid, 1966).

[9] S. Ross. *Ecuaciones diferenciales.* (Barcelona, Reverté, 1980).

[10] G. Simmons. *Ecuaciones diferenciales con aplicaciones y notas históricas.* (Madrid, McGraw-Hill, 1999).

[11] G. Stephenson. *Introducción a las ecuaciones en derivadas parciales.* (Barcelona, Reverté, 1982).

[12] W. Strauss. *Partial Differential Equations. An Introduction.* (New York, Wiley, 1992).

[13] A. Tijonov, A. Samarski. *Ecuaciones de la física matemática.* (Moscú, Mir, 1983).

[14] H. Weinberger. *Ecuaciones diferenciales en derivadas parciales con métodos de variable compleja y de transformaciones integrales.* (Barcelona, Reverté, 2005).

Los libros [3], [5], [7], [11], [12], [13] y [14] son básicamente de EDPs y estudian gran parte de los contenidos de la asignatura (menos las soluciones de EDOs con series de potencias del tema 2) y muchos otros que no se tratan en este manual. Quizás el [5], no difícil de leer, es el más adecuado, en muchos temas, para ir más allá de estos apuntes, aunque algunos resultados se vean mejor en alguno de los otros. [3] y [7] tienen menos páginas, pero son interesantes para alguna sección.

[1], [2], [4], [9] y [10] tratan sobre todo las EDOs, y casi todos tratan los temas 2 y 3 relativos a ecuaciones ordinarias (problemas de contorno para EDOs y soluciones por series), y suelen tener también introducciones a la separación de variables o estudiar las EDPs de primer orden (el [4]) o clasificar las de segundo orden con coeficientes constantes (el [9]). En los libros [6] y [8], mixtos de EDOs y EDPs, aparece también gran parte del curso de Métodos II.

Describimos ahora, sección por sección, la utilidad de cada referencia y de dónde se han obtenido las ideas para partes de este manual.

Las EDPs de primer orden de 1.1 se tratan en los libros [4], [5] y [8], pero centrándose en las cuasilineales (o incluso no lineales) más generales y complicadas. Aquí hemos preferido utilizar un técnica de resolución más parecida a la que aparecerá en la sección siguiente.

La reducción de las EDPs de orden 2 a su forma canónica (también con coeficientes no constantes, que sí se ve en mis apuntes de EDII) y las cuestiones de unicidad están en casi todos los libros de EDPs, como en el [7], [13] o [14]. La deducción de las ecuaciones y el significado físico de los problemas se puede mirar, por ejemplo, en [1], [5], [12], [13] o [14]. La cuerda vibrante de 1.4 se pueden estudiar en [5], [12] o [14]. (Y hay ondas en más variables en los apuntes de EDII).

Para la sección 1.5 de la $\mathcal{F}$ ver [3], [7], [11], [12] y, sobre todo, [5] y [14] que utilizan también la transformada de Laplace para EDPs ([14] tiene incluso una introducción a la variable compleja). Los citados apuntes de EDII presentan también las transformadas seno y coseno.

https://dx.doi.org/10.5209/docm.005.07
Métodos Matemáticos II: ecuaciones en derivadas parciales. Pepe Aranda Iriarte. © Ediciones Complutense, 2026.

El método de series para las EDOs del tema 2 está bien contado en el libro [1] y en el [10], tanto para puntos regulares como para singulares regulares. No suelen darse en los libros elementales las demostraciones de los dos teoremas del capítulo.

Para el 3 es recomendable leer [1], [5] y [10]. Hay más demostraciones que en los apuntes (y con matemáticas no muy complicadas) en [3], [12] o [14], pero algunos resultados para los problemas de contorno exigen resultados más avanzados.

Se estudia el clásico método de separación de variables del tema 4 en casi todos los libros y este texto se parece necesariamente a todos ellos. Buenas introducciones las hay en [1], [2], [9], [10] u [11]. El libro que me parece más recomendable para todo este capítulo es el [5]. Para precisiones de convergencia y el tratamiento de problemas en más de dos variables, más variados que los escasos resueltos en estos apuntes, ver [7], [12], [13] o [14]. El [14] en particular (libro clásico en titulaciones matemáticas) demuestra con rigor la convergencia de las series de Fourier (y también los teoremas de la transformada de Fourier, además de estudiar la variable compleja).

La introducción a las funciones de Green para Laplace de 4.5, utilizando de forma poco formal la δ de Dirac, sigue bastante el camino del [7]. También estudian las funciones de Green, por otros caminos, [11], [12], [13] y [14].

El [5], el [6] y el [12] dan métodos numéricos para problemas de contorno y EDPs (lo que no hace este manual o los demás libros, salvo unas pocas ideas del [14]).

Bastantes libros de EDPs, en vez de estar organizados (como lo están estos apuntes) en torno a los métodos de resolución, estudian sucesivamente, por separado y con diferentes técnicas, las ecuaciones hiperbólicas, elípticas y parabólicas.

Problemas

Problemas 1

1. Resolver los siguientes problemas de Cauchy:

a) $(y-2e^x)u_y-u_x=u$
$u(0,y)=y$

b) $yu_y+u_x=u-ye^{-x}$
$u(x,-1)=1$

c) $yu_y+(2y-x)u_x=x$
$u(x,1)=0$

d) $u_y+xu_x=u-2e^{-y}$
$u(-1,y)=0$

2. Resolver los siguientes problemas de Cauchy y precisar si la solución es única:

a) $u_y+u_x=u-x-y$
$u(x,-2)=x$

b) $2yu_y+xu_x=2u-2y^2$
$u(-2,y)=4-y^2$

c) $3yu_y-xu_x=2xyu$
$u(-1,y)=1$

d) $2xy^2u_y-u_x=2xyu$
$u(0,y)=1$

3. Sea $3x^2u_y+u_x=4yu$. a] Hallar la solución que cumple $u(1,y)=e^{3y-2}$ probando su unicidad. b] Dar un dato de Cauchy para el que la EDP tenga: i) infinitas soluciones, ii) ninguna solución.

4. Resolver $u_y+2yu_x=3xu$ con $\begin{matrix} \text{i) } u(x,1)=1 \\ \text{ii) } u(0,y)=0 \end{matrix}$, estudiando la unicidad de la solución.

5. Sea $yu_y-u_x=2u-y$. Dibujar las características y hallar la solución que cumple $u(0,y)=y+1$. Encontrar el punto del plano en que el dato $u(x,x)=x$ plantea problemas de unicidad.

6. Reducir a forma canónica y, si es posible, encontrar la solución general:

a) $u_{yy}+4u_{xy}+5u_{xx}+u_y+2u_x = x$

b) $u_{yy}+6u_{xy}+9u_{xx}+9u=9$

c) $u_{xx}+4u_{xy}-5u_{yy}+6u_x+3u_y=9u$

d) $3u_{tt}-2u_{xt}-u_{xx}+8u_t-8u_x=0$

7. Escribir (E) $u_{tt}+2u_{xt}=2$ en forma canónica y hallar su solución general. Unos de estos datos de Cauchy: i) $u(x,0)=u_t(x,0)=0$, ii) $u(0,t)=0$, $u_x(0,t)=t$, determinan una única solución de (E). Hallarla en ese caso y estudiar cuántas soluciones cumplen los otros.

8. Escribir en forma canónica, hallar la solución general y la que cumple los datos, y comprobarla:

a) $u_{tt}+4u_{tx}+4u_{xx}+u_t+2u_x=0$
$u(x,0)=1-x$, $u_t(x,0)=1$

b) $u_{yy}+4u_{xy}+4u_{xx}-4u=5e^{x+y}$
$u(x,0)=0$, $u_y(x,0)=e^x$

c) $u_{yy}-2u_{xy}+u_{xx}+u=x+y$
$u(x,0)=x$, $u_y(x,0)=0$

9. Resolver utilizando diferentes caminos (intentando encontrar atajos):

a) $\begin{cases} u_{tt}-4u_{xx}=e^{-t}, \ x,t\in\mathbf{R} \\ u(x,0)=x^2, \ u_t(x,0)=-1 \end{cases}$

b) $\begin{cases} u_{tt}-4u_{xx}=2, \ x,t\in\mathbf{R} \\ u(x,x)=x^2, \ u_t(x,x)=x \end{cases}$

10. Sea (E) $Au_{yy}+Bu_{xy}+Cu_{xx}+Du_y+Eu_x+Hu=F(x,y)$. Comprobar que un cambio de la forma $u=e^{py}e^{qx}w$, eligiendo p y q adecuadas, lleva (E), si no es parabólica, a una (E*) sin derivadas de primer orden. ¿Para qué relación entre las constantes $A,\ldots,H$ no tiene (E*) término en w?
Aplicar lo anterior para resolver $u_{xy}+2u_y+3u_x+6u=1$. Probar que toda ecuación parabólica o es resoluble o se puede poner con cambios de variable en la forma $w_\xi+Kw_{\eta\eta}=G(\xi,\eta)$.

https://dx.doi.org/10.5209/docm.005.08
Métodos Matemáticos II: ecuaciones en derivadas parciales. Pepe Aranda Iriarte. © Ediciones Complutense, 2026.

11. Sea $\begin{cases} u_{tt}-4u_{xx}=0,\, x\geq 0,\, t\in\mathbf{R} \\ u(x,0)=\begin{cases}\cos x-1,\, x\in[2\pi,4\pi]\\ 0,\, x\in[0,2\pi]\cup[4\pi,\infty)\end{cases} \\ u_t(x,0)=u(0,t)=0 \end{cases}$ Dibujar la extensión f^*. Hallar $u(3\pi,3\pi)$.
Dibujar $u(x,3\pi)$. Hallar $u(2\pi,t)$ para $t\geq 3\pi$.

12. Sea $\begin{cases} u_{tt}-u_{xx}=0,\, x\geq 0,\, t\in\mathbf{R} \\ u(x,0)=u(0,t)=0,\, u_t(x,0)=\begin{cases}\cos\frac{x}{2},\, x\in[\pi,3\pi]\\ 0,\, x\in[0,\pi]\cup[3\pi,\infty)\end{cases} \end{cases}$ a] Dibujar g^* y dar su expresión.
b] Calcular $u(2\pi,3\pi)$, $u(2\pi,4\pi)$ y $u(2\pi,t)$ para $t\geq 5\pi$.

13. Sea $\begin{cases} u_{tt}-u_{xx}=0,\, x\geq 0,\, t\in\mathbf{R} \\ u(x,0)=\begin{cases}(x-1)(x-4),\, x\in[1,4]\\ 0,\, x\in[0,1]\cup[4,\infty)\end{cases} \\ u_t(x,0)=u(0,t)=0 \end{cases}$ a] Hallar $u(1,3)$. b] Dibujar $u(x,3)$.
c] Hallar $u(x,3)$ para $x\in[0,1]$.

14. Sea $\begin{cases} u_{tt}-u_{xx}=0,\, x\geq 0,\, t\in\mathbf{R} \\ u(x,0)=0,\, u_t(x,0)=\begin{cases}1-x,\, 0\leq x\leq 1\\ 0,\, x\geq 1\end{cases},\, u(0,t)=t \end{cases}$ Calcular $u(1,2)$, $u(2,2)$
y $u(x,2)$ para $x\geq 3$.

15. Sea $\begin{cases} u_{tt}-u_{xx}=0,\, x\geq 0,\, t\in\mathbf{R} \\ u(x,0)=u_t(x,0)=0 \\ u(0,t)=\operatorname{sen} t \end{cases}$ Calcular $u(\frac{\pi}{2},2\pi)$. Hallar la expresión de $u(x,2\pi)$ para
i) $x\geq 2\pi$, ii) $0\leq x\leq 2\pi$ y dibujar la cuerda para $t=2\pi$.
[Ayuda: $v=\operatorname{sen} t\cos x$ cumple el dato de contorno y la EDP].

16. Sea $\begin{cases} u_{tt}-u_{xx}=0,\, x\in[0,2],\, t\in\mathbf{R} \\ u(x,0)=0,\, u_t(x,0)=(x-1)^2,\, u(0,t)=u(2,t)=t \end{cases}$ Hallar $u(\frac{3}{2},1)$.

17. Sea $\begin{cases} u_{tt}-u_{xx}=0,\, x\in[0,5],\, t\in\mathbf{R} \\ u(x,0)=\begin{cases}2-x,\, x\in[2,3]\,,\, x-4,\, x\in[3,4]\\ 0,\, \text{resto de }[0,5]\end{cases} \\ u_t(x,0)=u(0,t)=u(5,t)=0 \end{cases}$ Hallar el valor de $u(4,3)$. Dibujar $u(x,3)$.
Hallar la expresión de $u(2,t)$ para $t\in[0,3]$.

18. Sea $\begin{cases} u_{tt}-4u_{xx}=0,\, x\in[0,2],\, t\in\mathbf{R} \\ u(x,0)=4x-x^3,\, u_t(x,0)=0 \\ u(0,t)=u(2,t)=0 \end{cases}$ Hallar $u(\frac{3}{2},\frac{3}{4})$. Dibujar $u(x,2)$. Hallar $u(x,1)$.

19. Sea $\begin{cases} u_{tt}-u_{xx}=6x,\, x\geq 0,\, t\in\mathbf{R} \\ u(x,0)=u_t(x,0)=u_x(0,t)=0 \end{cases}$ Calcular $u(0,t)$ para todo t.

20. Sea $\begin{cases} u_{tt}-\left(u_{rr}+\frac{2}{r}u_r\right)=0,\, r\geq 0,\, t\in\mathbf{R} \\ u(r,0)=r,\, u_t(r,0)=-2 \end{cases}$ a] Hallar $u(1,2)$.
b] Hallar $u(1,t)$ para todo $t\geq 0$.

21. Resolver, a partir de las características y utilizando transformadas de Fourier, los problemas:

a] $\begin{cases} 2u_t+u_x=tu \\ u(x,0)=e^{-x^2} \end{cases}$ b] $\begin{cases} tu_t-u_x=u \\ u(x,1)=f(x) \end{cases}$ c] $\begin{cases} u_t+e^t u_x+2tu=0 \\ u(x,0)=f(x) \end{cases}$

d] $\begin{cases} 3u_t-u_x=g(x) \\ u(x,0)=0 \end{cases}$ e] $\begin{cases} u_t-u_x=2xe^{-x^2} \\ u(x,2)=0 \end{cases}$ [El término no homogéneo es derivada de función de transformada conocida].

22. a) Resolver $u_t+3t^2u_x=(3t^2+1)u$, $u(x,1)=f(x)$, a partir de las características y con la $\mathcal{F}$, deducir la solución para $f(x)=e^x$ y comprobarla.
b) Estudiar la unicidad de a) y para el dato $u(0,t)=0$.

23. a] Resolver por dos caminos diferentes $\begin{cases} u_t+(\cos t)u_x=u \\ u(x,0)=f(x) \end{cases}$. b] Caso de ser $f(x)=\begin{cases}\cos^2 x,\, -\frac{\pi}{2}\leq x\leq\frac{\pi}{2}\\ 0,\, \text{resto de }\mathbf{R}\end{cases}$
describir $u(x,t)$ para $t\geq 0$.

24. Resolver i] con caracteristicas y ii] utilizando la $\mathcal{F}$ los problemas:

a) $\begin{cases} 21u_{tt}+2u_{tx}-3u_{xx}=0 \\ u(x,0)=f(x),\, u_t(x,0)=3f'(x) \end{cases}$ b) $\begin{cases} u_{tt}-6u_{tx}+9u_{xx}=0 \\ u(x,0)=f(x),\, u_t(x,0)=0 \end{cases}$

c) $\begin{cases} u_{tt}+4u_{tx}+4u_{xx}+u_t+2u_x=0 \\ u(x,0)=0,\, u_t(x,0)=g(x) \end{cases}$ d) $\begin{cases} u_{tt}-4u_{tx}+4u_{xx}+u=0 \\ u(x,0)=0,\, u_t(x,0)=g(x) \end{cases}$

25. Sea $\begin{cases} u_{tt}-2u_{tx}-3u_{xx}=0 \\ u(x,0)=f(x),\, u_t(x,0)=0 \end{cases}$ a) Resolverlo con la $\mathcal{F}$ y a partir de su forma canónica.
b) Si $f(x)=4-x^2$ si $-2\leq x\leq 2$ y 0 en el resto, dibujar $u(x,1)$.

26. Obtener la fórmula de D'Alembert utilizando transformadas de Fourier.

27. Resolver $\begin{cases} u_{tt}-4u_{xx}-2u_t+4u_x=0\,,\ x,t\in\mathbf{R} \\ u(x,0)=f(x)\,,\ u_t(x,0)=f(x) \end{cases}$ con la $\mathcal{F}$ $\begin{bmatrix} \text{observar} \\ \text{cuadrado} \\ \text{perfecto} \end{bmatrix}$. Deducir la solución si $f(x)\equiv1$.

Escribir en forma canónica la ecuación y hallar a partir de ella su solución general.

28. Hallar la solución de $\begin{cases} u_t-u_{xx}=(x^2-1)\,e^{-x^2/2}\,,\ x\in\mathbf{R}\,,\ t>0 \\ u(x,0)=0\,,\ u\ \text{acotada} \end{cases}$ $\begin{bmatrix} \text{el término no homogéneo es la} \\ \text{derivada segunda de } e^{-x^2/2} \end{bmatrix}$:

a] Aplicando $\mathcal{F}$ directamente. b] Con un cambio que haga la ecuación homogénea y evaluando la integral de los apuntes mediante un cambio de variable. Hallar el $\lim\limits_{t\to\infty} u(x,t)$.

29. Resolver $\begin{cases} u_t-u_{xx}=e^{-x^2/4}\,,\ x\in\mathbf{R}\,,\ t>0 \\ u(x,0)=0\,,\ u\ \text{acotada} \end{cases}$ y obtener la solución $u(x,t)=\dfrac{1}{\sqrt{\pi}}\displaystyle\int_{-\infty}^{\infty}\dfrac{e^{-k^2}-e^{-k^2(t+1)}}{k^2}e^{-ikx}dk$.

Deducir el valor de $u(0,t)$ integrando por partes y utilizando que $\displaystyle\int_{-\infty}^{\infty}e^{-as^2}ds=\dfrac{\sqrt{\pi}}{\sqrt{a}}$.

30. Hallar, utilizando la $\mathcal{F}$, su solución sin que aparezcan integrales:

a) $\begin{cases} u_t-\frac{1}{4}u_{xx}+u_x=0\,,\ x\in\mathbf{R}\,,\ t>0 \\ u(x,0)=e^{-x^2}\,,\ u\ \text{acotada} \end{cases}$

b) $\begin{cases} u_t-2tu_{xx}-u_x=0\,,\ x\in\mathbf{R}\,,\ t>1 \\ u(x,1)=e^{-x^2/4}\,,\ u\ \text{acotada} \end{cases}$

c) $\begin{cases} u_{tt}-4u_{xx}=0\,,\ x\in\mathbf{R}\,,\ t\in\mathbf{R} \\ u(x,0)=2e^{-x^2/2}\,,\ u_t(x,0)=0 \end{cases}$

d) $\begin{cases} u_t-2tu_{xx}=0\,,\ x\in\mathbf{R}\,,\ t>0 \\ u(x,0)=\delta(x)\,,\ u\ \text{acotada} \end{cases}$

Problemas 2

1. Resolver por series en torno al punto $x = 0$, calcular la solución en términos de funciones elementales y estudiar donde convergen las series solución:

  a) $(1+x^2)y''-2y=0$ b) $(1-x)(1-2x)y''+2xy'-2y=0$ c) $\cos x\, y''+(2-\operatorname{sen} x)y' = 0$

2. Sea $y''+(2-2x)y'+(1-2x)y=0$. Encontrar el desarrollo hasta x^4 de la solución que cumple $y(0)=0$, $y'(0)=1$. Comprobarlo sabiendo que $y=e^{-x}$ es otra solución.

3. Sea $2\sqrt{x}\,y''-y'=0$. Precisar si $x=0$ es o no punto singular regular. Hallar el desarrollo en serie de tercer orden en torno a $x=1$ de la solución que cumple $y(1)=y'(1)=1$.

4. Hallar la solución general de las siguientes ecuaciones de Euler:

     a) $xy''+2y'=x$ b) $x^2y''-3xy'+3y=9\ln x$ c) $x^2y''+4xy'+2y=e^x$

5. Resolver mediante series $(1-x^2)y''-xy'+4y=0$ hasta x^5 en torno a $x=0$, utilizando la regla de recurrencia. Comprobar que la solución que satisface $y(0)=1, y'(0)=0$ es un polinomio. ¿Son analíticas todas las soluciones en $x=1$? ¿Están todas acotadas en ese punto?

6. Sean a) $y''+xy'+y=0$, b) $3xy''+y'+xy=0$, c) $xy''-2y'+4e^xy=0$. Hallar los 3 primeros términos no nulos del desarrollo en serie de una solución que se anule en $x=0$, encontrando la regla de recurrencia cuando se pueda. ¿Están acotadas en $x=0$ todas las soluciones?

7. Estudiar en $x=0$ si $2x^2y''+x(3-2x)y'-(1+2x)y=0$ tiene soluciones analíticas no triviales. Hallar 4 términos del desarrollo de una acotada. Comprobarlos usando que $y_2=\frac{1}{x}$ es solución.

8. Sea $3xy''+(2-6x)y'+2y=0$. Hallar una solución que no sea analítica en $x=0$. Hallar 4 términos del desarrollo de una solución no trivial que sea analítica en $x=0$.

9. Dar 2 términos no nulos del desarrollo de una solución de $3xy''-y'-3x^2y=0$ que se anule en $x=0$ y la regla de recurrencia. ¿En $x=0$ son todas las soluciones analíticas? ¿Son derivables?

10. Hallar el desarrollo de una solución no trivial analítica en $x=0$ de $4xy''+2y'+y=0$, $x>0$, y la solución general en términos de funciones elementales. Comprobarla haciendo $s=x^{1/2}$.

11. Hallar una corta solución no trivial de $x(2+x^2)y''+2y'-2xy=0$ analítica en $x=0$, escribiendo la regla de recurrencia.

12. Sea $x^2y''+x(7+2x)y'+9y=0$. ¿Existen soluciones analíticas no triviales en $x=0$? Calcular una solución no trivial cuyo desarrollo en torno a $x=0$ tiene un número finito de términos.

13. Sea $x^2(1+x^2)y''-6y=0$. Hallar 3 términos no nulos del desarrollo de una solución acotada en $x=0$, dando la regla de recurrencia. ¿Cuál es el coeficiente de x^{2012} en ese desarrollo?

14. Hallar el desarrollo de una solución acotada en $x=0$ de $x(1+x)y''+(2+3x)y'+y=0$ y probar que hay soluciones no analíticas en $x=-1$. Comprobarlo utilizando que $y=\frac{1}{x}$ es solución.

15. Hallar usando la recurrencia 4 términos del desarrollo de una solución no nula de $xy''-(2+x)y=0$ acotada en $x=0$. ¿Qué función elemental será? Comprobarla. ¿Es y_2 analítica?

16. Sea $(1-x^2)y''-2xy'+y=0$ (Legendre con $p=1$). Hallar 3 términos no nulos del desarrollo de la solución con $y(0)=0$, $y'(0)=1$. Estudiar si hay soluciones que tienden a 0 cuando $x\to-1$.

17. Resolver $xy''+2y'-xy=0$ probando directamente en la ecuación la y_2 de Frobenius con $d=0$. Comprobar el resultado haciendo $v=xy$.

18. Sea $x(x+1)y''+(x-1)y'=0$. Hallar 3 términos no nulos del desarrollo de una solución que se anule en $x=0$. Precisar si posee soluciones no acotadas para $x\to\infty$.

19. Sea $x(1-x)y''-(1+x)y'+y=0$. Hallar el desarrollo de una solución no trivial de que se anule en $x=0$, dando la regla de recurrencia, e identificarla con una función elemental. Probar que hay soluciones no triviales de la ecuación que tienden a 0 cuando $x\to\infty$.

20. Sea $x(x-1)y''+y'-py=0$. Estudiar para qué valores de p tiene solución polinómica. Probar que cuando $p=2$ existen soluciones que tienden a 0 cuando $x\to\infty$.

Problemas 3

1. Sea $\begin{array}{l} y'' + \lambda y = 0 \\ y'(0) - \alpha y(0) = y(1) = 0 \end{array}$. Probar que hay infinitos $\lambda_n > 0$ $\forall\alpha$. Discutir cuando hay $\lambda_n \le 0$. Estudiar cómo varía con α el menor autovalor.

2. Hallar los autovalores y autofunciones y calcular $\langle y_n, y_n \rangle$ $\forall n$ para estos problemas de contorno:

a) $\begin{array}{l} y'' + \lambda y = 0 \\ y(0) - 2y'(0) = y(1) - 2y'(1) = 0 \end{array}$
[son calculables y hay uno negativo]

b) $\begin{array}{l} y'' - 2y' + \lambda y = 0 \\ y(0) = y(\pi) = 0 \end{array}$
[todos los $\lambda_n > 1$]

c) $\begin{array}{l} x^2 y'' + xy' + [\lambda x^2 - \frac{1}{4}]y = 0 \\ y(1) = y(4) = 0 \end{array}$
[hacer $u = \sqrt{x}\, y$ o $s = \sqrt{\lambda}\, x$]

3. Sea $\begin{cases} y'' + 2y' + \lambda y = 0 \\ y(0) = y'(\frac{\pi}{4}) = 0 \end{cases}$. Probar que $\lambda = -3$ no es autovalor. Comprobar que $\lambda_1 = 2$ lo es, dar su autofunción $\{y_1\}$ y hallar $\langle y_1, y_1 \rangle$. Basándose en una gráfica, probar que el siguiente autovalor λ_2 es menor que 37.

4. Desarrollar $f(x) = \cos^3 x$, $x \in [0, \pi]$, en serie de i) $\{\cos nx\}$, ii) $\{\sin nx\}$, dibujando las funciones hacia las que tienden las series y estudiando la convergencia uniforme.

5. Desarrollar a) $f(x) = 1$, b) $f(x) = x^2$, en $[0,1]$, en serie de i) $\{\sin n\pi x\}$ y de ii) $\{\cos n\pi x\}$. Dibujar con algún programa de ordenador algunas sumas parciales de las series obtenidas.

6. Sea $f(x) = \begin{cases} 1, & 0 \le x \le 1 \\ 0, & 1 < x \le 2 \end{cases}$. Hallar su desarrollo en serie de Fourier $f(x) = \frac{a_0}{2} + \sum_{n=1}^{\infty} a_n \cos \frac{n\pi x}{2}$.
¿Cuánto debe sumar la serie para i) $x = 1$, ii) $x = 2$? Comprobarlo sustituyendo en la serie.

7. Desarrollar en serie de senos y cosenos en $[-\pi, \pi]$, dibujando la función límite de cada serie:

a) $f(x) = \sin^2 x$ b) $f(x) = \sin \frac{x}{2}$ c) $f(x) = \begin{cases} \pi, & \text{si } -\pi \le x < 0 \\ \sin x, & \text{si } 0 \le x < \pi \end{cases}$

8. Hallar los λ_n e $\{y_n\}$ y desarrollar $f(x) = x$ en las autofunciones de cada uno de los problemas:

a) $\begin{array}{l} y'' + \lambda y = 0 \\ y(0) = y'(1) = 0 \end{array}$ b) $\begin{array}{l} y'' + \lambda y = 0 \\ y(-1) = y(1) = 0 \end{array}$ c) $\begin{array}{l} x^2 y'' + xy' + \lambda y = 0 \\ y'(1) = y'(e) = 0 \end{array}$

9. Hallar el desarrollo de $f(x) = 1$ en serie de autofunciones de los siguientes problemas:

a) $\begin{cases} y'' + \lambda y = 0 \\ y(0) = y(1) - y'(1) = 0 \end{cases}$
[ver con gráficas que no hay $\lambda_n < 0$ y que hay infinitos $\lambda_n > 0$].

b) $\begin{cases} y'' + 2y' + \lambda y = 0 \\ y(0) + y'(0) = y(\frac{1}{2}) = 0 \end{cases}$

10. Sea $\begin{cases} [(1-x^2)y']' + \lambda y = 0 \\ y(0) = 0, \ y \text{ acotada en } 1 \end{cases}$. Hallar 2 términos del desarrollo en serie de sus autofunciones [los P_{2n-1} de Legendre] de: i) $f(x) = 1$, ii) $f(x) = x^2$.

11. Sea $\begin{cases} y'' + \lambda y = 0 \\ y'(\frac{\pi}{2}) = y(\pi) = 0 \end{cases}$. Determinar si $\lambda = -1$ es o no es autovalor. Probar que $\lambda = 1$ lo es y dar su autofunción. Precisar el valor de a para el que tiene infinitas soluciones $y'' + y = x - a$ con esos datos de contorno.

12. Sea $\begin{cases} x^2 y'' + xy' + \lambda y = 0 \\ 2y(1) - y'(1) = y(2) - y'(2) = 0 \end{cases}$. Precisar si $\lambda = -4$ y $\lambda = -1$ son o no autovalores, dando la autofunción en caso de serlo. Para uno de los λ hallar la constante a tal que $x^2 y'' + xy' + \lambda y = 15x^3 - a$ tenga infinitas soluciones con esos mismos datos.

13. Sea $\begin{cases} xy'' + 2y' + \lambda xy = 0 \\ y(\pi) + \pi y'(\pi) = y(2\pi) + 2\pi y'(2\pi) = 0 \end{cases}$. Precisar si $\lambda = 0$ es o no autovalor del problema, dando la autofunción en caso afirmativo.
Calcular la autofunción para $\lambda = 4$ $\left[\text{la solución general } y = c_1 \frac{\cos 2x}{x} + c_2 \frac{\sin 2x}{x} \text{ se obtiene haciendo } u = xy\right]$. Determinar si existen o no soluciones de $xy'' + 2y' + 4xy = 2$ con esos mismos datos de contorno.

14. Sea $\begin{cases} y'' + \lambda y = \sin x \\ y(0) = y'(\frac{\pi}{2}) = 0 \end{cases}$. Precisar, si lo hay, un λ para el que: i) tenga solución única, ii) tenga infinitas soluciones, iii) no tenga solución.

15. Sea $\begin{cases} y'' + \lambda y = 0 \\ y(0) = y(\frac{3\pi}{4}) + y'(\frac{3\pi}{4}) = 0 \end{cases}$. Probar que $\lambda_1 = 1$ es autovalor, escribiendo la autofunción $\{y_1\}$ y el término con y_1 del desarrollo de $f(x) = 1$ en autofunciones.
Hallar la constante a para la que $y'' + y = 3\sin 2x - a$ tiene infinitas soluciones con esos mismos datos. Comprobar a partir de una gráfica que el segundo autovalor $\lambda_2 > 4$.

Problemas 4

1. Desarrollar $f(x)=\frac{\pi}{4}$ en autofunciones de $\begin{cases} X''+\lambda X=0 \\ X'(0)=X(\pi)=0 \end{cases}$ y dar la suma de la serie si: $\begin{array}{l} \text{i) } x=\frac{\pi}{2} \\ \text{ii) } x=0 \end{array}$.

Resolver $\begin{cases} u_t-4u_{xx}=0,\ x\in(0,\pi),\ t>0 \\ u(x,0)=f(x),\ u_x(0,t)=u(\pi,t)=0 \end{cases}$ para: i) $f(x)=\frac{\pi}{4}$, ii) $f(x)=\cos\frac{x}{2}$.

2. Sea $\begin{cases} u_t-u_{xx}=0,\ x\in(0,\pi),\ t>0 \\ u(x,0)=0,\ u_x(0,t)=u_x(\pi,t)=t \end{cases}$. Resolverlo y hallar para cada $x\in(0,\pi)$ el límite de la solución $u(x,t)$ cuando $t\to\infty$.

3. Resolver $\begin{cases} u_t-4u_{xx}=0,\ x\in(0,\pi),\ t>0 \\ u(x,0)=0,\ u(0,t)=t,\ u_x(\pi,t)=0 \end{cases}$. [Hay una v muy sencilla, pero se puede hallar otra que no estropea la ecuación].

4. Resolver por separación de variables:

a) $\begin{cases} u_t-u_{xx}=e^{-2t},\ x\in(0,\pi),\ t>0 \\ u(x,0)=u(0,t)=u(\pi,t)=0 \end{cases}$ b) $\begin{cases} u_t-2tu_{xx}=e^{-t^2}\cos x,\ x\in\left(0,\frac{\pi}{2}\right),\ t>0 \\ u(x,0)=\cos 3x,\ u_x(0,t)=u\left(\frac{\pi}{2},t\right)=0 \end{cases}$

c) $\begin{cases} u_t-u_{xx}+u=0,\ x\in(0,\pi),\ t>0 \\ u(x,0)=0,\ u_x(0,t)=u_x(\pi,t)=e^{-t} \end{cases}$ d) $\begin{cases} u_t-\frac{2}{t}u_{xx}=3\,\mathrm{sen}\,x,\ x\in(0,\pi),\ t>1 \\ u(x,1)=\mathrm{sen}\,2x,\ u(0,t)=u(\pi,t)=0 \end{cases}$

e) $\begin{cases} u_t-u_{xx}+3u=\pi,\ x\in(0,\pi),\ t>0 \\ u(x,0)=u(0,t)=u(\pi,t)=0 \end{cases}$ f) $\begin{cases} u_t-u_{xx}=0,\ x\in[0,1],\ t>0 \\ u(x,0)=2-x^2,\ u_x(0,t)=u_x(1,t)+2u(1,t)=0 \end{cases}$

5. Sea $\begin{cases} u_t-3u_{xx}=e^{-2t}\,\mathrm{sen}\,x,\ x\in\left(0,\frac{\pi}{2}\right),\ t>0 \\ u(x,0)=f(x),\ u(0,t)=1,\ u_x\left(\frac{\pi}{2},t\right)=0 \end{cases}$. Hallar su solución si $f(x)=1-\mathrm{sen}\,x$ y dar dos términos de la serie solución si $f(x)=0$.

6. a] Hallar los autovalores y autofunciones del problema $\begin{cases} X''+2X'+\lambda X=0 \\ X(0)=X(1)+X'(1)=0 \end{cases}$.

b] Resolver $\begin{cases} u_t-u_{xx}-2u_x=0,\ x\in(0,1),\ t>0 \\ u(x,0)=e^{-x},\ u(0,t)=u(1,t)+u_x(1,t)=0 \end{cases}$ [directamente o tras un cambio $u=e^{pt+qx}w$].

7. Sea $\begin{cases} u_t-\left(u_{rr}+\frac{2}{r}u_r\right)=0,\ r\in(\pi,2\pi),\ t>0 \\ u(r,0)=\frac{\mathrm{sen}\,r}{r},\ u(\pi,t)=u(2\pi,t)=0 \end{cases}$. Resolverlo por separación de variables. [El problema para R es resoluble haciendo $v=rR$].

8. Sea $\begin{cases} u_{tt}-u_{xx}=0,\ x\in[0,2\pi],\ t\in\mathbf{R} \\ u(x,0)=\begin{cases} 2\,\mathrm{sen}\,x,\ x\in[0,\pi] \\ 0,\ x\in[\pi,2\pi] \end{cases} \\ u_t(x,0)=u(0,t)=u(2\pi,t)=0 \end{cases}$. a] Dibujar $u(x,\pi)$ y dar su expresión con D'Alembert. b] Resolver por separación de variables y comprobar.

9. Sea $\begin{cases} u_{tt}-u_{xx}=0,\ x\in[0,\pi],\ t\in\mathbf{R} \\ u(x,0)=0,\ u_t(x,0)=1 \\ u(0,t)=u(\pi,t)=0 \end{cases}$. a] Hallar el valor exacto de $u\left(\frac{5\pi}{6},\frac{\pi}{2}\right)$ con D'Alembert. b] Separar variables y ver que con 2 términos no nulos de la serie solución se obtiene $u\left(\frac{5\pi}{6},\frac{\pi}{2}\right)\approx\frac{14}{9\pi}$ [≈ 0.495].

10. Resolver $\begin{cases} u_{tt}-u_{xx}=t\,\mathrm{sen}\,x,\ x\in[0,\pi],\ t\in\mathbf{R} \\ u(x,0)=u_t(x,0)=0 \\ u(0,t)=u(\pi,t)=0 \end{cases}$ a) Por separación de variables. b) Mediante extensiones y D'Alembert: i) directamente, ii) haciendo $w=u-t\,\mathrm{sen}\,x$.

11. Resolver separando variables $\begin{cases} u_{tt}-u_{xx}=0,\ x\in\left[0,\frac{\pi}{2}\right],\ t\in\mathbf{R} \\ u(x,0)=u_t(x,0)=u_x(0,t)=0,\ u\left(\frac{\pi}{2},t\right)=t \end{cases}$ [$v=t$ es buena para el cambio].

12. Resolver $\begin{cases} u_{tt}+2u_t-5u_{xx}=0,\ x\in[0,\pi],\ t\in\mathbf{R} \\ u(x,0)=0,\ u_t(x,0)=g(x),\ u(0,t)=u(\pi,t)=0 \end{cases}$ i) para cualquier $g(x)$ ii) para $g(x)=2\,\mathrm{sen}\,x$.

13. Resolver $\begin{cases} u_{tt}-u_{rr}-\frac{2}{r}u_r=0,\ r\leq 1,\ t\geq 0 \\ u(r,0)=0,\ u_t(r,0)=\frac{1}{r}\,\mathrm{sen}\,\pi r,\ u(1,t)=0 \end{cases}$ i) por separación de variables, ii) con las técnicas del capítulo 1.

14. Resolver por separación de variables estos problemas planos en cartesianas:

a) $\begin{cases} \Delta u = 0 \,,\ (0,\pi)\times(0,\pi) \\ u(0,y)=0,\ u(\pi,y)=5+\cos y \\ u_y(x,0)=u_y(x,\pi)=0 \end{cases}$ b) $\begin{cases} \Delta u = y\cos x \,,\ (0,\pi)\times(0,1) \\ u_x(0,y)=u_x(\pi,y)=0 \\ u_y(x,0)=u_y(x,1)=0 \end{cases}$ c) $\begin{cases} \Delta u + 6u_x=0\,,\ (0,\pi)\times(0,\pi) \\ u_x(0,y)=0,\ u(\pi,y)=\cos 4y \\ u_y(x,0)=u_y(x,\pi)=0 \end{cases}$

15. Sea $\begin{cases} u_{rr}+\frac{1}{r}u_r+\frac{1}{r^2}u_{\theta\theta}=0\,,\ r<1\,,\ 0<\theta<\frac{\pi}{2} \\ u(1,\theta)=f(\theta)\,,\ u(r,0)=u\big(r,\frac{\pi}{2}\big)=0 \end{cases}$ Hallar su solución si $f(\theta)=\operatorname{sen}2\theta$ y el primer término de la serie solución para $f(\theta)=\cos\theta$.

16. Sea $\begin{cases} u_{rr}+\frac{1}{r}u_r+\frac{1}{r^2}u_{\theta\theta}=0\,,\ r<2\,,\ 0<\theta<\frac{\pi}{2} \\ u(2,\theta)=f(\theta)\,,\ u_\theta(r,0)=u\big(r,\frac{\pi}{2}\big)=0 \end{cases}$ Calcular su solución para i) $f(\theta)=\cos 3\theta$ y dos términos de su serie solución para ii) $f(\theta)=\pi$.

17. Sea $\begin{cases} u_{rr}+\frac{1}{r}u_r+\frac{1}{r^2}u_{\theta\theta}=0\,,\ r<1 \\ u(1,\theta)=\begin{cases}1,\ 0\le\theta\le\pi \\ 0,\ \pi<\theta<2\pi\end{cases} \end{cases}$ Probar que $\frac{2}{3}\le u\big(\frac{1}{2},\frac{\pi}{2}\big)\le 1$. [Utilizando la fórmula de Poisson o la serie solución].

18. Resolver por separación de variables estos problemas planos:

a) $\begin{cases} \Delta u = 0\,,\ 1<r<2 \\ u(1,\theta)=1+\operatorname{sen}2\theta\,,\ u_r(2,\theta)=0 \end{cases}$ b) $\begin{cases} \Delta u = 0\,,\ r<1\,,\ 0<\theta<\pi \\ u_r(1,\theta)=4\cos^3\theta\,,\ u_\theta(r,0)=u_\theta(r,\pi)=0 \end{cases}$

c) $\begin{cases} \Delta u = 0\,,\ r<1\,,\ 0<\theta<\pi \\ u(1,\theta)=\theta^2\,,\ u_\theta(r,0)=u_\theta(r,\pi)=0 \end{cases}$ d) $\begin{cases} \Delta u = 4\operatorname{sen}2\theta\,,\ \theta\in\big(0,\frac{\pi}{2}\big)\,,\ r<1 \\ u(1,\theta)=\operatorname{sen}4\theta\,,\ u(r,0)=u\big(r,\frac{\pi}{2}\big)=0 \end{cases}$

e) $\begin{cases} \Delta u = 3\operatorname{sen}\frac{\theta}{2}\,,\ r<1\,,\ \theta\in(0,\pi) \\ u(1,\theta)=u(r,0)=u_\theta(r,\pi)=0 \end{cases}$ f) $\begin{cases} \Delta u = -1/r\,,\ 1<r<3\,,\ 0<\theta<\pi \\ u(1,\theta)=2+\cos\theta,\ u(3,\theta)=u_\theta(r,0)=u_\theta(r,\pi)=0 \end{cases}$

g) $\begin{cases} \Delta u = \cos\theta\,,\ r<2 \\ u(2,\theta)=\operatorname{sen}2\theta \end{cases}$ h) $\begin{cases} \Delta u = 8r\cos\theta\,,\ r<1\,,\ 0<\theta<\frac{\pi}{2} \\ u(1,\theta)=u_\theta(r,0)=u\big(r,\frac{\pi}{2}\big)=0 \end{cases}$

19. Resolver estos problemas planos para las constantes k indicadas, estudiando su unicidad:

a) $\begin{cases} \Delta u = 0\,,\ r<2\,,\ \theta\in\big(0,\frac{\pi}{2}\big) \\ u_r(2,\theta)+ku(2,\theta)=8\cos 2\theta \\ u_\theta(r,0)=u_\theta\big(r,\frac{\pi}{2}\big)=0 \end{cases}$, si $\begin{matrix}\text{i) } k=1, \\ \text{ii) } k=0.\end{matrix}$ b) $\begin{cases} \Delta u = 0\,,\ r<1\,,\ \theta\in(0,\pi) \\ u(1,\theta)+ku_r(1,\theta)=4\operatorname{sen}\frac{3\theta}{2} \\ u(r,0)=u_\theta(r,\pi)=0 \end{cases}$, si $\begin{matrix}\text{i) } k=2, \\ \text{ii) } k=-2.\end{matrix}$

20. Resolver los problemas para la ecuación de Laplace en el espacio:

a) $\begin{cases} \Delta u = 0\,,\ 1<r<2 \\ u(1,\theta)=\cos\theta\,,\ u(2,\theta)=0 \end{cases}$ b) $\begin{cases} \Delta u = 0\,,\ r<1 \\ u_r(1,\theta)=\cos^3\theta \end{cases}$ c) $\begin{cases} \Delta u = 0\,,\ r<3 \\ u_r(3,\theta)+u(3,\theta)=\operatorname{sen}^2\theta \end{cases}$

21. Hallar la solución de: $\begin{cases} \Delta u = 0\,,\ \text{si } r>R\ \text{(en el plano)} \\ u(R,\theta)=\cos^3\theta\,,\ 0\le\theta<2\pi \\ u\ \text{acotada cuando } r\to\infty \end{cases}$ y $\begin{cases} \Delta u = 0\,,\ \text{si } r>R\ \text{(en el espacio)} \\ u(R,\theta)=\cos^3\theta\,,\ 0<\theta<\pi \\ u\to 0\ \text{cuando } r\to\infty \end{cases}$.

22. Hallar la solución de $\begin{cases} u_{rr}+\frac{1}{r}u_r+\frac{1}{r^2}u_{\theta\theta}=\frac{2\operatorname{sen}\theta}{1+r^2} \\ u(1,\theta)=1\,,\ u\ \text{acotada} \end{cases}$, a] en el círculo $r<1$, b] en la región $r>1$ $\big[$¡ojo!, $r\arctan r\xrightarrow[r\to\infty]{}\infty\big]$.

23. Hallar (en términos de funciones elementales) una solución acotada de:

$\begin{cases} u_{rr}+\frac{1}{r}u_r+\frac{1}{r^2}u_{\theta\theta}+4u=0\,,\ r<1\,,\ 0<\theta<\pi \\ u(1,\theta)=\operatorname{sen}\frac{\theta}{2}\,,\ u(r,0)=u_\theta(r,\pi)=0 \end{cases}$ [Separando variables y haciendo $s=2r$ aparece una ecuación conocida].

24. Sea una placa circular homogénea de $1\,$cm de de radio, inicialmente a $0°$. Supongamos que en el instante $t=0$ todo su borde se calienta hasta $1°$ y luego se mantiene a esa temperatura. Hallar las temperaturas en la placa para $t>0$ y la distribución estacionaria hacia la que tienden.

25. Resolver estos problemas en 3 variables en general y para la f o g indicadas:

a) $\begin{cases} u_t-2(u_{xx}+u_{yy})=0\,,\ (x,y)\in\big(0,\frac{\pi}{2}\big)\times\big(0,\frac{\pi}{2}\big)\,,\ t>0 \\ u(x,y,0)=f(x,y) \\ u_y(x,0,t)=u\big(x,\frac{\pi}{2},t\big)=u(0,y,t)=u_x\big(\frac{\pi}{2},y,t\big)=0 \end{cases}$

$f(x,y)=\operatorname{sen}3x\cos y$

b) $\begin{cases} u_{tt}-\Delta u=0\,,\ (x,y)\in(0,\pi)\times(0,\pi)\,,\ t\in\mathbf{R} \\ u(x,y,0)=0,\ u_t(x,y,0)=g(x,y) \\ u(0,y,t)=u(\pi,y,t)=u_y(x,0,t)=u_y(x,\pi,t)=0 \end{cases}$

$g(x,y)=2\operatorname{sen}3x\operatorname{sen}^2 2y$

Problemas adicionales 1

1. Resolver (si es posible) los siguientes problemas de Cauchy:

a) $u_y + xu_x = -x^2 e^{-y}$
   $u(-1, y) = 0$

b) $2yu_y - xu_x = u - x^2 y$
   $u(2, y) = 0$

c) $(y + 2x)u_y - xu_x = y$
   $u(1, y) = 1$

d) $u_x - u_y = \frac{x-y}{xy} u$
   $u(x, 1) = x$

e) $yu_y - (x+1)u_x = u + 2x$
   $u(1, y) = y$

f) $2yu_y + xu_x = 4yx^2 u$
   $u(-2, y) = 1$

g) $yu_y + e^{x^2} u_x = 2x$
   $u(x, 0) = 0$

h) $u_y + 3y^2 u_x = \frac{2u}{y} + 6y^4 x$
   $u(x, 1) = x^2$

i) $xu_y - yu_x = 2xyu$
   $u(x, 0) = x$

j) $u_y - u_x = 2(x+y)u$
   $u(x, x) = 1$

k) $(2y - x)u_y + xu_x = 2y$
   $u(1, y) = 0$

l) $(2x - y)u_y + xu_x = yu$
   $u(-1, y) = 1$

m) $3x^2 u_y - u_x = 4yu$
   $u(1, y) = 1$

n) $(3y + 3)u_y - xu_x = 2xy$
   $u(x, 0) = 0$

ñ) $u_y - 2yu_x = 4xy$
   $u(x, -1) = 2x + 1$

2. Sea $yu_y + xu_x = 2xyu$. Calcular su solución general y la que cumple $u(-1, y) = 1$, probando su unicidad. Dar $f(x)$ para que $u(x,x) = f(x)$ lo cumplan i) infinitas soluciones, ii) ninguna solución.

3. Sea la ecuación $u_y - u_x = \frac{3}{y} u + 2x$ y sean estos datos de Cauchy: i) $u(x, -x) = 0$, ii) $u(x, x) = 0$. Hallar la única solución que cumple uno de ellos y precisar cuántas soluciones cumplen el otro.

4. Sean $(1-y)u_y + xu_x = 2x^2 y$ y los datos i) $u(x, -1) = x^2$, ii) $u(x, 1) = x^2$. Hallar su solución general y la que satisface el dato con solución única, probando su unicidad.

5. Hallar la única solución de las EDPs siguientes que satisface uno de los dos datos indicados y dar dos soluciones distintas cumpliendo el otro:

a) $u_y - 2yu_x = 2yu$, con: i) $u(x, 1) = e^{-x}$, ii) $u(-y^2, y) = 0$.
b) $yu_y - xu_x = u + 2x$, con: i) $u(x, 0) = -x$, ii) $u(x, 2) = 7x$.
c) $2(y + 1)u_y - xu_x = xy$, con: i) $u(x, -1) = x$, ii) $u(1, y) = 1$.

6. Sea $(3y - x^2)u_y + xu_x = 3u$. Hallar la solución que cumple $u(1, y) = y$, probando su unicidad. Dar dos soluciones distintas que cumplan uno de estos dos datos: i) $u(x, x^2) = 0$, ii) $u(x, x^2) = 1$.

7. Sea $y^2 u_y + u_x = 2xu$. Hallar su solución general tomando $\eta = x$ y $\eta = y$. Hallar las soluciones (si las hay) que cumplen los datos: i) $u(x, 1) = 1$, ii) $u(0, y) = y$, iii) $u(x, -\frac{1}{x}) = 0$, iv) $u(x, -\frac{1}{x}) = 1$.

8. Sea (E) $y^2 u_y + x^2 u_x = x^2 + y^2$. Resolverla con el dato $u(x, 1) = x + 1$. ¿Es única la solución? Imponer unos datos de Cauchy para los que (E) tenga infinitas soluciones y dar dos de ellas.

9. Sea $(2y + x)u_y + xu_x = 2y + 2x$. Hallar su solución general y la que verifica $u(1, y) = 0$. Precisar en qué puntos del plano la recta $y = x - 1$ es tangente a las características.

10. Resolver $3x^2 u_y + u_x = x^5$, $u(x, 0) = x^3$, estudiando la unicidad.

11. Sea [E] $(y + 1)u_y + xu_x = 2xyu$. Resolver [E] con el dato $u(1, y) = 1$. ¿Es única la solución? Imponer un dato de Cauchy para el que [E] tenga infinitas soluciones y escribir 2 de ellas. ¿En qué puntos es tangente la curva $y = x^2$ a las características de [E]?

12. Sea [E] $y^3 u_y - u_x = 2y^2 u - 2xy^2$. a] Hallar su solución general tomando i) $\eta = y$, ii) $\eta = x$.
b] Resolver [E] con el dato inicial $u(x, 1) = 2x$, estudiando la unicidad de la solución.
c] Imponer un dato de Cauchy para el que (E) tenga infinitas soluciones y dar dos de ellas.
d] ¿En qué puntos del plano es tangente la curva $2x = -y^2$ a alguna característica de [E]?

13. Hallar la solución de (E) $u_t - 2tu_x = 2t(x - t^2)u$ con $u(x, 1) = 1$, tomando i) $\eta = t$, ii) $\eta = x$. Escribir 2 soluciones distintas de (E) válidas en un entorno de origen que cumplan $u(0, t) = 0$.

14. Precisar para qué valores de n entero positivo el dato de Cauchy $u(x, x^n) = x^n$ determina una única solución de la ecuación $u_x + yu = y^2$ cerca de $(0, 0)$.

15. Sea la 'ecuación cuasilineal' (E) $A(x,y,u)u_y+B(x,y,u)u_x=C(x,y,u)$. Ver que si las soluciones del sistema de ecuaciones: $\frac{du}{dx}=\frac{C}{B}$, $\frac{dy}{dx}=\frac{A}{B}$ son $\begin{array}{l}\eta(x,y,u)=c_1\\\xi(x,y,u)=c_2\end{array}$ [curvas características de (E)], entonces la solución general de (E) es $\eta(x,y,u)=p[\xi(x,y,u)]$ (o $\xi(x,y,u)=q[\eta(x,y,u)]$), p, q arbitrarias. Resolver la cuasilineal: $u_y+uu_x=0$ con: i) $u(x,0)=x$, ii) $u(0,y)=0$.

16. a] Resolver $\begin{array}{l}v_y+e^{x+y}v_x-v=0\\v(x,0)=e^{-x}\end{array}$. b] Hallar la solución general de $u_{yy}+e^{x+y}u_{xy}-u_y=0$.

17. Reducir a forma canónica, si es necesario, y, si es posible, encontrar la solución general:

a) $u_{yy}-4u_{xy}+4u_{xx}-4u=8$ b) $u_{yy}+2u_{xy}+2u_{xx}=0$ c) $u_{xx}-3yu_x+2y^2u=y$

d) $u_{yy}-2u_{xy}+u_{xx}+u_y-u_x=x+y$ e) $u_{yy}+3u_{xy}+2u_{xx}=e^{x-y}$

18. Hallar la solución general de $u_{tt}+2u_{xt}+u_{xx}+u=0$ y la que cumple $u(x,-x)=0$, $u_t(x,-x)=1$. Escribir una solución, distinta de la $u\equiv0$, que satisfaga $u(x,x)=u_t(x,x)=0$.

19. Resolver por diferentes caminos (encontrando atajos): $\begin{cases}u_{tt}-4u_{xx}=16,\ x,t\in\mathbf{R}\\u(0,t)=t,\ u_x(0,t)=0\end{cases}$.

20. Sea (e) $u_{tt}-u_{xx}+Du_t+Eu_x=4$, con D y E constantes.
a] Escribir (e) en forma canónica. ¿Para qué relaciones entre D y E es esta forma resoluble?
b] Para $D=-2$, $E=2$, hallar la o las soluciones de (e) con los datos: $u(0,t)=e^{2t}$, $u_x(0,t)=2$.

21. El potencial v y la intensidad i en una linea telegráfica satisfacen $\begin{array}{l}v_x+Li_t+Ri=0\\i_x+Cv_t+Gv=0\end{array}$, L,R,C,G constantes. Hallar la EDP de segundo orden que verifica v. Si $GL=RC$, comprobar que un cambio adecuado la reduce a la de ondas y hallar $v(x,t)$ si inicialmente $v(x,0)=V(x)$ e $i(x,0)=I(x)$.

22. Estudiar la unicidad de: $(D\subset\mathbf{R}^2$ acotado, $k>0)$ a) $\begin{cases}\Delta u-k^2u=F\text{ en }D\\u=f\text{ en }\partial D\end{cases}$, b) $\begin{cases}u_t-k\Delta u=F(x,y,t)\text{ en }D\\u(x,y,0)=f(x,y)\text{ en }D,\ u(x,y,t)=0\text{ en }\partial D\end{cases}$.

23. Sea $\begin{cases}u_{tt}-4u_{xx}=0,\ x\geq0,\ t\in\mathbf{R}\\u(x,0)=\begin{cases}2x-x^2,\ x\in[0,2]\\0,\ x\in[2,\infty)\end{cases},\ u_t(x,0)=u(0,t)=0\end{cases}$. i) Hallar $u(1,1)$. ii) Dibujar $u(x,1)$.

24. Sea $\begin{cases}u_{tt}-u_{xx}=0,\ x\geq0,\ t\in\mathbf{R}\\u(x,0)=\begin{cases}1-\cos x,\ x\in[0,2\pi]\\0,\ x\in[2\pi,\infty)\end{cases},\ u_t(x,0)=u(0,t)=0\end{cases}$. a] Dibujar f^* y dar su expresión. b] Hallar $u(2\pi,3\pi)$. c] Dibujar $u(x,3\pi)$.

25. Sea $\begin{cases}u_{tt}-u_{xx}=0,\ x\geq0,\ t\in\mathbf{R}\\u(x,0)=\begin{cases}\cos\frac{\pi x}{2},\ x\in[1,3]\\0,\ x\in[0,1]\cup[3,\infty)\end{cases},\ u_t(x,0)=u(0,t)=0\end{cases}$. a] Hallar $u(1,3)$. b] Dibujar $u(x,2)$.

26. Sea $\begin{cases}u_{tt}-u_{xx}=0,\ x\geq0,\ t\in\mathbf{R}\\u(x,0)=u(0,t)=0,\ u_t(x,0)=\begin{cases}2x-x^2,\ x\in[0,2]\\0,\ x\in[2,\infty)\end{cases}\end{cases}$. a] Dibujar g^* y dar su expresión. b] Hallar: i) $u(3,2)$, ii) $u(1,2)$.

27. Sea $\begin{cases}u_{tt}-u_{xx}=0,\ x\geq0,\ t\in\mathbf{R}\\u_t(x,0)=\begin{cases}x^3-3x^2,\ x\in[0,3]\\0,\ x\in[3,\infty)\end{cases}\\u(x,0)=u(0,t)=0\end{cases}$. Calcular $u(1,2)$ y $u(1,t)$ para todo $t\geq4$ y para $t\in[1,2]$.

28. Sea $\begin{cases}u_{tt}-u_{xx}=0,\ x\geq0,\ t\in\mathbf{R}\\u(x,0)=u(0,t)=0,\ u_t(x,0)=\begin{cases}\text{sen }\pi x,\ 1\leq x\leq2\\0\text{ en }[0,1]\cup[2,\infty)\end{cases}\end{cases}$. Dibujar $u(x,1)$, $u(x,2)$ y $u(x,3)$.

29. Sea $\begin{cases}u_{tt}-4u_{xx}=0,\ x\geq0,\ t\in\mathbf{R}\\u(x,0)=u_t(x,0)=0,\ u(0,t)=t\end{cases}$. Hallar $u(2,4)$.

30. Sea $\begin{cases}u_{tt}-u_{xx}=0,\ x\geq0,\ t\in\mathbf{R}\\u_t(x,0)=\begin{cases}(x-1)^2,\ x\in[0,1]\\0,\ x\in[1,\infty)\end{cases}\\u(x,0)=0,\ u(0,t)=t\end{cases}$. a] Calcular $u(2,1)$ y $u(2,3)$. [La v buena para el cambio es la obvia]. b] Calcular $u(2,t)$ para todo $t\geq3$.

31. Sea $\begin{cases} u_{tt}-u_{xx}=0,\ x\geq0,\ t\in\mathbf{R} \\ u(x,0)=0,\ u_t(x,0)=\cos^2 x,\ u(0,t)=t \end{cases}$ · $\quad$ a] Hallar $u(\pi,2\pi)$.
$\qquad$ b] Hallar $u(x,2\pi)$ para $x\geq2\pi$.

32. Sea $\begin{cases} u_{tt}-u_{xx}=0,\ x\geq0,t\in\mathbf{R} \\ u(x,0)=1,u_t(x,0)=0,u(0,t)=\cos t \end{cases}$ · $\quad$ a] Hallar $u\left(\frac{\pi}{3},2\pi\right)$. b] Hallar $u(x,\pi)$ para $x\geq\pi$.
$\qquad$ [$v=\cos t\cos x$ cumple dato de contorno y ecuación].

33. Sea $\begin{cases} u_{tt}-u_{xx}=0,\ x\geq0,t\in\mathbf{R} \\ u(x,0)=e^x,u_t(x,0)=-x,\ u(0,t)=1 \end{cases}$ · $\quad$ a] Hallar $u(1,2)$.
$\qquad$ b] Hallar $u(1,t)$ para $t\geq0$.

34. Sea $\begin{cases} u_{tt}-u_{xx}=0,\ x\geq0,t\in\mathbf{R} \\ u(x,0)=0,\ u_t(x,0)=\begin{cases} x^2-1,\ x\in[0,1] \\ 0,\ x\in[1,\infty) \end{cases},\ u(0,t)=-t \end{cases}$ · $\quad$ a] Hallar $u(2,1)$ y $u\left(\frac{3}{2},1\right)$.
$\qquad$ b] Hallar $u(x,1)$ para todo $x\geq0$.

35. Sea $\begin{cases} u_{tt}-u_{xx}=0,\ x\geq0,t\in\mathbf{R} \\ u(x,0)=e^{-x},u_t(x,0)=0 \\ u(0,t)=e^{-t} \end{cases}$ · $\quad$ a] Hallar $u(2,3)$. [Ayuda: una buena $v(x,t)$ sale de separar variables y tomar $\lambda=-1$].
$\qquad$ b] Hallar $u(x,t)$, $x,t\geq0$. c] Dibujar $u(x,3)$.

36. Sea $\begin{cases} u_{tt}-u_{xx}=0,\ x\in[0,1],\ t\in\mathbf{R} \\ u(x,0)=u_t(x,0)=0 \\ u(0,t)=0,\ u(1,t)=\mathrm{sen}\,t \end{cases}$ · $\quad$ Hallar $u\left(\frac{1}{2},\frac{1}{2}\right)$ y $u\left(\frac{1}{2},\frac{3}{2}\right)$. [Es útil encontrar una buena v].

37. Sea $\begin{cases} u_{tt}-9u_{xx}=0,\ x\in[0,4],\ t\in\mathbf{R} \\ u(x,0)=\begin{cases} (x-1)(x-2),\ x\in[1,2] \\ 0,\ x\in[0,1]\cup[2,4] \end{cases},\ u_t(x,0)=0 \\ u(0,t)=u(4,t)=0 \end{cases}$ · $\quad$ a] Hallar $u\left(\frac{5}{2},\frac{4}{3}\right)$. b] Dibujar $u(x,1)$.

38. Sea $\begin{cases} u_{tt}-u_{xx}=0,\ x\in[0,\pi],t\in\mathbf{R} \\ u(x,0)=\mathrm{sen}^2 x,\ u_t(x,0)=0 \\ u(0,t)=u(\pi,t)=0 \end{cases}$ · $\quad$ Dibujar la extensión f^*, hallar el valor de $u\left(\frac{\pi}{2},\frac{3\pi}{4}\right)$ y hallar $u\left(x,\frac{3\pi}{4}\right)$ para $\frac{\pi}{4}\leq x\leq\frac{3\pi}{4}$.

39. Sea $\begin{cases} u_{tt}-u_{xx}=0,\ x\in[0,4],t\in\mathbf{R} \\ u(x,0)=\begin{cases} \mathrm{sen}\,\pi x,\ 2\leq x\leq3 \\ 0\ \text{resto de }[0,4] \end{cases},\ u_t(x,0)=u(0,t)=0 \\ u(4,t)=0 \end{cases}$ · $\quad$ a] Dibujar $u(x,1)$, $u(x,2)$ y $u(x,3)$.
$\qquad$ b] Dibujar $u(3,t)$, $t\geq0$.

40. Sea $\begin{cases} u_{tt}-u_{xx}=0,\ x\in[0,2],t\in\mathbf{R} \\ u(x,0)=\begin{cases} x-x^2,\ x\in[0,1] \\ 0,\ x\in[1,2] \end{cases},\ u_t(x,0)=u(0,t)=u(2,t)=0 \end{cases}$ · $\quad$ a] Hallar $u\left(1,\frac{3}{2}\right)$. b] Dibujar $u\left(x,\frac{3}{2}\right)$.
$\qquad$ c] Dar la expresión de $u\left(x,\frac{3}{2}\right)$.

41. Sea $\begin{cases} u_{tt}-u_{xx}=0,\ x\in[0,4\pi],t\in\mathbf{R} \\ u(x,0)=\begin{cases} \mathrm{sen}\,x,\ x\in[\pi,2\pi] \\ 0,\ x\in[0,\pi]\cup[2\pi,4\pi] \end{cases} \\ u_t(x,0)=u(0,t)=u(4\pi,t)=0 \end{cases}$ · $\quad$ a] Hallar $u\left(\frac{\pi}{2},2\pi\right)$.
$\qquad$ b] Dibujar y dar la expresión de $u(x,2\pi)$.
$\qquad$ c] Dibujar $u(\pi,t)$ para $t\in[0,8\pi]$.

42. Sea $\begin{cases} u_{tt}-\left(u_{rr}+\frac{2}{r}u_r\right)=0,\ r\geq0 \\ u(r,0)=6,\ u_t(r,0)=5r^3 \end{cases}$ · $\quad$ Hallar $u(2,3)$.

43. Sea $\begin{cases} u_{tt}-\left(u_{rr}+\frac{2}{r}u_r\right)=0,\ r\geq0 \\ u(r,0)=\frac{2}{4+r^2},\ u_t(r,0)=0 \end{cases}$ · $\quad$ a] Hallar $u(1,5)$ y $u(7,5)$. Hallar $u(0,t)$.
$\qquad$ b] Dibujar aproximadamente y simplificar $u(r,5)$.

44. Sean $\begin{cases} v_{tt}-v_{rr}=0,\ r\geq0,\ t\in\mathbf{R} \\ v(r,0)=\begin{cases} 2r-r^2,\ r\in[0,2] \\ 0\ \text{en el resto} \end{cases}\equiv F(r) \\ v_t(r,0)=v(0,t)=0 \end{cases}$ y $\begin{cases} u_{tt}-u_{rr}-\frac{2}{r}u_r=0,\ r\geq0,\ t\in\mathbf{R} \\ u(r,0)=\begin{cases} 2-r,\ r\in[0,2] \\ 0\ \text{en el resto} \end{cases}\equiv f(r) \\ u_t(r,0)=0 \end{cases}$ ·

$\qquad$ a] Hallar $v(6,3)$, $v(2,3)$ y $u(4,3)$. b] Dibujar y hallar la expresión de $v(r,3)$.
$\qquad$ c] Hallar el valor máximo de $u(r,3)$ $\left[\sqrt{15}\approx3.873\right]$.

45. Hallar $I(a,x)=\int_0^\infty e^{-ak^2}\cos kx\,dk$ probando que $\frac{dI}{dx}=-\frac{x}{2a}I$ e $I(a,0)=\frac{\sqrt{\pi}}{2\sqrt{a}}$.

Usar lo anterior para calcular $\mathcal{F}^{-1}(e^{-ak^2})$ y $\mathcal{F}(e^{-ax^2})$.

46. Sea $t^2 u_t - u_x = tu$.
a] Hallar la solución con $u(x,1)=x$ a partir de las características.
b] Resolver con $u(x,1)=f(x)$ utilizando la transformada de Fourier.

47. Resolver: a] $\begin{cases} u_t + 2tu_x = 4tu \\ u(x,1)=f(x) \end{cases}$, b] $\begin{cases} t^2 u_t - u_x = g(x) \\ u(x,1)=0 \end{cases}$ por las características y mediante la $\mathcal{F}$.

48. Sea $u_t + 2u_x = -\frac{1}{t}u$. a] Calcular su solución general y la que satisface $u(x,1)=x$.
b] Hallar con la $\mathcal{F}$ la solución con $u(x,1)=f(x)$ y además: i) Si $f(x)=x$, comprobar que se tiene
el resultado de a]. ii) Si $f(x)=\begin{cases} \mathrm{sen}^2\pi x, & x\in[0,1] \\ 0, & \text{resto de } \mathbf{R} \end{cases}$, dibujar y dar la expresión de $u(x,2)$.

49. Sea $t^3 u_t + 2u_x = 2t^2 u$. a] Dibujar sus características y hallar la solución que cumple $u(x,1)=x$.
b] Calcular sólo con la $\mathcal{F}$ la que cumple $u(x,1)=f(x)$ y comprobar que devuelve la solución de a].
c] Precisar en qué puntos plantea problemas de unicidad el dato $u(t^2,t)=0$ y dibujar esta curva.

50. Resolver utilizando exclusivamente la $\mathcal{F}$ y comprobar el resultado a partir de D'Alembert:

a) $\begin{cases} u_{tt} - 4u_{xx} = 0, \ x,t\in\mathbf{R} \\ u(x,0)=f(x), u_t(x,0)=2f'(x) \end{cases}$
b) $\begin{cases} u_{tt} - 9u_{xx} = 0, \ x,t\in\mathbf{R} \\ u(x,1)=f(x), u_t(x,1)=0 \end{cases}$.

51. a] Utilizando la $\mathcal{F}$ resolver $\begin{cases} 2u_{tt} + 5u_{tx} + 2u_{xx} = 0 \\ u(x,0)=f(x), u_t(x,0)=0 \end{cases}$. b] Escribir la solución para $f(x)=x^2$.

52. Sea $\begin{cases} 9u_{tt} + 12u_{tx} + 4u_{xx} = 0 \\ u(x,0)=0, u_t(x,0)=g(x) \end{cases}$. Resolverlo (mediante la $\mathcal{F}$ o a partir de la forma canónica), deducir la solución si $g(x)=3x$ y comprobar esta solución.

53. Resolver, utilizando exclusivamente la transformada de Fourier, los dos problemas:

a) $\begin{cases} u_{tt} - u_{xx} = 0, \ x,t\in\mathbf{R} \\ u(x,0)=2e^{-x^2}, u_t(x,0)=0 \end{cases}$
b) $\begin{cases} u_t - u_{xx} = 0, \ x\in\mathbf{R}, t>0 \\ u(x,0)=2e^{-x^2}, u \text{ acotada} \end{cases}$

54. Resolver utilizando la transformada de Fourier:

a) $\begin{cases} u_t - 2u_{xx} + tu = 0, x\in\mathbf{R}, t>0 \\ u(x,0)=e^{-x^2/8}, u \text{ acotada} \end{cases}$
b) $\begin{cases} u_t - u_{xx} - 2u_x = 0, x\in\mathbf{R}, t>0 \\ u(x,0)=e^{-x^2/4}, u \text{ acotada} \end{cases}$
c) $\begin{cases} u_t - \frac{1}{t^2}u_{xx} = 0, x\in\mathbf{R}, t>1 \\ u(x,1)=e^{-x^2}, u \text{ acotada} \end{cases}$

55. Resolver i) a partir de su forma canónica, ii) con transformadas de Fourier:

a) $\begin{cases} 4u_{tt} - 12u_{tx} + 9u_{xx} = 0 \\ u(x,0)=0, u_t(x,0)=g(x) \end{cases}$
b) $\begin{cases} u_{tt} + 2u_{tx} + u_{xx} = u \\ u(x,0)=0, u_t(x,0)=g(x) \end{cases}$

c) $\begin{cases} u_{tt} - u_{xt} + \frac{1}{4}u_{xx} + u_t - \frac{1}{2}u_x = 0 \\ u(x,0)=0, u_t(x,0)=g(x) \end{cases}$
d) $\begin{cases} u_{tt} + 2u_{xt} + u_{xx} - u_t - u_x = 0 \\ u(x,0)=f(x), u_t(x,0)=0 \end{cases}$

56. Resolver (en términos de funciones elementales) $\begin{cases} u_t - u_{xx} - 2u_x = 0, \ x\in\mathbf{R}, t>0 \\ u(x,0)=e^{-x^2/2}, u \text{ acotada} \end{cases}$:

a] con la $\mathcal{F}$ directamente, b] con un cambio $u=e^{pt}e^{qx}w$ que lleve a la ecuación del calor.

57. Sea (E) $u_t - u_{xx} - 2u_x + au = 0$. Simplificarla con un cambio de variable adecuado. Hallar la solución de (E) que cumple $u(x,0)=e^{-x^2}$ y analizar su comportamiento cuando $t\to\infty$.

58. Resolver extendiendo f de forma adecuada: $\begin{cases} u_t - u_{xx} = 0, \ x,t>0 \\ u(x,0)=f(x), u_x(0,t)=0, u \text{ acotada} \end{cases}$

Problemas adicionales 2

1. Estudiar si las siguientes ecuaciones tienen puntos singulares o no y clasificarlos:

$$(2x-x^2)y''+y'-y=0 \quad x^2y''+2y'+4y=0 \quad xy''+e^xy'+\cos x\,y=0 \quad x\,\text{sen}\,x\,y''+3y'+xy=0$$

2. Resolver $y''+xy=0$ mediante series en torno a $x=0$.

3. Sea $y''+2xy'+2y=0$. Calcular 3 términos no nulos del desarrollo en serie de la solución con $y(0)=1, y'(0)=0$. Hallar su término general e identificarla con una función elemental.

4. Sea $(x-1)y''+2xy'+(x+1)y=0$. Comprobar que tiene solución de la forma e^{ax} y hallar la solución con $y(0)=1$, $y'(0)=0$ en términos de funciones elementales. Calcular los 3 primeros términos no nulos del desarrollo en torno a 0 de esta solución directamente por series.

5. Sea $(a+4x^2)y''+y=0$. a] Si $a=0$ escribir su solución general.
b] Si $a=1$ hallar el desarrollo hasta x^4 de la solución con $y(0)=2$, $y'(0)=0$. ¿Dónde converge, al menos, la serie solución anterior?

6. Sea $3(1+x^2)y''+2xy'=0$. Hallar 3 términos no nulos del desarrollo de una solución no trivial que se anule en $x=0$. Estudiar si todas las soluciones están acotadas cuando $x\to\infty$.

7. Sea $2x^2y''-x(3-4x)y'+2(1-3x)y=0$. Calcular, dando la regla de recurrencia, una solución de la ecuación que no sea analítica en $x=0$.
Hallar el desarrollo hasta $\left(x-\frac{1}{4}\right)^2$ de la solución que cumple $y(\frac{1}{4})=0$, $y'(\frac{1}{4})=2$.

8. Sea $4x^2y''-3y=x^2$. a) Hallar la solución general de la no homogénea. b) Hallar el desarrollo hasta orden 4 en $x=1$ de la solución de la homogénea con $y(1)=0$, $y'(1)=1$.

9. Sea $xy''-xy'-y=0$. Hallar una serie solución (no nula) que se anule en $x=0$ e identificarla con una función elemental. En $x=0$: ¿están acotadas todas las soluciones? ¿hay soluciones no analíticas? Hallar el desarrollo hasta $(x+1)^3$ de la solución con $y(-1)=1$, $y'(-1)=0$.

10. Sea $xy''-(2+x)y'=0$. a) Hallar los 4 primeros términos no nulos del desarrollo de una solución que se anule en $x=0$, dando la regla de recurrencia. ¿Están todas las soluciones acotadas en ese punto? b) Hallar los cuatro primeros términos no nulos del desarrollo en torno a $x=1$ de la solución que satisface $y(1)=y'(1)=1$. c) ¿Es su punto del infinito singular regular?

11. Sea $3xy''+2y'+4y=0$. Hallar los 4 primeros términos no nulos del desarrollo de una solución que se anule en $x=0$ dando la regla de recurrencia. ¿Para qué x converge la serie?

12. Calcular una solución no analítica de $2xy''-(1-2x)y'-5y=0$, $x\geq0$, escribiendo la regla de recurrencia.

13. Sea $2x^2y''+x(3-x)y'-y=0$. Estudiar si la ecuación posee soluciones no triviales analíticas en $x=0$. Calcular una solución no acotada en $x=0$, escribiendo la regla de recurrencia.

14. Sea $x^2y''+x(x-3)y'+4y=0$. En $x=0$, escribir 4 términos no nulos del desarrollo de una solución dando la regla de recurrencia, ¿son todas las soluciones analíticas?, ¿están todas acotadas?

15. Sea $x^2y''-x(x+5)y'+9y=0$. Dar 3 términos no nulos del desarrollo de una solución analítica en $x=0$. Hallar la regla de recurrencia. ¿Tienden a 0 todas las soluciones cuando $x\to0$?

16. Sea $xy''-2y'+y=0$. Hallar una solución no trivial que se anule en $x=0$, escribiendo la regla de recurrencia, sus 4 primeros términos y la expresión de su término general.

17. Dar un valor de b para el que la solución general por series de $xy''+be^{\text{sen}\,x}y'=0$ en torno a $x=0$ no contenga logaritmos y otro valor para el que sí.

18. Hallar una solución no trivial acotada en $x=0$ en términos de funciones elementales. Determinar si todas sus soluciones están o no acotadas en el punto y son o no analíticas:

a) $2x^2y''+x(x+1)y'-(2x+1)y=0$ b) $x^2y''+x^3y'-2(1+x^2)y=0$

c) $x^2y''+x(1-x^2)y'+(3x^2-1)y=0$ d) $x^2y''-4xy'+(6-x^2)y=0$

e) $2x^2y''+x(3-2x)y'-(1+4x)y=0$ f) $xy''-(1+x)y'+y=0$

19. Sea $x^2y''+x(1-4x^2)y'+(12x^2-1)y=0$. Hallar una solución no trivial cuyo desarrollo en torno a $x=0$ es un polinomio, dando la regla de recurrencia. ¿Posee soluciones no acotadas en $x=0$?

20. Hallar el término general del desarrollo de una solución de $xy''+y=0$ que se anule en $x=0$. Calcular el valor de la constante del término que contiene el $\ln x$ en la segunda solución.

21. Hallar la solución general de $x^2y''+x(4-x)y'+2(1-x)y=0$, desarrollando en torno a $x=0$ e identificar las series solución con funciones elementales.

22. Sea $xy''+(2x^2-1)y'-4\alpha xy=0$. a] Precisar los α para los que hay polinomios solución que se anulan en $x=0$. b] Para $\alpha=1$, hallar una solución analítica en $x=0$ y determinar si todas las soluciones lo son. c] Para $\alpha=0$, hallar la solución general sin utilizar series.

23. Sea $xy''+(1-x^2)y'+pxy=0$. Precisar, resolviendo por series en torno a $x=0$, los valores de p para los que hay soluciones polinómicas y escribir uno de estos polinomios para $p=4$.

24. Estudiar trabajando en $x=0$ si existen soluciones que sean polinomios de las ecuaciones:

$$xy''+(1-x)y'+py=0 \text{ (Laguerre)} \qquad (1-x^2)y''-xy'+p^2y=0 \text{ (Chebyshev)}$$

25. Hallar, sin series, una solución linealmente independiente de P_1 de la ecuación de Legendre con $p=2$. Comparar su desarrollo con el de la teoría. Hacer $x=1/s$, resolver y comparar.

26. Hallar las funciones de Bessel $J_{3/2}$ y $J_{5/2}$.

27. Sea $x(x-1)y''+(4x-2)y'+2y=0$. a] Probar que hay una solución analítica en $x=0$ y calcularla. b] Identificar esta solución entre las dos que se obtendrían resolviendo por series en torno a $x=1$. c] Estudiar si todas las soluciones de la ecuación tienden a 0 cuando $x\to\infty$.

28. Sea $x^2(1+x)y''+x(3+2x)y'+y=0$. Hallar, trabajando en $x=0$, una solución no trivial que no contenga el $\ln x$. Probar que todas sus soluciones están acotadas cuando $x\to\infty$.

29. Sea $(x^2-1)y''-4xy'+6y=0$. Hallar la solución con $y(0)=-1$, $y'(0)=3$. Utilizando Frobenius, hallar una solución que se anule en $x=1$. ¿Hay soluciones no triviales acotadas para $x\to\infty$?

30. Sea $x(1+x)y''-y'=0$. Hallar, con Frobenius, una solución que se anule en $x=0$. Hacer $x=\frac{1}{s}$ y deducir si hay soluciones no acotadas cuando $x\to\infty$. Resolver sin series y comprobar.

31. Sea $[x^4+x^2]y''+[5x^3+x]y'+[3x^2-1]y=0$. Escribir la ecuación para su punto del infinito. Probar que posee soluciones no triviales que tienden a 0 cuando i) $x\to 0$, ii) $x\to\infty$. ¿Existen soluciones que tiendan a 0 tanto cuando $x\to 0$ como cuando $x\to\infty$?

32. Sea $x^4y''+2x^3y'-y=1$. Determinar si $x=0$ y $x=\infty$ son puntos regulares o singulares regulares de la homogénea. Hallar la solución que satisface $y(1)=0, y'(1)=1$.

Problemas adicionales 3

1. Sea $\begin{cases} x^2y'' - xy' + \lambda y = 0 \\ y'(1) = y(3) = 0 \end{cases}$. Escribir en forma autoadjunta. Estudiar si i) $\lambda = -3$ y ii) $\lambda = \frac{3}{4}$ son o no autovalores, dando la autofunción en caso afirmativo.

2. Sea $\begin{cases} y'' - 6y' + \lambda y = 0 \\ y(0) = y(1) = 0 \end{cases}$. Hallar sus autovalores λ_n y autofunciones $\{y_n\}$, escribir la ecuación en forma autoadjunta y calcular $\langle y_n, y_n \rangle$.

3. Desarrollar $f(x) = |\mathrm{sen}\, x|$ en serie de senos y cosenos en $[-\pi, \pi]$, dibujando la función a la que tiende la serie y precisando la convergencia puntual y uniforme.

4. Sea $f(x) = \begin{cases} \mathrm{sen}\, x, & |x| \leq \pi/2 \\ 0, & \pi/2 < |x| \leq \pi \end{cases}$. Hallar su serie de Fourier en senos y cosenos en $[-\pi, \pi]$. Dibujar la función hacia la que converge y la cuarta suma parcial.
¿Cuál debe ser la suma de la serie si i) $x = \frac{\pi}{4}$, ii) $x = \frac{\pi}{2}$? Comprobarlo para ii).

5. Sea (P) $\begin{cases} y'' + \lambda y = 0 \\ y'(-\pi) = y'(\pi) = 0 \end{cases}$. a] Haciendo $x + \pi = s$, deducir todas sus autofunciones $\{y_n\}$. Calcular directamente las 2 primeras y_0 e y_1 y comprobar.
b] Hallar el primer término no nulo del desarrollo de $f(x) = x$ en autofunciones de (P).

6. Sea $\begin{cases} y'' + \lambda y = 0 \\ y'(0) = y(\pi) + 4y'(\pi) = 0 \end{cases}$. Hallar sus autovalores y autofunciones [λ_1 e y_1 son calculables exactamente].
Calcular el primer término del desarrollo en serie de $f(x) = 1$ en las autofunciones anteriores.

7. Desarrollar $f(x) = x$ en las autofunciones de los problemas:

a) $\begin{cases} y'' + \lambda y = 0 \\ y(0) = y(1) + y'(1) = 0 \end{cases}$ b) $\begin{cases} y'' - 2y' + y + \lambda y = 0 \\ y(0) = y(1) = 0 \end{cases}$ c) $\begin{cases} xy'' + 2y' + \lambda xy = 0 \\ y \text{ acotada en } 0, \, y'(1) = 0 \end{cases}$

8. Sea $\begin{cases} x^2y'' + 3xy' + y + \lambda y = 0 \\ y(1) = y(e) = 0 \end{cases}$. a] Escribir la ecuación en forma autoadjunta y hallar el peso r.
b] Precisar si $\lambda = 0$ es autovalor dando la autofunción si lo es.
c] Para $\lambda = \pi^2$, hallar la autofunción $\{y_1\}$ y calcular $\langle y_1, y_1 \rangle$.

9. Sea $\begin{cases} y'' + \lambda y = \cos 3x \\ y'(0) = y'(\frac{\pi}{4}) + y(\frac{\pi}{4}) = 0 \end{cases}$. Hallar el primer término del desarrollo de $f(x) = \cos 3x$ en serie de autofunciones del problema homogéneo.
Precisar para i) $\lambda = 0$, ii) $\lambda = 1$ cuántas soluciones tiene el problema no homogéneo.

10. Sea (P_f) $\begin{cases} x^2y'' + \lambda y = x^3 - ax^2 \\ y(1) + 3y'(1) = y(4) = 0 \end{cases}$. a] Precisar si $\lambda = -2$ es o no autovalor del homogéneo (P_h).
b] Probar que $\lambda = 0$ lo es y dar su autofunción $\{y_0\}$.
c] Encontrar, en términos de una tangente, la ecuación que debería resolverse numéricamente para hallar los infinitos $\lambda > 1/4$ del (P_h), y escribir las autofunciones.
d] Para $\lambda = 0$, calcular el a para el que el no homogéneo (P_f) tiene infinitas soluciones.

11. Sea $\begin{cases} y'' - 4y' + 4y + \lambda y = 0 \\ y(0) = y(\pi) = 0 \end{cases}$. Desarrollar $f(x) = e^{2x}$ en sus autofunciones $\{y_n\}$. Precisar cuántas soluciones tiene $y'' - 4y' + ay = \pi$ con esos datos si $a = 4$ y $a = 5$.

12. Sea $\begin{cases} y'' + \lambda y = 0 \\ y(0) + y'(0) = y(\pi) + y'(\pi) = 0 \end{cases}$. Probar que $\lambda = -1$ es autovalor y dar la autofunción $\{y_{-1}\}$. Calcular sus $\lambda_n > 0$, escribiendo sus autofunciones $\{y_n\}$. Ver cuántas soluciones de $y'' - y = e^{2x}$ cumplen los datos.

13. Sea $\begin{cases} y'' + 4y' + \lambda y = 0 \\ y(0) = y'(b) = 0, \, b > 0 \end{cases}$. Ver si $\lambda = -5$ es o no autovalor y precisar cuántas soluciones de $y'' + 4y' - 5y = 5x - 4$ cumplen los datos.
Hallar b de modo que $\lambda = 4$ sea autovalor y escribir la autofunción correspondiente.

14. Sea (P) $\begin{cases} y'' - y' + \lambda y = 0 \\ y(0) = y(\pi) = 0 \end{cases}$. a] Escribir la ecuación en forma autoadjunta y hallar el peso.
b] Determinar si $\lambda = -2$ y $\lambda = \frac{5}{4}$, son o no autovalores de (P).
c] Precisar cuántas soluciones tiene $y'' - y' + \lambda y = e^{x/2}$, $y(0) = y(\pi) = 0$ para $\lambda = -2$ y $\lambda = \frac{5}{4}$.

15. Sea $\begin{cases} y'' - 2y' + \lambda y = 0 \\ y'(0) = y'(1) = 0 \end{cases}$. a] Probar que $\lambda = 0$ es autovalor y dar la autofunción $\{y_0\}$ asociada.
b] Estudiar si $\lambda = -3$ y $\lambda = 2$ son o no autovalores del problema.
c] Calcular el coeficiente de $\{y_0\}$ en el desarrollo de $f(x) = e^x$ en serie de autofunciones.
d] Precisar cuántas soluciones tiene $y'' - 2y' - 3y = 3$ con esos mismos datos de contorno.

16. Sea $\begin{cases} y'' + 2y' + \lambda y = 0 \\ y(0) + y'(0) = y(1) + y'(1) = 0 \end{cases}$ · Estudiar si $\lambda = -3$ y $\lambda = 1$ son o no autovalores, dando la autofunción en caso afirmativo.
Hallar, si existe, un a para el que $y'' + 2y' + y = ae^{-2x} - 1$ tenga infinitas soluciones con esos datos.

17. Sea $\begin{cases} xy'' - 2y' = 2 \\ y(1) + y'(1) = y(2) = 0 \end{cases}$ · Escribir la ecuación en forma autoadjunta. Precisar cuántas soluciones tiene el problema.

18. Sea $\begin{cases} x^2 y'' - 2xy' + \lambda y = 0 \\ y'(1) = y(2) = 0 \end{cases}$ · Determinar si $\lambda = -4$ y $\lambda = 2$ son o no autovalores del problema. En caso afirmativo dar su autofunción $\{y_n\}$ y calcular $\langle y_n, y_n \rangle$.
Precisar para ambos valores de λ cuántas soluciones tiene $x^2 y'' - 2xy' + \lambda y = 4$ con esos datos.

19. Sea $\begin{cases} x^2 y'' - 4xy' + \lambda y = 0 \\ y'(2) = y(3) = 0 \end{cases}$ · a] Determinar si $\lambda = 0$ y $\lambda = 6$ son o no autovalores del problema y en caso afirmativo dar su autofunción $\{y_n\}$ y calcular $\langle y_n, y_n \rangle$.
b] Precisar para ambos λ cuántas soluciones tiene $x^2 y'' - 4xy' + \lambda y = 4x - 9$ con esos mismos datos.

20. Sea $\begin{cases} x^2 y'' + \lambda y = 5x^2 - 3x^3 \\ y(1) = y(2) - y'(2) = 0 \end{cases}$ · a] Estudiar si $\lambda = 0$ y $\lambda = \frac{1}{2}$ son autovalores del homogéneo, escribiendo la autofunción cuando lo sea. $\left[\tan\frac{\ln 2}{2} \approx 0.36\right]$.
b] Precisar ambos casos cuántas soluciones tiene el problema no homogéneo.

21. Sea $\begin{cases} x^2 y'' + \lambda y = 0 \\ y(1) + 2y'(1) = y(3) = 0 \end{cases}$ · Determinar si $\lambda = 0$ y $\lambda = \frac{1}{4}$ son o no autovalores, escribiendo la autofunción en caso afirmativo.
Precisar en ambos casos cuántas soluciones tiene $x^2 y'' + \lambda y = x^2 - 3$ con esos datos. $[\ln 3 \approx 1.1]$.

22. Discutir cuántas soluciones tiene el problema: $\begin{cases} xy'' + 2y' = x + c \\ y'(1) = y'(2) = 0 \end{cases}$ ·

23. Sea $\begin{cases} \cos x\, y'' - 2\,\mathrm{sen}\,x\, y' = f(x) \\ y'(-\frac{\pi}{4}) = y'(\frac{\pi}{4}) - ay(\frac{\pi}{4}) = 0 \end{cases}$ · Encontrar una constante a y una $f(x)$ para las que existan infinitas soluciones.

24. Estudiar cuántas soluciones tienen estos problemas (analizando antes los homogéneos):

a) $\begin{cases} y'' = e^{x^2} \\ y(0) = y(1) - y'(1) = 0 \end{cases}$ b) $\begin{cases} y'' + y' = 2x - 1 \\ y'(0) = y'(1) = 0 \end{cases}$ c) $\begin{cases} y'' - y' + \frac{1}{4}y = e^x - 1 \\ y'(-2) = y(0) = 0 \end{cases}$

25. Precisar para los valores de λ indicados cuántas soluciones tienen estos problemas:

a) $\begin{cases} y'' + y' + \lambda y = 1 - x \\ y'(0) = y'(2) = 0 \end{cases}$ b) $\begin{cases} x^2 y'' + \lambda y = 3x - 4 \\ y(1) + y'(1) = y(2) = 0 \end{cases}$ c) $\begin{cases} x^2 y'' + xy' + \lambda y = x^2 \\ y(1) = 5y(2) - 6y'(2) = 0 \end{cases}$
i] $\lambda = -2$ y ii] $\lambda = 0$ i] $\lambda = -2$ y ii] $\lambda = 0$ i] $\lambda = -1$ y ii] $\lambda = 0$

26. Para a) $\begin{cases} y'' + \lambda y = 1 \\ y'(-1) = y(1) = 0 \end{cases}$, b) $\begin{cases} y'' + \lambda y = x \\ y(0) = y'(1) - y(1) = 0 \end{cases}$ · Hallar autovalores y autofunciones del problema homogéneo. ¿Existen para algún λ infinitas soluciones del no homogéneo?

27. Precisar cuándo tiene solución o soluciones $\begin{array}{l} u'' + r^{-1}u' = F(r) \\ u'(1) - au(1) = A,\ u'(2) + bu(2) = B \end{array}$, $a, b \geq 0$.
(Se puede interpretar como un problema para Laplace en el plano con simetría radial).

28. Estudiar la unicidad de $y'' = f(x)$, $x \in (0, 1)$ [ecuación de Poisson en una dimensión] con diferentes condiciones separadas, utilizando técnicas similares a las de las EDPs.

29. Hallar una fórmula para la solución de un problema de Sturm-Liouville no homogéneo como serie de autofunciones del homogéneo.
Escribir, si $\lambda \neq n^2 \pi^2$, el desarrollo en autofunciones de la solución de $y'' + \lambda y = 1$, $y(0) = y(1) = 0$.
Hallar la solución exacta para $\lambda = 0$, desarrollarla y comprobar.

Problemas adicionales 4

1. Resolver por separación de variables, estudiando el comportamiento cuando $t \to \infty$ y dando una interpretación física cuando se pueda:

a) $\begin{cases} u_t - u_{xx} = 0,\ x \in (0, \pi),\ t > 0 \\ u(x, 0) = 1,\ u(0, t) = 0,\ u(\pi, t) = \cos t \end{cases}$

b) $\begin{cases} u_t - u_{xx} = 0,\ x \in (0, \pi),\ t > 0 \\ u(x, 0) = 0,\ u(0, t) = 1,\ u_x(\pi, t) = 0 \end{cases}$

c) $\begin{cases} u_t - u_{xx} = 0,\ x \in (0,1),\ t > 0 \\ u(x,0) = 0,\ u_x(0, t) = u_x(1, t) = 1 \end{cases}$

d) $\begin{cases} u_t - u_{xx} + 2u = 0,\ x \in \left(0, \frac{\pi}{2}\right),\ t > 0 \\ u(x, 0) = \cos 5x,\ u_x(0, t) = u\left(\frac{\pi}{2}, t\right) = 0 \end{cases}$

2. a] Sea $\begin{cases} y'' + \lambda y = x \\ y'(-1) = y'(1) = 0 \end{cases}$ Hallar autovalores y autofunciones del homogéneo y precisar si hay para algún λ infinitas soluciones del no homogéneo.

    b] Resolver: $\begin{cases} u_{tt} - u_{xx} = 0,\ x \in [-1, 1],\ t \in \mathbf{R} \\ u(x, 0) = \cos 2\pi x,\ u_t(x, 0) = 1\ ;\ u_x(-1, t) = u_x(1, t) = 0 \end{cases}$

3. Resolver por separación de variables estos problemas homogéneos:

a) $\begin{cases} u_t - (2 + \cos t) u_{xx} = 0,\ x \in \left(0, \frac{\pi}{2}\right),\ t > 0 \\ u(x, 0) = 1,\ u_x(0, t) = u\left(\frac{\pi}{2}, t\right) = 0 \end{cases}$

b) $\begin{cases} u_t - u_{xx} + \frac{u}{t+1} = 0,\ x \in (0, 2),\ t > 0 \\ u(x, 0) = \begin{cases} 1,\ 0 \le x \le 1 \\ 0,\ 1 < x \le 2 \end{cases},\ u_x(0, t) = u_x(2, t) = 0 \end{cases}$

c) $\begin{cases} u_t - u_{xx} + 2tu = 0,\ x \in \left(0, \frac{1}{2}\right),\ t > 0 \\ u(x, 0) = 1 - 2x,\ u_x(0, t) = u\left(\frac{1}{2}, t\right) = 0 \end{cases}$

d) $\begin{cases} u_t - u_{xx} + 2u = 0,\ x \in (0, 1),\ t > 0 \\ u(x, 0) = 2\cos^2\frac{\pi x}{4},\ u_x(0, t) = 0,\ u(1, t) = e^{-2t} \end{cases}$

e) $\begin{cases} u_t - (1 + 2t) u_{xx} = 0,\ x \in (0, \pi),\ t > 0 \\ u(x, 0) = 0,\ u(0, t) = 0,\ u_x(\pi, t) = 1 \end{cases}$

f) $\begin{cases} u_t - u_{xx} + 2u = 0,\ x \in (0, 1),\ t > 0 \\ u(x, 0) = x,\ u(0, t) = u(1, t) - u_x(1, t) = 0 \end{cases}$

4. Resolver por separación de variables:

a) $\begin{cases} u_t - u_{xx} + u = 4t \cos x,\ x \in (0, \pi),\ t > 0 \\ u(x, 0) = 1,\ u_x(0, t) = u_x(\pi, t) = 0 \end{cases}$

b) $\begin{cases} u_t - u_{xx} = 6\,\mathrm{sen}\,6x \cos 3x,\ x \in \left(0, \frac{\pi}{2}\right),\ t > 0 \\ u(x, 0) = u(0, t) = u_x\left(\frac{\pi}{2}, t\right) = 0 \end{cases}$

c) $\begin{cases} u_t - \frac{1}{t} u_{xx} = 2\cos x,\ x \in \left(0, \frac{\pi}{2}\right),\ t > 1 \\ u(x, 1) = \cos 3x,\ u_x(0, t) = u\left(\frac{\pi}{2}, t\right) = 0 \end{cases}$

d) $\begin{cases} u_t - u_{xx} = \mathrm{sen}\,t,\ x \in (0, \pi),\ t > 0 \\ u(x, 0) = \mathrm{sen}^2 x,\ u_x(0, t) = u_x(\pi, t) = 0 \end{cases}$

e) $\begin{cases} u_t - 4u_{xx} = 0,\ x \in (0, \pi),\ t > 0 \\ u(x, 0) = 0,\ u_x(0, t) = 0,\ u(\pi, t) = 8t \end{cases}$

f) $\begin{cases} u_t - 2t u_{xx} = \cos t,\ x \in (0, \pi),\ t > 0 \\ u(x, 0) = \cos 2x,\ u_x(0, t) = u_x(\pi, t) = 0 \end{cases}$

5. Sea $\begin{cases} u_t - u_{xx} + 3u = 0,\ x \in \left(0, \frac{\pi}{2}\right),\ t > 0 \\ u(x, 0) = f(x),\ u_x(0, t) = 0,\ u\left(\frac{\pi}{2}, t\right) = e^{-3t} \end{cases}$ Resolverlo para: i) $f(x) = 0$, ii) $f(x) = 1 - \cos x$.
[Una v que no estropea la EDP es la clara $v = e^{-3t}$].

6. Sea $\begin{cases} u_t - u_{xx} = A,\ x \in (0, 1),\ t > 0 \\ u(x, 0) = B,\ u_x(0, t) = C,\ u_x(1, t) = D \end{cases}$ Resolverlo y determinar para qué relación entre A, B, C, D constantes hay solución estacionaria.

7. Hallar la solución de los siguientes problemas y su límite cuando $t \to \infty$.

a) $\begin{cases} u_t - u_{xx} = 0,\ x \in (0, 1),\ t > 0 \\ u(x, 0) = 0,\ u_x(0, t) = 0,\ u(1, t) = 1 \end{cases}$

b) $\begin{cases} u_t - u_{xx} = 2\,\mathrm{sen}^2 x,\ x \in (0, \pi),\ t > 0 \\ u(x, 0) = 0,\ u_x(0, t) = u_x(\pi, t) = 0 \end{cases}$

c) $\begin{cases} u_t - 4u_{xx} = \cos\frac{\pi x}{2},\ x \in (0, 1),\ t > 0 \\ u(x, 0) = 1,\ u_x(0, t) = u(1, t) = 1 \end{cases}$

d) $\begin{cases} u_t - u_{xx} = e^{-t},\ x \in (0, \pi),\ t > 0 \\ u(x, 0) = 1 - \cos x,\ u_x(0, t) = u_x(\pi, t) = 0 \end{cases}$

e) $\begin{cases} u_t - u_{xx} = e^{-2t} \cos x,\ x \in \left(0, \frac{\pi}{2}\right),\ t > 0 \\ u(x, 0) = 1,\ u_x(0, t) = 0,\ u\left(\frac{\pi}{2}, t\right) = 1 \end{cases}$

f) $\begin{cases} u_t - u_{xx} = 0,\ x \in (0, 1),\ t > 0 \\ u(x, 0) = 0,\ u(0, t) + u_x(0, t) = 1,\ u_x(1, t) = 0 \end{cases}$

8. Resolver $\begin{cases} u_t - \frac{1}{4} u_{xx} = 0,\ x \in (0, \pi),\ t > 0 \\ u(x, 0) = 1,\ u(0, t) = u(\pi, t) = e^{-t} \end{cases}$ a] ulilizando la $v = e^{-t}$ de los apuntes.
   b] ulilizando $v = e^{-t} \cos 2x$.

9. Resolver y hallar el $\lim\limits_{t \to \infty} u(x, t)$: $\begin{cases} u_t - u_{xx} = 0,\ x \in (0, 1),\ t > 0 \\ u(x, 0) = 0,\ u_x(0, t) = 0,\ u_x(1, t) = 2e^{-t} \end{cases}$ [Mejor buscar $v = X(x) T(t)$ cumpliendo también la EDP].

10. a] Escribir $f(x) = \cos\frac{x}{2}$ en serie de $\{\mathrm{sen}\,nx\}$, dibujando la función hacia la que tiende la serie.

    b] Resolver $\begin{cases} u_t - u_{xx} = 0,\ x \in (0, \pi),\ t > 0 \\ u(x, 0) = 0,\ u(0, t) = e^{-t/4},\ u(\pi, t) = 0 \end{cases}$ [Encontrar una v que cumpla también la EDP].

11. Sea $\begin{cases} u_t - 8u_{xx} + au = 0,\ x\in(0,3\pi),\ t>0 \\ u(x,0)=1,\ u(0,t)-4u_x(0,t)=u(3\pi,t)=0 \end{cases}$. Determinar, según la constante a, el límite de la solución cuando $t\to\infty$.

12. Sea $\begin{cases} u_t - 8tu_{xx} = 0,\ x\in(0,\pi),\ t>0 \\ u(x,0)=f(x),\ u_x(0,t)=u(\pi,t)+4u_x(\pi,t)=0 \end{cases}$. Resolver si i) $f(x)=\cos\frac{x}{4}$ y dar un término si ii) $f(x)=1$. [X_1 es calculable exactamente].

13. Sea $\begin{cases} u_t - u_{xx} = F(x),\ x\in(-1,1),\ t>0 \\ u(x,0)=0,\ u_x(-1,t)=u_x(1,t)=0 \end{cases}$. Probar que $Q(t)=\int_{-1}^{1} u(x,t)\,dx$ es constante si $\int_{-1}^{1}F=0$. Resolver para: i) $F(x)=\mathrm{sen}\,\frac{\pi x}{2}$, ii) $F(x)=\mathrm{sen}^2\frac{\pi x}{2}$. ¿Tiene límite u en cada caso cuando $t\to\infty$?

14. Resolver $\begin{cases} u_t - 2tu_{xx} = 0,\ x\in(0,3),\ t>0 \\ u(x,0)=0,\ u(0,t)=0,\ u_x(3,t)=t^2 \end{cases}$ y demostrar que tiene solución única.

15. Sea $\begin{cases} u_t - u_{xx} - 2u_x = f(x),\ x\in(0,\pi),\ t>0 \\ u(x,0)=f(x),\ u(0,t)=u(\pi,t)=0 \end{cases}$. Resolverlo en general, y si $f(x)=e^{-x}\,\mathrm{sen}\,2x$. Probar que tiene solución única.

16. Sea $\begin{cases} u_{tt} - u_{xx} = 0,\ x\in[0,1],\ t\in\mathbf{R} \\ u(x,0)=x(1-x) \\ u_t(x,0)=u(0,t)=u(1,t)=0 \end{cases}$. Hallar con D'Alembert $u\big(\frac{3}{4},\frac{9}{4}\big)$ y $u\big(x,\frac{1}{4}\big)\ \forall x\in\big[\frac{3}{4},1\big]$. Resolverlo separando variables y ver que el primer término de la serie da $u\big(\frac{3}{4},\frac{1}{4}\big)\approx\frac{4}{\pi^3}\approx0.13$.

17. Sea $\begin{cases} u_{tt} - u_{xx} = 0,\ x\in[0,2],\ t\in\mathbf{R} \\ u(x,0)=u_t(x,0)=0 \\ u(0,t)=u(2,t)=t^2 \end{cases}$. Hallar $u(1,3)$ con D'Alembert y separando variables. [Ayuda: $v=t^2+x^2-2x$ cumple también la EDP].

18. Sea $\begin{cases} u_{tt} - u_{xx} = 0,\ x\in[0,3],\ t\in\mathbf{R} \\ u(x,0)=0,\ u_t(x,0)=3x-x^2 \\ u(0,t)=u(3,t)=0 \end{cases}$. Hallar $u(1,2)$ utilizando la fórmula de D'Alembert. Resolver por separación de variables y aproximar $u(1,2)$ con el primer término de la serie solución.

19. Sea $\begin{cases} u_{tt} - u_{xx} = 0,\ x\in[0,4\pi],\ t\in\mathbf{R} \\ u_t(x,0)=\begin{cases}\pi,\ x\in[\pi,3\pi]\\0,\ \text{resto de }[0,4\pi]\end{cases} \\ u(x,0)=u(0,t)=u(4\pi,t)=0 \end{cases}$. Hallar con D'Alembert el valor de $u(\pi,4\pi)$ y $u(3\pi,3\pi)$. Separar variables y hallar $u(\pi,4\pi)$ con la serie. Aproximar $u(3\pi,3\pi)$ con dos términos $[32\sqrt{2}/9\approx5.03]$.

20. Sean $g(x)=\begin{cases} x,\ 0\le x\le 1/2 \\ 0,\ 1/2<x\le1 \end{cases}$ y (P) $\begin{cases} u_{tt} - u_{xx} = 0,\ x\in[0,1],\ t\in\mathbf{R} \\ u(x,0)=0,\ u_t(x,0)=g(x),\ u(0,t)=u(1,t)=0 \end{cases}$.
a] Desarrollar g en serie de $\{\mathrm{sen}\,n\pi x\}$ y precisar el valor de la suma para: i) $x=\frac{1}{4}$, ii) $x=\frac{1}{2}$.
b] Resolver (P) mediante separación de variables y hallar el valor de $u\big(\frac{1}{2},\frac{3}{4}\big)$ con D'Alembert.

21. Desarrollar $g(x)=\begin{cases} 1,\ 0\le x\le\pi/2 \\ 0,\ \pi/2<x\le\pi \end{cases}$ en serie de $\{\mathrm{sen}\,nx\}$. ¿Cuánto suma la serie para $x=\frac{\pi}{2}$?
Sea $\begin{cases} u_{tt} - u_{xx} = 0,\ x\in[0,\pi],\ t\in\mathbf{R} \\ u_t(x,0)=g(x),\ u(x,0)=u(0,t)=u(\pi,t)=0 \end{cases}$. Hallar $u\big(\frac{\pi}{3},\frac{\pi}{2}\big)$ exactamente con D'Alembert. Separar variables y aproximar el valor con 2 términos de la serie solución $[24\sqrt{3}/25\pi\approx0,53]$.

22. Sea $\begin{cases} u_{tt} - u_{xx} = F(x),\ x\in[0,\pi],\ t\in\mathbf{R} \\ u(x,0)=u_t(x,0)=u(0,t)=u(\pi,t)=0 \end{cases}$. Separando variables calcular la solución cuando $F(x)=\mathrm{sen}\,x$ y dos términos de la serie si $F(x)=\frac{\pi}{4}$.

23. Sea $\begin{cases} u_{tt} - u_{xx} = x,\ x\in[0,\pi],\ t\in\mathbf{R} \\ u(x,0)=x,\ u_t(x,0)=0 \\ u(0,t)=0,\ u(\pi,t)=\pi \end{cases}$. Hallar $u\big(\frac{\pi}{2},\pi\big)$ con D'Alembert y por separación de variables: a) con la v de los apuntes, b) con una v que cumpla la EDP.

24. Resolver a) $\begin{cases} u_{tt} - 4u_{xx} = 0,\ x\in[0,1],\ t\in\mathbf{R} \\ u(x,0)=1,\ u_t(x,0)=\mathrm{sen}^2\pi x \\ u_x(0,t)=u_x(1,t)=0 \end{cases}$, b) $\begin{cases} u_{tt} - u_{xx} = 2\,\mathrm{sen}\,x,\ x\in[0,\pi],\ t\in\mathbf{R} \\ u(x,0)=\mathrm{sen}\,3x,\ u_t(x,0)=0 \\ u(0,t)=u(\pi,t)=0 \end{cases}$ [separando variables y con D'Alembert].

25. Hallar valores de b para los que la solución de $\begin{cases} u_{tt} - u_{xx} = 0,\ x\in[0,\pi],\ t\in\mathbf{R} \\ u(x,0)=u_t(x,0)=0 \\ u(0,t)=\mathrm{sen}\,bt,\ u(\pi,t)=0 \end{cases}$ no esté acotada.

26. Resolver   a) $\begin{cases} u_{tt}-4u_{xx}=0,\ x\in[0,\frac{1}{2}],\ t\in\mathbf{R} \\ u(x,0)=u_t(x,0)=0 \\ u(0,t)=t,\ u_x(\frac{1}{2},t)=0 \end{cases}$,   b) $\begin{cases} u_{tt}-u_{xx}=t^2\,\mathrm{sen}\,x,\ x\in[0,\frac{\pi}{2}],\ t\in\mathbf{R} \\ u(x,0)=\mathrm{sen}\,x,\ u_t(x,0)=0 \\ u(0,t)=u_x(\frac{\pi}{2},t)=0 \end{cases}$ (separar variables).

27. Sea $t u_{tt}-4t^3 u_{xx}-u_t=0$. a] Hacer $\begin{cases} \xi=x+t^2 \\ \eta=x-t^2 \end{cases}$ y hallar la solución con $u(x,1)=x$, $u_t(x,1)=2x$.

   b] Separar variables $u=XT$ y ver que esta solución es producto de soluciones asociadas a $\lambda=0$.

28. a] Resolver con la $\mathcal{F}$ y haciendo $u=w\,e^{-t}$ el problema $\begin{cases} u_{tt}-u_{xx}+2u_t+u=0,\ x,t\in\mathbf{R} \\ u(x,0)=f(x),\ u_t(x,0)=0 \end{cases}$.

   b] Resolver $\begin{cases} u_{tt}-u_{xx}+2u_t+u=0,\ 0<x<1,\ t\in\mathbf{R} \\ u(x,0)=\mathrm{sen}\,\pi x,\ u_t(x,0)=u(0,t)=u(1,t)=0 \end{cases}$.

29. Resolver $\begin{cases} \Delta u=-1,\ (x,y)\in(0,\pi)\times(0,\pi) \\ u=0 \text{ en } x=0,x=\pi,y=0,y=\pi \end{cases}$ a) usando $v(x)$ solución que se anule en 0 y π.
                                                  b) directamente por separación de variables.

30. Sea $\begin{cases} u_{xx}+u_{yy}-5u=0 \text{ en } (0,\pi)\times(0,1) \\ u(0,y)=u(\pi,y)=u_y(x,0)=0,\ u_y(x,1)=f(x) \end{cases}$.   Resolverlo si i) $f(x)=\mathrm{sen}\,2x$, ii) $f(x)=1$.
                                                            ¿Es única la solución?

31. Resolver el problema $\begin{cases} u_{rr}+\frac{1}{r}u_r+\frac{1}{r^2}u_{\theta\theta}=0,\ r<2,\ 0<\theta<\frac{\pi}{4} \\ u(2,\theta)=f(\theta),\ u(r,0)=u_\theta(r,\frac{\pi}{4})=0 \end{cases}$ para $\begin{array}{l} \text{i) } f(\theta)=8\,\mathrm{sen}\,6\theta, \\ \text{ii) } f(\theta)=\pi. \end{array}$

32. a] Sea $\begin{cases} \Theta''+\lambda\Theta=0 \\ \Theta(-\frac{\pi}{4})=\Theta(\frac{\pi}{4})=0 \end{cases}$. i) Probar directamente que $\lambda=4$ es autovalor y dar su autofunción.
                                           ii) Haciendo $s=\theta+\frac{\pi}{4}$, hallar todos los λ_n y $\{\Theta_n\}$.

   b] Sea $\begin{cases} \Delta u=0,\ r<1,\ -\pi/4<\theta<\pi/4 \\ u_r(1,\theta)=f(\theta),\ u(r,-\frac{\pi}{4})=u(r,\frac{\pi}{4})=0 \end{cases}$.   Hallar, separando variables, la solución con: i) $f(\theta)=2\cos 2\theta$, ii) $f(\theta)=1$.

33. a] Discutir según los valores de a cuántas soluciones $y(r)$ tiene $\begin{cases} r^2y''+ry'-y=r^2 \\ y'(1)+ay(1)=y(2)=0 \end{cases}$.

   b] Resolver este problema plano: $\begin{cases} \Delta u=\mathrm{sen}\,\theta,\ 1<r<2 \\ u_r(1,\theta)=u(2,\theta)=0 \end{cases}$.

34. Resolver estos problemas planos homogéneos

     a) $\begin{cases} \Delta u=0,\ 1<r<2 \\ u(1,\theta)=2\,\mathrm{sen}^2\theta,\ u_r(2,\theta)=0 \end{cases}$ b) $\begin{cases} \Delta u=0,\ r<4,\ 0<\theta<\pi \\ u(4,\theta)=\cos\frac{5\theta}{2},\ u_\theta(r,0)=u(r,\pi)=0 \end{cases}$

     c) $\begin{cases} \Delta u=0,\ r<1,\ 0<\theta<\pi \\ u_r(1,\theta)=\theta,\ u(r,0)=u_\theta(r,\pi)=0 \end{cases}$ d) $\begin{cases} \Delta u=0,\ r<1,\ 0<\theta<\pi \\ u_r(1,\theta)=\cos\theta,\ u(r,0)=u(r,\pi)=0 \end{cases}$

     e) $\begin{cases} \Delta u=0,\ r<1 \\ u(1,\theta)=\mathrm{sen}\,\frac{\theta}{2},\ \theta\in[0,2\pi] \end{cases}$ f) $\begin{cases} \Delta u=0,\ r<2,\ 0<\theta<\pi/3 \\ u_r(2,\theta)=\cos 3\theta,\ u_\theta(r,0)=u_\theta(r,\frac{\pi}{3})=0 \end{cases}$

     g) $\begin{cases} \Delta u=0,\ r<2 \\ u(2,\theta)=\begin{cases} 3,\ \theta\in(-\pi/2,\pi/2) \\ 1,\ \theta\in(\pi/2,3\pi/2) \end{cases} \end{cases}$ h) $\begin{cases} \Delta u=0,\ 1<r<2,\ 0<\theta<\pi/4 \\ u(1,\theta)=0,\ u_r(2,\theta)=\mathrm{sen}\,\theta \\ u(r,0)=u(r,\frac{\pi}{4})-u_\theta(r,\frac{\pi}{4})=0 \end{cases}$ (la solución es exacta)

35. Resolver por separación de variables estos problemas planos no homogéneos:

   a) $\begin{cases} \Delta u=r,\ r<2,\ 0<\theta<\pi \\ u(2,\theta)=3 \\ u_\theta(r,0)=u_\theta(r,\pi)=0 \end{cases}$ b) $\begin{cases} \Delta u=\cos\theta,\ 1<r<2 \\ u_r(1,\theta)=0 \\ u_r(2,\theta)=\cos 2\theta \end{cases}$ c) $\begin{cases} \Delta u=r^2\cos 2\theta,\ 1<r<2 \\ u(1,\theta)=u(2,\theta)=0 \end{cases}$

   d) $\begin{cases} \Delta u=r^4\cos 2\theta,\ r<1,\ 0<\theta<\frac{\pi}{2} \\ u(1,\theta)=3 \\ u_\theta(r,0)=u_\theta(r,\frac{\pi}{2})=0 \end{cases}$ e) $\begin{cases} \Delta u=1,\ 1<r<2 \\ u(1,\theta)=0 \\ u_r(2,\theta)=\mathrm{sen}\,2\theta \end{cases}$ f) $\begin{cases} \Delta u=r^2\cos 3\theta,\ r<2,\ 0<\theta<\frac{\pi}{6} \\ u(2,\theta)=u_\theta(r,0)=u(r,\frac{\pi}{6})=0 \end{cases}$

   g) $\begin{cases} \Delta u=\frac{5}{r^2}\cos\theta,\ 1<r<2,\ 0<\theta<\pi \\ u_r(1,\theta)=1 \\ u(2,\theta)=u_\theta(r,0)=u_\theta(r,\pi)=0 \end{cases}$ h) $\begin{cases} \Delta u=4,\ r<1,\ 0<\theta<\pi \\ u(1,\theta)=\cos 2\theta \\ u_\theta(r,0)=u_\theta(r,\pi)=0 \end{cases}$ i) $\begin{cases} \Delta u=r\,\mathrm{sen}\,\frac{5\theta}{2},\ r<4,\ 0<\theta<\pi \\ u(4,\theta)=u(r,0)=u_\theta(r,\pi)=0 \end{cases}$

36. Resolver este problema plano para el a que tiene solución: $\begin{cases} \Delta u = \cos^2\theta, \ r<1, \ 0<\theta<\pi \\ u_r(1,\theta)=a, \ u_\theta(r,0)=u_\theta(r,\pi)=0 \end{cases}$.

37. Resolver el problema plano $\begin{cases} \Delta u = \pi, \ r<1, \ \theta\in(0,\pi) \\ u(1,\theta)=u(r,0)=u(r,\pi)=0 \end{cases}$ y probar que $u(\frac{1}{2},\frac{\pi}{2})\le 0$.

38. Sea $\begin{cases} \Delta u = r\cos^2\theta, \ r<1 \\ u(1,\theta)=0, \ 0\le\theta<2\pi \end{cases}$. Hallar el valor en el origen de la solución de este problema plano:
i) a partir de la serie que se obtiene por separación de variables,
ii) con la función de Green de la última página de los apuntes.

39. Escribir en cartesianas los armónicos esféricos: Y_0^0, rY_1^0, rY_1^1, $r^2Y_2^0$, $r^2Y_2^1$, $r^2Y_2^2$.

40. Resolver los problemas para la ecuación de Laplace en el espacio:

a) $\begin{cases} \Delta u = 0, \ r<2 \\ u(2,\theta)=6\cos 2\theta \end{cases}$ b) $\begin{cases} \Delta u = z, \ x^2+y^2+z^2<1 \\ u=z^3 \ \text{si} \ x^2+y^2+z^2=1 \end{cases}$ c) $\begin{cases} \Delta u = 0, \ x^2+y^2+z^2<1 \\ u=x^3 \ \text{si} \ x^2+y^2+z^2=1 \end{cases}$

41. Resolver el problema en la semiesfera: $\begin{cases} u_{rr}+\frac{2}{r}u_r+\frac{1}{r^2}u_{\theta\theta}+\frac{\cos\theta}{r^2\operatorname{sen}\theta}u_\theta = 0, \ r<1, \ 0<\theta<\frac{\pi}{2} \\ u_r(1,\theta)=f(\theta), \ u_\theta(r,\pi/2)=0 \end{cases}$.

¿Qué debe cumplir $f(\theta)$ para que haya solución? Darla si $f(\theta)=\cos^2\theta-a$ para el a que existe.

42. Hallar la solución de $\begin{cases} \Delta u+u=0, \ r<1, \ \pi/2<\theta<3\pi/2 \\ u(1,\theta)=\operatorname{sen}2\theta, \ u(r,\frac{\pi}{2})=u(r,\frac{3\pi}{2})=0 \end{cases}$ en términos de una J de Bessel.

43. Resolver por separación de variables estos problemas en 3 variables:

a) $\begin{cases} u_t-\Delta u=0, \ (x,y)\in(0,\pi)\times(0,\pi), \ t>0 \\ u(x,y,0)=1+\cos x\cos 2y \\ u_x(0,y,t)=u_x(\pi,y,t)=0 \\ u_y(x,0,t)=u_y(x,\pi,t)=0 \end{cases}$ b) $\begin{cases} u_{tt}-\Delta u=0, \ (x,y)\in(0,\pi)\times(0,\pi), \ t\in\mathbf{R} \\ u(x,y,0)=\operatorname{sen}^3x\operatorname{sen}y, \ u_t(x,y,0)=0 \\ u(0,y,t)=u(\pi,y,t)=0 \\ u(x,0,t)=u(x,\pi,t)=0 \end{cases}$

c) $\begin{cases} u_t-\Delta u=0, \ 1<r<2, \ 0<z<1, \ t>0 \\ u(r,z,0)=\operatorname{sen}\pi z \\ u(1,z,t)=u(2,z,t)=u(r,0,t)=u(r,1,t)=0 \end{cases}$

44. Un cubo homogéneo de lado π, inicialmente a temperatura constante T_1, se sumerge en el instante $t=0$ en un baño que se mantiene a temperatura T_2. Hallar la distribución de temperaturas en cualquier tiempo $t>0$.

45. Hallar la función de Green y la solución para $f(x)=x$:

a) $\begin{array}{l} y''=f(x) \\ y(0)=y'(1)=0 \end{array}$ b) $\begin{array}{l} x^2y''+xy'-y=f(x) \\ y(1)+y'(1)=y(2)=0 \end{array}$ c) $\begin{array}{l} y''+y'-2y=f(x) \\ y(0)-y'(0)=y(1)=0 \end{array}$

46. Calcular para $\lambda=0$ y $\lambda=1$ la solución (si la hay) de $\begin{array}{l} x^2y''-xy'+\lambda y=x^3 \\ y(1)-y'(1)=y(2)-2y'(2)=0 \end{array}$, haciendo uso de la función de Green en el caso de que exista.

47. Sea $\begin{array}{l} xy''+2y'+\lambda xy=f(x) \\ y(1)=y(2)=0 \end{array}$. Determinar los autovalores y autofunciones del homogéneo.

Precisar para qué $n\in\mathbf{N}$ el problema con $\lambda=\pi^2$, $f(x)=\operatorname{sen}n\pi x$ tiene soluciones, hallándolas en ese caso. Si $\lambda=0$, $f(x)=1$, hallar la solución con la función de Green.

48. Sea $\begin{array}{l} y''=f(x) \\ y(1)=a, y(2)=b \end{array}$.   a) Hallar su solución en términos de la función de Green, la función f y las constantes a y b, por el camino utilizado con la G para Laplace $\left[\ v(s)=\frac{1}{2}|s-x| \ \text{satisface} \ v''=\delta(s-x) \ \text{para} \ x \ \text{fijo}\right]$.

b) Llegar al resultado con técnicas del capítulo 3.

c) Hallar la solución para $f(x)=1$, $a=0$, $b=1$.

49. Hallar la función de Green para Laplace en el semiplano $\{(x,y): x \in \mathbf{R}, y > 0\}$ y deducir de ella

la solución de $\begin{cases} \Delta u = F(x,y),\ x \in \mathbf{R},\ y > 0 \\ u(x,0) = f(x),\ u \text{ acotada} \end{cases}$.

Resolver este problema para $F \equiv 0$ mediante la transformada de Fourier.

50. Sabiendo que $u(1,\theta) = \begin{cases} \operatorname{sen}\theta,\ \theta \in [0,\pi] \\ 0,\ \theta \in [\pi, 2\pi] \end{cases}$, calcular u en el punto del plano de coordenadas $r = 2$, $\theta = 0$, i) con la función de Green adecuada, ii) en función de una serie.

51. Escribir, en coordenadas esféricas, la función de Green G para la ecuación de Laplace en la esfera unidad y deducir la expresión, en términos de G, F y f, de la solución de:

$$\text{(P)} \begin{cases} \Delta u = F,\ r < 1 \\ u = f \text{ si } r = 1 \end{cases}$$

Hallar el valor de la solución de (P) en el origen en caso de que: i) $F = f = 1$, ii) $F = z$, $f = z^3$.

Listado de enlaces y códigos QR

Página de EDPs en el servidor del Departamento de Física Teórica

https:\\teorica.fis.ucm.es\pparanda\EDPs.html

Apuntes de ecuaciones en derivadas parciales - 2000

https:\\teorica.fis.ucm.es\pparanda\EDPdf\EDPviejas\edp-pp.pdf

Apuntes de ecuaciones diferenciales II - 2011

https:\\teorica.fis.ucm.es\pparanda\EDPdf\EDii\edii-pp11.pdf

Apuntes de Métodos Matemáticos II (EDPs) - 2025

https:\\teorica.fis.ucm.es\pparanda\EDPdf\apM2\mii25.pdf

Soluciones de los problemas básicos

https:\\teorica.fis.ucm.es\pparanda\EDPdf\apM2\spr.pdf